普通高等教育电气工程与自动化（应用型）系列教材

MATLAB及其在电气工程中的应用

主编　苏小林　赵巧娥
参编　阎晓霞　王秀丽

机械工业出版社

本书以MATLAB应用为出发点，系统地介绍了MATLAB基础及其在电气工程中的应用。全书共分9章，内容包括MATLAB简介与工作环境、数据类型、数值计算与分析、数据可视化、MATLAB编程基础、Simulink仿真、MATLAB在控制系统分析与设计中的应用、MATLAB在电力系统分析与设计中的应用、MATLAB在交直流调速系统中的应用。各章的应用实例和综合实例能帮助读者理解和掌握MATLAB的使用和工程应用，各章小结对所介绍内容进行了概括和总结。

本书可作为电气工程及其自动化、自动化、控制工程、机电等专业高等学校学生和研究生的教材或教学参考用书，也可供电气工程领域的工程技术和研究人员参考。

图书在版编目（CIP）数据

MATLAB及其在电气工程中的应用/苏小林，赵巧娥主编．—北京：机械工业出版社，2014.3（2023.7重印）
普通高等教育电气工程与自动化（应用型）系列教材
ISBN 978-7-111-45492-2

Ⅰ.①M…　Ⅱ.①苏…　②赵…　Ⅲ.①电气工程-MATLAB软件-高等学校-教材　Ⅳ.①TM-39

中国版本图书馆CIP数据核字（2014）第008567号

机械工业出版社（北京市百万庄大街22号　邮政编码100037）
策划编辑：王雅新　责任编辑：王雅新　王　荣
版式设计：常天培　责任校对：闫玥红
封面设计：张　静　责任印制：张　博
北京雁林吉兆印刷有限公司印刷
2023年7月第1版第11次印刷
184mm×260mm · 14.75印张 · 362千字
标准书号：ISBN 978-7-111-45492-2
定价：39.80元

电话服务	网络服务
客服电话：010-88361066	机　工　官　网：www.cmpbook.com
010-88379833	机　工　官　博：weibo.com/cmp1952
010-68326294	金　　书　　网：www.golden-book.com
封底无防伪标均为盗版	机工教育服务网：www.cmpedu.com

普通高等教育电气工程与自动化（应用型）系列教材

编审委员会委员名单

前　言

MATLAB 是美国 Mathworks 公司推出的一个大型应用软件，是一种用于数值计算、可视化、仿真及编程的高级语言和交互式环境。使用 MATLAB，可以分析数据、开发算法、创建模型和应用程序等。Mathworks 公司自 1984 年推出 MATLAB 第一个版本（version1.0）后，不断完善和发展，到目前已发展到 MATLAB2013b（version8.2），且每半年更新一次。MATLAB 因提供了大量丰富的应用函数，具有易扩充的开放性结构，且不断吸收各行各业专家、学者和工程师的经验后，已成为国际上优秀的工程应用软件之一。MATLAB 以友好的工作平台与编程环境、简单易用的程序语言、强大的科学计算和数据处理能力、出色的图形处理功能、应用广泛的专业工具箱、实用的程序接口和应用软件开发能力等为优势，获得了广泛的应用，其应用行业包括航空航天、通信、汽车、医药卫生、电力工业、化学工业、教学科研、金融财经等。目前，国内很多高校、研究院所和工程领域都在使用 MATLAB 来解决相关问题，它已成为从事电气工程领域工作的人员必须掌握的工具软件之一。本书就是基于这样一种背景来编写的。

全书包括 MATLAB 基础和在电气工程中的应用两大部分内容，共分为 9 章。其中，第 1 章主要介绍 MATLAB 的工作环境、操作和环境的个性化设置；第 2 章介绍 MATLAB 中常用的 4 种数据类型的创建、访问和操作方法；第 3 章介绍在 MATLAB 环境下如何进行科学计算和数值分析；第 4 章介绍二维图形、三维图形和一些特殊图形的绘制与编辑方法；第 5 章介绍编程基础和编程方法；第 6 章介绍 Simulink 仿真环境，仿真模型的创建、运行和分析，子系统的创建与封装；第 7 章介绍 MATLAB 在控制系统分析与设计中的应用，主要包括数学模型建立、线性控制系统时域和频域等的分析、控制系统的校正与设计；第 8 章介绍 MATLAB 在电力系统分析与设计中的应用，主要包括电力系统仿真模块库、电力系统稳态仿真与暂态仿真方法；第 9 章介绍 MATLAB 在交直流调速系统中的应用。考虑到当前已在岗位上从事电气工程技术人员对掌握 MATLAB 解决实际问题的迫切愿望，本书在编写中力求使工程技术人员也能从书中获得帮助。

本书第 4 章、第 5 章、第 8 章由苏小林编写，第 2 章、第 6 章、第 7 章由赵巧娥编写，第 1 章、第 3 章由阎晓霞编写，第 9 章由王秀丽编写。全书由苏小林统稿。在此，向所有对本书出版给予支持和帮助的各位表示衷心的感谢。本书部分内容引用了国内外专家、学者的论文和著作，在本书的参考文献中都已列出，在此谨向作者致以诚挚的谢意。

由于作者的水平和经验有限，书中难免有疏漏和不足之处，敬请读者批评指正。

编　者

目　　录

第1章　MATLAB简介与工作环境

1.1　MATLAB简介

MATLAB全称为Matrix Laboratory，即矩阵实验室，是由美国MathWorks公司开发的大型软件，是一种用于算法开发、数据可视化、数据分析以及数值计算的高级技术计算语言和交互式环境。它以矩阵或数组为基本数据单位进行数据分析、处理和运算，集科学计算、数据可视化、程序设计和系统仿真等功能为一体，在高校教学、科研和工程界众多领域中得到广泛应用，已成为教学、科研和解决工程问题的强有力工具和实验平台。

MATLAB产品家族包括MATLAB、MATLAB Toolboxes和Simulink等产品模块。

MATLAB是MATLAB产品家族的基础，它由桌面工具与开发环境、数学函数库、高级编程语言、二维和三维图形、外部接口库等组成，提供了强大的矩阵处理、数据可视和程序设计功能。

MATLAB Toolboxes称为MATLAB工具箱，是针对特定种类问题而开发的专业函数库，具有开放性和可扩展性，用户可直接使用，也可查看算法程序代码，甚至进行修改。目前，MATLAB工具箱有40多种，分为功能性工具箱和学科专业工具箱。功能性工具箱是用来扩充MATLAB的符号计算、可视化建模仿真、文字处理及实时控制等功能。学科专业工具箱是专业性比较强的工具箱，例如控制系统工具箱、信号处理工具箱、通信工具箱和图像处理工具箱等。

Simulink是基于MATLAB环境，用来对各种动态系统进行建模、仿真和分析的集成平台。它是由模块库、模型构造及指令分析和演示程序等组成，是一个模块化、模型化的系统动态仿真环境。Simulink提供了利用鼠标拖放的方法建立系统仿真模型的图形用户界面，对系统进行建模、仿真和分析时如同堆积木一样简单方便。

MATLAB由于具有科学计算与数据处理能力强、程序语言简单易学、工作平台和编程环境友好、图形表达和处理功能强、工具箱丰富、可扩展性强等特点，在国内外得到广泛应用。目前，MATLAB的最新版本为MATLAB 8.2，即MATLAB2013b。

1.2　MATLAB工作环境

按照安装向导正确安装MATLAB软件后，即可使用MATLAB软件。双击系统桌面的MATLAB快捷图标 启动MATLAB，进入MATLAB工作界面。其工作界面也称为MATLAB桌面（Desktop），是一个多窗口、交互式、图形用户界面的集成开发环境，默认的桌面布局如图1-1所示，用户也可根据需要定制和改变桌面布局。桌面上包括有许多用于管理与MATLAB有关文件、变量和应用的工具，如菜单栏、工具栏和常用窗口等。默认桌面中有4个常用窗口，分别是命令（Command）窗口、命令历史（Command History）窗口、工作空间（Workspace）窗口和当前目录（Current Directory）窗口，除此之外，还有一些常用窗口会根据所开展的工作和操作自行打开，例如编辑器窗口、图形窗口和模型窗口等。下面先了解这些窗口的功能和基本使用。

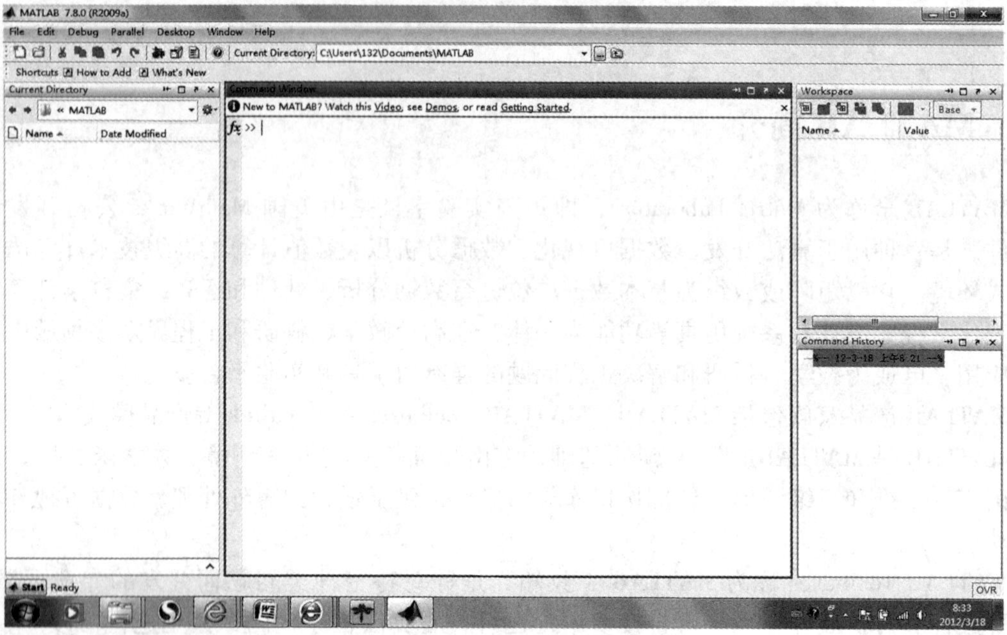

图 1-1　MATLAB 桌面

1.2.1　命令窗口

命令窗口是 MATLAB 操作的最主要工作界面。在该窗口内，可以直接输入、编辑、运行 MATLAB 的命令、数据、变量、函数、表达式，并显示其运行结果。

1. 命令行的输入和运行

命令窗口中的 ***fx* >>** 为 MATLAB 的命令行提示符，光标位于其后，表明可以输入要执行的语句（指令、命令）。输入完语句内容后，按回车键（〈Enter〉键）执行，其运行结果可立即显示在命令窗口内。下面通过几个简单实例来体验一下。

【例 1-1】创建二个 3 阶矩阵 $\boldsymbol{A}$ 和 $\boldsymbol{B}$，并求：(1) $\boldsymbol{A}+\boldsymbol{B}$；(2) $\boldsymbol{A}^*\boldsymbol{B}$；(3) $\boldsymbol{B}^{-1}$。

在命令窗口中直接输入：

```
A = [1,2,3;4,5,6;7,8,9]
```

按〈Enter〉键（在输入完一个命令行内容后，必须按下〈Enter〉键，该语句才能被执行，后面将不在提及此操作），语句被执行，在窗口中显示以下结果：

```
A =
    1   2   3
    4   5   6
    7   8   9
```

以上创建了一个 3 阶矩阵 $\boldsymbol{A}$。下面为叙述简明，“ >> ”后面的内容为输入的语句。

```
>> B = [2,5,3;6,3,4;7,9,1]
B =
    2    5    3
    6    3    4
    7    9    1
```

创建了第二个 3 阶矩阵 **B**。以下是计算这两个矩阵的和、积及计算矩阵 **B** 的逆阵：

```
>> C = A + B
C =
     3     7     6
    10     8    10
    14    17    10
>> D = A * B
D =
    35    38    14
    80    89    38
   125   140    62
>> B_ inv = inv (B)
B_ inv =
   -0.2308     0.1538     0.0769
    0.1538    -0.1329     0.0699
    0.2308     0.1189    -0.1678
```

2. 不显示运行结果

以上指令的运算结果都显示在命令窗口内。若不想显示运行结果，可在语句结尾处加分号“;”。按〈Enter〉键后，只执行语句，其运行结果不显示在命令窗口内，读者可通过例 1-2 来体验。

【例 1-2】 画出衰减振荡曲线 $y = 5e^{-t/4}\sin 3t$，t 的取值范围是 $[0, 4\pi]$。

在命令窗口内键入：

```
>> t = 0: pi/100: 4 * pi;
>> y = 5 * exp( - t/4). * sin(3 * t);
>> plot(t,y)
>> grid
```

所画图形出现在图形窗口中，如图 1-2 所示。

[说明] 本例中，pi 是 MATLAB 的预定变量，代表圆周率π；指令中的“.*”符号表示数组乘，详细定义请见第 2 章；第 1 行和第 2 行的语句结尾都加了分号“;”，这两行指令的运算结果在命令窗口中不显示。

3. 命令行的编辑

在命令窗口中，不仅可输入指令、运行指令，还可对输入的指令内容进行各种编辑，对过去输入的指令进行回调、编辑和重运行。为了使操作简便、快捷，可利用一些常用的功能键来操作。常用的功能键见表 1-1。

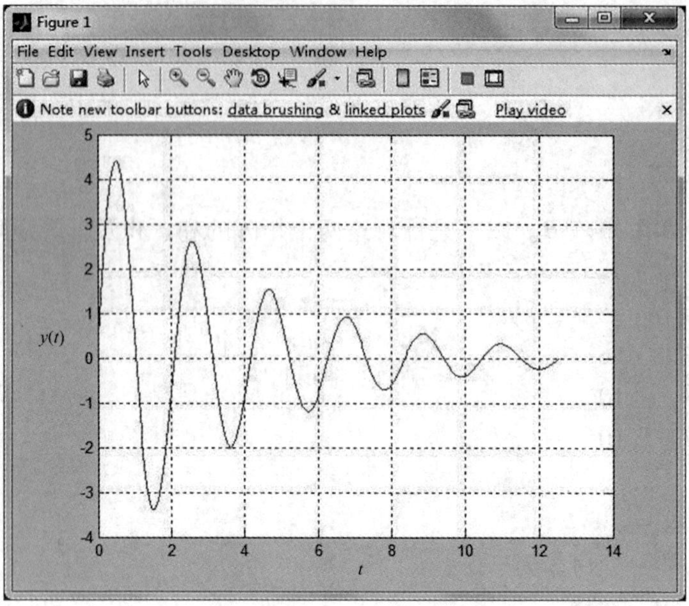

图 1-2　衰减振荡曲线

表 1-1　命令窗口中常用的功能键

功　能　键	功　　能	功　能　键	功　　能
↑	向前回调已输入过的指令行	PageDown	向后翻阅当前窗口中的内容
↓	向后回调已输入的指令行	Home	光标移到当前行的行首
←	光标左移一个字符	End	光标移到当前行的行尾
→	光标右移一个字符	Esc	清除当前行的全部内容
Ctrl + ←	光标左移一个字	Delete	删除光标右边的字符
Ctrl + →	光标右移一个字	Backspace	删除光标左边的字符
PageUp	向前翻阅当前窗口中的内容	Ctrl + K	删除光标至行尾的内容

【例 1-3】 利用指令回调，画出衰减余弦振荡曲线 $y=5e^{-t/3}\cos 3t$，t 的取值范围仍为 [0，4π]。

在 *fx* >> 光标处按一下〈↑〉键，回调出 grid，再按一下〈↑〉键，回调出 plot(t，y)，再按一下〈↑〉键，回调出

fx >> y = 5 * exp(- t/4). * sin(3 * t);

利用鼠标或功能键定位到要修改的字符处，编辑修改为

fx >> y = 5 * exp(- t/3). * cos(3 * t);

按〈Enter〉键执行。同样，可通过回调的方式，回调出 plot（t，y），按〈Enter〉键，重新执行画图指令，画出的图形如图 1-3 所示。

在回调操作中，也可输入命令行的前几个字符，再按〈↑〉键，这样可直接回调到以这几个字符开头的最近的一个指令。例如，输入“B_ ”后，再按〈↑〉键，可直接回调出 B_inv = inv(B) 语句。

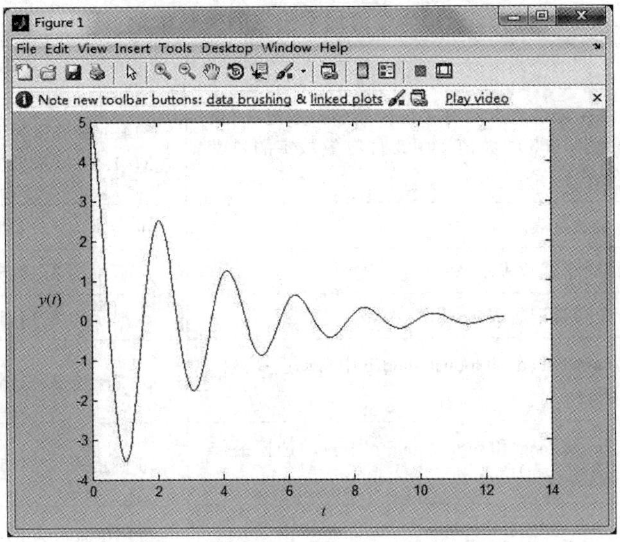

图 1-3　衰减余弦振荡曲线

4. 常用的控制命令

MATLAB 中的许多操作和控制，既可以使用对应的菜单或者功能按钮来实现，也可以使用 MATLAB 提供的相应控制命令来完成，表 1-2 列出了一些常用控制命令。这些控制命令，既可在命令窗口中使用，也可以在 M 文件或者 MAT 文件中的程序语句中使用。

表 1-2　MATLAB 中的常用控制命令

命　令	功　能	示　例
clc	清除命令窗口中的显示内容	≫clc
clf	清除图形窗口中的图形	≫clf
clear	清除 MATLAB 工作空间中保存的变量	≫clear　　%清除工作空间中所有变量 ≫clear C D　%清除变量 C、D
type	显示指定 M 文件的内容	≫type residue　%显示 residue. m 程序
exit/quit	退出 MATLAB 程序	≫exit ≫quit

5. 数值结果的显示方式

数值计算结果在命令窗口中可以采用不同的格式来显示。默认情况下，数值结果是以 format short 的格式来显示的，用户可根据计算的要求自行设置数值结果的显示方式。其设置可以采用图形界面方式或 format 命令方式。图形界面设置是执行“File”菜单下的“Preference”命令，在弹出的界面中，选择左边选项中的“Command Window”，在右边界面的“Text display”项的“Numeric format”下拉列表中选择所需显示格式。format 命令方式是通过执行 format 命令来设置的，其命令格式和含义见表 1-3。

数值结果的显示格式并不影响数值的计算精度，仅仅是显示方式的不同，数值的实际存储和计算使用的都是双精度型。

表 1-3　数值显示格式的控制命令

命　令	含　义	示　例
format format short	通常保证小数点后有 4 位，最多不超过 7 位；对于大于 1000 的数值，用 5 位有效数字的科学记数形式显示	314. 159 显示为 314. 1590 3141. 59 显示为 3. 1416e +003
format long	16 位数字表示	pi 显示为 3. 141592653589793
format short e	5 位科学记数表示	pi 显示为 3. 1416e +000
format long e	16 位科学记数表示	pi 显示为 3. 141592653589793e +000
format short g	从 format short 和 format short e 中自动选择最佳的记数表示	pi 显示为 3. 1416
format long g	从 format long 和 format long e 中自动选择最佳的记数表示	pi 显示为 3. 141592653589793e +000
format short eng	至少 5 位有效数字的工程记数，幂是 3 的倍数	pi * 10 显示为 31. 4159e +000 pi * 1000 显示为 3. 1416e +003
format long eng	15 位有效数字的工程记数，幂是 3 的倍数	pi * 10 显示为 31. 4159265358979e +000
format hex	十六进制表示	pi 显示为 400921fb54442d18
format bank	使用金融数据表示，小数点后保留 2 位数字	pi 显示为 3. 14
format +	显示大矩阵时用，分别使用 +、-、空格表示矩阵元素中的正数、负数、零	+
format rat	近似有理数表示	pi 显示为 355/113

1.2.2　命令历史窗口

命令历史窗口记录和显示着用户在命令窗口中输入过的所有指令。历史记录包括每次启动 MATLAB 的时间及每次启动 MATLAB 之后在命令窗口中输入和运行的所有指令行。

用户不仅能在历史窗口中查看命令窗口中运行过的所有指令，而且还可以根据需要将所选命令行复制到命令窗口再运行，或直接运行，甚至可以通过这些记录创建成 M 文件。这些功能都可以通过历史窗口的快捷菜单来完成。

首先，选择命令行。选择一行指令时，先将光标指向欲选指令行，单击鼠标左键选中该指令行；选择连续的多指令行时，先将光标指向欲选指令的第 1 行，单击鼠标左键选中，按下〈Shift〉键再用鼠标单击欲选的最后一行指令；选择不连续的多指令行时，按下〈Ctrl〉键，再用鼠标单击所有欲选的指令行。

选中要操作的指令后，单击鼠标右键弹出快捷菜单，如图 1-4所示。快捷菜单中的子菜单功能说明如下：

（1）Copy：复制当前选中的指令，可以将指令粘贴到其他的应用程序窗口中。

（2）Evaluate Selection：执行当前选中的指令。

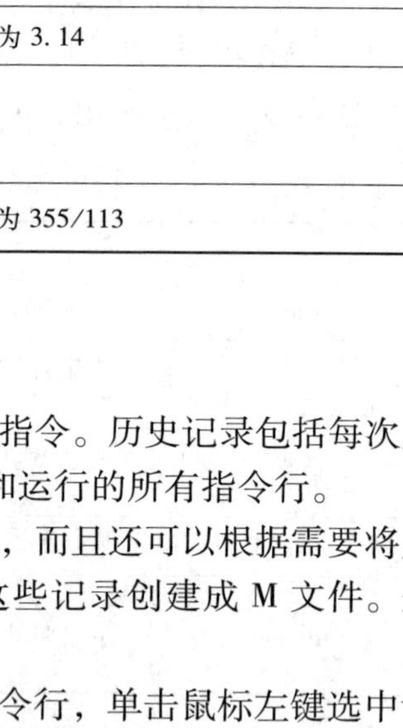

图 1-4　命令历史窗口的快捷菜单

(3) Create M-File：用当前选中的指令创建一个新的 M 文件，文件的内容就是所选的指令。

(4) Delete Selection：从命令历史窗口中删除所选的指令。

(5) Delete to Selection：将所选中指令行之前的所有历史记录指令从历史窗口中删除。

(6) Delete Entire History：删除历史窗口中所有的指令。

1.2.3　工作空间窗口

工作空间窗口列出了所有内存变量及其详细信息，包括变量名（Name）、变量数组大小（Size）、变量字节大小（Bytes）、变量类型（Class）和数组值（Value）等，如图 1-5 所示。变量名前的图标表示对应的变量数据类型。欲显示变量的其他信息，可通过选中菜单“View”→“Choose Columns”中的字段列来实现，例如“Min”、“Max”、“Mean”、“Range”、“Median”等字段列。

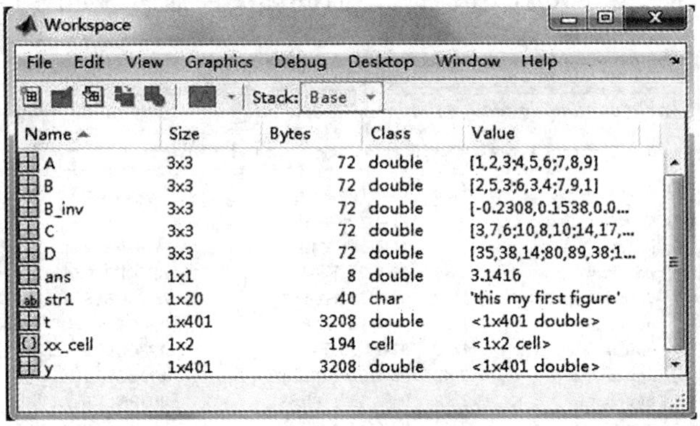

图 1-5　工作空间窗口

在工作空间窗口中，不仅可查看内存变量及其信息，还可对变量数组进行所需编辑，例如复制、重命名、删除、修改等，也可基于数值数组变量进行数据可视化，即画图。

用鼠标双击所需编辑的内存变量名，弹出变量编辑器（Variable Editor）窗口，例如，双击变量 A，弹出变量编辑器窗口，如图 1-6 所示。在该窗口中，可浏览变量数组内容，可对数组元素编辑、修改，也可改变数组的大小和新增元素。这种操作方法适合于输入较大规模数组。

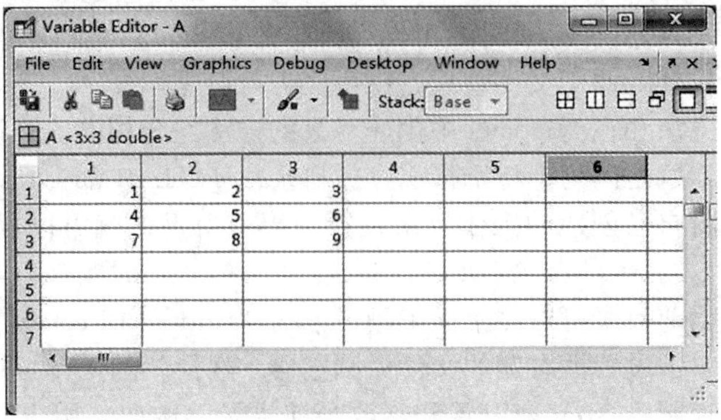

图 1-6　变量编辑器窗口

在工作空间窗口中，用鼠标单击要操作的变量，点亮该变量。当鼠标指针处于点亮区时，单击鼠标右键弹出快捷菜单。快捷菜单中的主要指令项有：

（1）Open Selection：打开变量编辑器，查看或编辑所选变量。

（2）Copy：将所选变量复制到粘贴板。

（3）Delete：删除所选变量。

（4）根据所选变量，快捷菜单中列出了多种图形的画图指令，用户可以选择一种，以绘制出相应图形。

1.2.4　当前目录与搜索路径

1. 当前目录

当前目录窗口用于显示、组织、管理当前目录下的文件、子目录，其显示的内容可包括文件类型图标、文件名、文件大小、最后修改时间和文件描述，如图1-7所示。

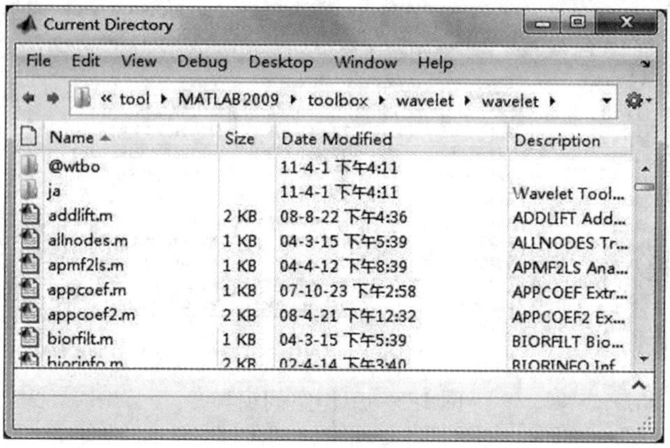

图1-7　当前目录窗口

在当前目录窗口中，用户可以执行打开、运行或者编辑M文件，装载MAT数据文件等操作。其操作过程十分简单，首先选择相应的文件，将光标移动到点亮处，再单击鼠标右键，在弹出的快捷菜单中选择所需操作的选项来完成。

当前目录也称为工作目录，所有的MATLAB文件保存和读取都是以当前目录为默认目录开始的。在默认情况下，启动MATLAB的时候，系统将当前目录设置为“MATLAB\work”。该默认目录并不适合保存所有的工作文件，建议用户创建自己的工作目录，存放自己创建的应用文件，这样既便于文件管理，也可使运行可靠。

创建工作目录的方法和在Windows中创建目录的方法完全相同。建议用户将创建的工作目录设置为当前目录，这是因为不特别指明存放目录，MATLAB都会默认地将文件存放在当前目录中。如果用户将自己创建的工作目录设置为当前目录，就可以保证MATLAB运行得可靠和便捷。

用户设置和修改当前目录可以在桌面工具栏上的“Current Directory”目录设置框中输入新的工作目录，或者单击设置框右侧的文件夹浏览器，选择新的工作目录。

用户也可以利用控制命令cd来设置和修改当前目录，例如，用户需要将当前目录设置为D:\powersys\mproject1，对应的控制命令为cd D:\powersys\mproject1。这种方法不仅可以在命令窗口中使用，也可以在 M 文件中使用。

2. 搜索路径

MATLAB 为了对文件进行有效的组织、管理和使用，采用一组结构较严谨的路径目录来存放文件，即 MATLAB 中所有的文件都存放在相应路径的目录中。MATLAB 运行时，将沿着设定的路径搜索所需的文件、函数或者具体数据。

当 MATLAB 执行某个指令，该指令中包含有标识名（变量名、函数名或文件名等）时，MATLAB 首先按设定路径顺序搜索该标识名，若搜索到，则调用执行；若未搜索到，则终止指令执行，并给出错误信息。例如，用户在命令窗口中输入、运行一个名为 my_psa1 的指令，MATLAB 按以下顺序搜索和执行该指令：

1）首先在内存中搜索是否有名为 my_psa1 的变量，即判断 my_psa1 是否为变量，若未找到，则进行下一步。

2）检查 my_psa1是否为内置函数（Built-in Function），如果没有搜索到结果，则进行下一步。

3）在当前目录中，检查是否有名为 my_psa1 的文件，如果没有，则进行下一步。

4）在 MATLAB 搜索路径的其他目录中，检查是否有名为 my_psa1 的文件存在。

上面的搜索过程就是 MATLAB 的典型搜索路径。如果用户有多个目录需要同时与 MATLAB 进行信息交换，或经常需要与 MATLAB 进行信息交换，用户应该将这些目录设置在搜索路径中，使得这些目录中的文件、数据能被 MATLAB 调用。

设置、扩展或修改搜索路径有两种方法，即通过图形界面设置和通过命令方式设置两种。

（1）通过图形界面设置搜索路径。在命令窗口中输入“pathtool”命令或者选择菜单“File”→“Set Path”选项，打开“Set Path”对话框图形界面，如图 1-8 所示。

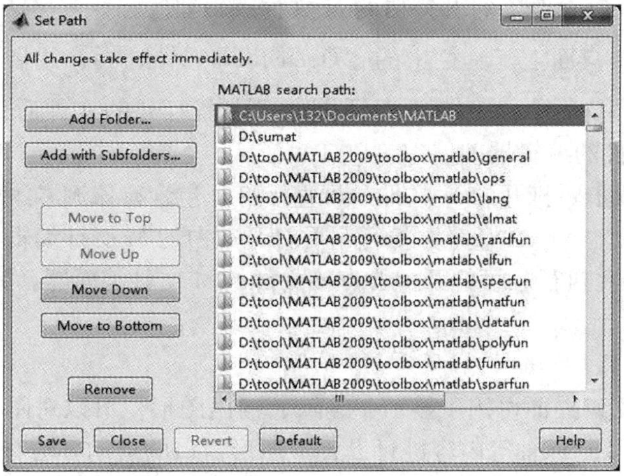

图 1-8　设置路径对话框

通过“Add Folder”按钮将目录添加到搜索路径列表中，通过“Add with Subfolders”按钮将目录及其子目录添加到搜索路径列表中。通过“Move Up”按钮、“Move Down”按钮可改变上、下移动所选路径目录在搜索路径列表中的位置。通过“Move to Top”按钮、“Move to Bottom”按钮可将所选路径目录置于搜索路径列表的首位或末尾。对于那些不需要出现在搜索路径中的目录，可以通过“Remove”按钮将其从搜索路径列表中删除。修改完搜索路径之后，单击“Save”按钮保存搜索路径。

（2）通过命令方式设置搜索路径。path 指令可以显示和设置搜索路径，它的调用有以下几种格式：

■ >> path　　% 在命令窗口中显示搜索路径列表

■ >> path(path,'d: \my_project \ example1')　　% 把 d: \my_project \ example1 设置在搜索路径末尾

■ >> path('d:\my_project \ example1' , path)　　% 把 d: \my_project \ example1 设置在搜索路径首位

[说明] 上面命令行中,% 后面内容为注释内容，是非执行语句部分。使用 path 指令完成的路径修改信息只在当前 MATLAB 环境下有效，当用户重新启动 MATLAB 后，前面用该指令修改的路径信息都将失效。

1.2.5　其他常用窗口

除了前面介绍的常用窗口界面外，MATLAB 还会根据开发、操作等需要，弹出相应窗口，其他常用窗口界面有编辑器窗口、图形窗口和仿真模型窗口等，关于这些窗口界面在后面相关章节中再做详细介绍，这里仅简要介绍这些窗口界面的基本功能。

1. 编辑器窗口

编辑器（Editor）窗口界面可以编辑 M 文件，可以对 M 文件进行交互式调试，还可以阅读和编辑其他 ASCII 码文件。编辑器的启动方法有以下几种：

1）单击 MATLAB 桌面上工具栏中的“New M-File”图标 ，或者选中菜单“File”→“New”→“M-File”命令，打开空白的 M 文件编辑器。

2）单击 MATLAB 桌面上工具栏中的“Open file”图标 ，或者选中菜单“File”→“Open”命令，打开“Open”文件选择对话框，选中需打开的文件后，再单击“打开”按钮，打开包含有该文件的编辑器。

3）用鼠标左键双击要打开的 M 文件，可直接打开包含有该 M 文件的编辑器。

4）在命令窗口中输入 edit 命令并执行，可打开空白的 M 文件编辑器；在命令窗口中输入 edit mfilename 语句并执行，可打开包含有该文件的 M 文件编辑器，其中 mfilename 是指用户要打开的 M 文件名。

2. 图形窗口

图形（Figure）窗口界面可用于显示、编辑、输出图形，可以对图形的线型、颜色、标记、三维视图、光照和坐标轴等内容进行设置。图形窗口的启动方法有以下几种：

1）选择菜单“File”→“New”→“Figure”选项，打开图形窗口。

2）在命令窗口中输入执行 Figure 命令，打开图形窗口。

3）执行其他绘图命令，自动打开包含有该图形的图形窗口。

3. 仿真模型窗口

Simulink 是 MATLAB 最重要的组件之一，它提供了一个动态系统建模、仿真和综合分析的集成环境，该环境包括仿真模型窗口和模块库浏览器。在仿真模型窗口界面中，用户可以

很方便地搭建动态系统的仿真模型，设置和编辑模型中各模块的参数，设置和修改仿真参数，综合分析仿真结果等。模块库浏览器窗口按类提供仿真建模所需模块，用户可将模块库中的所需模块拖拉至模型窗口。进入 Simulink 仿真环境的方法有以下几种：

（1）在 MATLAB 命令窗口运行指令 Simulink，或单击命令窗口中工具栏上的 Simulink 图标，打开 Simulink 模块库浏览器（Simulink Library Browser）。在模块库浏览器界面中，单击工具栏上的图标，或者选择菜单“File”→“New”→“Model”选项，打开一个空白模型窗口。

（2）在 MATLAB 桌面上，选择菜单“File”→“New”→“Model”选项，打开一个空白模型窗口，再选择模型窗中的菜单“View”→“Library Browser”选项，打开模块库浏览器。

（3）在 MATLAB 桌面上，单击工具栏上的打开图标，或者选择菜单“File”→“Open”命令，打开“Open”对话框，选择所需模型文件，再单击“打开”按钮，打开包含该仿真模型的模型窗口。

1.3　MATLAB 工作环境设置

在使用 MATLAB 时，使用者可根据个人的需要和喜好，自行设置 MATLAB 的桌面布局和桌面工具设置选项。

设置桌面工具选项时，通常选择“File”→“Preferences”命令，打开“Preferences”窗口，如图 1-9 所示。Preferences 窗口的左侧为选项类型目录，右侧为对应类型选项设置页面。设置好后，按“OK”或“Apply”按钮生效。

本节仅介绍有关桌面窗口布局、字体和颜色设置。

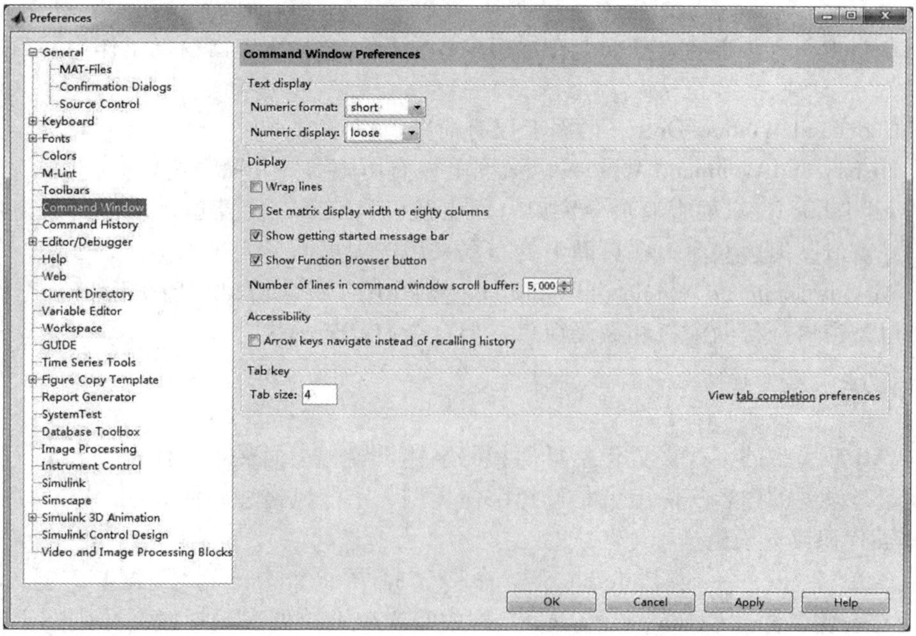

图 1-9　Preferences 设置窗口

1.3.1　桌面窗口布局

MATLAB 原始的桌面上布局有命令窗口、命令历史窗口、工作空间窗口和当前目录窗口，是默认的界面。使用者可根据需要改变窗口位置、调整窗口大小、关闭或打开窗口、使窗口脱离桌面等。

1. 调整窗口位置

鼠标指针指向窗口标题栏，按下鼠标左键，将窗口拖拽至新位置，释放鼠标左键，窗口即刻调整至新位置。

2. 调整窗口大小

鼠标指针指向窗口边界，当鼠标指针变成双箭头形时，移动鼠标，即可调整窗口大小。

3. 窗口脱离桌面和回放桌面

鼠标单击窗口标题栏右侧的“Undock”按钮，其图标为↗，窗口脱离桌面，成为一个独立窗口。如果希望窗口回放到 MATLAB 桌面中，可以选择窗口中菜单命令“Desktop”→“Dock xxxx”（xxxx 代表相应窗口的名称，例如 Command Window、Workspace、Command History 等），也可以直接单击窗口菜单栏中的↘按钮。

4. 关闭、打开窗口

如果希望关闭某一窗口，可以直接单击该窗口标题栏右侧的✕按钮，也可以选择菜单“Desktop”中的相应菜单命令，即取消相应窗口名称前的选中标记✓。

如果希望在桌面中打开某一窗口，可以选择菜单“Desktop”中的相应菜单命令，在相应窗口名称前会添加选中标记✓，也就是说凡是“Desktop”菜单中有选中标记✓的窗口是处于打开状态。

MATLAB 在菜单“Desktop”→“Desktop Layout”中提供了几种布局选项可供使用，介绍如下：

（1）Default。默认布局，桌面上布局有命令窗口、命令历史窗口、工作空间窗口和当前目录窗口。

（2）Command Window Only。桌面上仅有命令窗口。

（3）History and Command Window。桌面上仅有历史窗口和命令窗口。

（4）All Tabbed。桌面上有命令窗口、历史窗口、工作空间窗口、当前目录窗口、帮助窗口和编译窗口，但这些窗口在桌面上的布局采用选项页面形式布局。

（5）All but Command Window Minimized。桌面上有命令窗口、历史窗口、工作空间窗口、当前目录窗口、帮助窗口和编译窗口，但命令窗口最小化。

1.3.2　字体设置

MATLAB 环境中的字体设置包括桌面代码字体设置、桌面文本字体设置和桌面工具的字体定制设置，设置的内容实际上就是选择字体类型、字体风格和字体大小。

1. 桌面代码字体设置

选择菜单“File”→“Preferences”命令，打开“Preferences”窗口，选中左侧的“Fonts”，在右侧上部“Desktop code font”框中有 3 个下拉列表选择栏，分别用于选择字体类型、字体风格和字体大小，通过选择进行字体设置，字体显示效果可以在其下面的

“Sample” 框中浏览，按 “OK” 或 “Apply” 按钮生效。通常，命令窗口、历史窗口和编辑器窗口默认情况下采用桌面代码字体。

2. 桌面文本字体设置

选择菜单 “File” → “Preferences” 命令，打开 “Preferences” 窗口，选中左侧的 “Fonts”，在右侧上部 “Desktop text font” 框中有 3 个下拉列表选择栏，分别用于选择字体类型、字体风格和字体大小，通过选择进行字体设置，字体显示效果可以在其下面的 “Sample” 框中浏览；若选中 “Use system font”，则桌面文本字体采用系统字体，3 个下拉选项栏不可用。选择后，按 “OK” 或 “Apply” 按钮生效。通常，帮助导航、当前目录、工作空间、变量编辑器、函数浏览器等窗口默认情况下采用桌面文本字体。

3. 字体的定制设置

桌面中的各类窗口，也称为桌面工具，它们可以使用桌面代码字体，也可以使用桌面文本字体，还可以使用定制字体，这需要通过设置来实现。

在 Preferences 窗口中，选中左侧 “Fonts” 下一层的 “Custom”，在右侧的 “Desktop tools” 的列表框中选中相应桌面工具，在右边的 “Font to use” 中，若单选 “Desktop code”，则采用桌面代码字体；若单选 “Desktop text”，则采用桌面文本字体；若单选 “Custom”，则采用自定制字体，即在其下面的 3 个选项列表栏中选择字体类型、字体风格和字体大小。设置好后，按 “OK” 或 “Apply” 按钮生效。

1.3.3　颜色设置

通过颜色设置可以设置桌面工具中的文本颜色、背景颜色，还可以设置 M 文件语法重点内容颜色等。

在 “Preferences” 窗口中，选中左侧 “Colors”，可在右侧设置相关内容颜色。

1. 桌面工具颜色设置

在 “Desktop tool colors” 中，若勾选 “Use system colors”，则桌面工具中的文本和背景颜色直接采用系统的文本和背景颜色；若取消勾选 “Use system colors”，利用 “Text” 右侧的颜色下拉列表设置文本颜色，利用 “Background” 右侧的颜色下拉列表设置背景颜色。设置好后，按 “OK” 或 “Apply” 按钮生效。

2. M 文件语法重点内容的颜色设置

为了能正确编写 M 文件，使 M 文件语句符合语法规范，也为了在编写时能及时发现 M 文件中的语法错误等，将 M 文件中的关键词、注释、字符串、未完结字符串、系统命令、错误内容以不同颜色表示是一个很好的做法。在 “M-file syntax highlighting colors” 中，利用各部分右侧的颜色下拉列表选项栏选择相应颜色，设置好后，按 “OK” 或 “Apply” 按钮生效。

1.4　MATLAB 的帮助系统

MATLAB 具有完善的帮助系统，它详细透彻地介绍了 MATLAB 家族软件及其应用，是针对 MATLAB 应用的最好参考文献。充分利用 MATLAB 的帮助系统，使用者可以更快更准确地掌握其使用方法，提升 MATLAB 的应用水平。

MATLAB 的帮助系统有多种类型，有纯文本帮助、导航/浏览器帮助、演示帮助、Web 帮助和 PDF 文档帮助等。

1.4.1 纯文本帮助

当需要了解 MATLAB 的命令或函数的帮助信息时，可在命令窗口中执行 help 命令或 helpwin 命令。它们将以纯文本形式给出有关命令或函数的帮助信息，一般包括命令或函数的功能、调用格式、输入/输出参数的含义等。其中，help 命令给出的帮助信息显示在命令窗口中，而 helpwin 命令打开帮助窗口，帮助信息显示在帮助窗口中。

【例 1-4】 help 命令的使用。

在命令窗口中，仅键入“help”命令，显示帮助主题（topics），如下所示：

```
>> help
HELP topics:
matlab\general        - General purpose commands.
matlab\ops            - Operators and special characters.
matlab\lang           - Programming language constructs.
matlab\elmat          - Elementary matrices and matrix manipulation.
matlab\randfun        - Random matrices and random streams.
matlab\elfun          - Elementary math functions.
matlab\specfun        - Specialized math functions.
matlab\matfun         - Matrix functions - numerical linear algebra.
…
```

在命令窗口中，键入“help topicname”，其中 topicname 代表需查询的主题名，显示该主题下的命令和函数信息，如下所示：

```
>> help elmat
  Elementary matrices and matrix manipulation.
   Elementary matrices.
     zeros        - Zeros array.
     ones         - Ones array.
     eye          - Identity matrix.
     repmat       - Replicate and tile array.
     linspace     - Linearly spaced vector.
     logspace     - Logarithmically spaced vector.
     freqspace    - Frequency spacing for frequency response.
     meshgrid     - X and Y arrays for 3-D plots.
     accumarray   - Construct an array with accumulation.
      ⋮           - Regularly spaced vector and index into matrix.
   Basic array information.
     size         - Size of array.
     …
```

在命令窗口中，键入“help filename”，其中 filename 代表函数名或命令名，显示该函数或命令的功能、调用格式、输入/输出参数意义的帮助信息，下面是 zeros 函数的帮助信息：

```
>> help zeros
 ZEROS    Zeros array.
    ZEROS(N) is an N-by-N matrix of zeros.
    ZEROS(M,N) or ZEROS([M,N]) is an M-by-N matrix of zeros.
    ZEROS(M,N,P,...) or ZEROS([M N P ...]) is an M-by-N-by-P-by-... array of zeros.
    ZEROS(SIZE(A)) is the same size as A and all zeros.
    ZEROS with no arguments is the scalar 0.
    ZEROS(M,N,...,CLASSNAME) or ZEROS([M,N,...],CLASSNAME) is an
    M-by-N-by... array of zeros of class CLASSNAME.
    Note: The size inputs M, N, and P... should be nonnegative integers.
    Negative integers are treated as 0.
    Example:
       x = zeros(2,3,'int8');
    See also eye, ones.
    Overloaded methods:
       codistributor1d/zeros
    Reference page in Help browser
       doc zeros
```

【例 1-5】 helpwin 命令的使用。

helpwin 命令的使用与 help 相似，区别在于执行 helpwin 命令时帮助信息显示在打开的帮助窗口中，而不是显示在命令窗口中。键入

```
>> helpwin
```

打开帮助窗口，显示帮助主题，如图 1-10 所示。在该窗口中，可以链接到所需的函数或命令的帮助信息页。

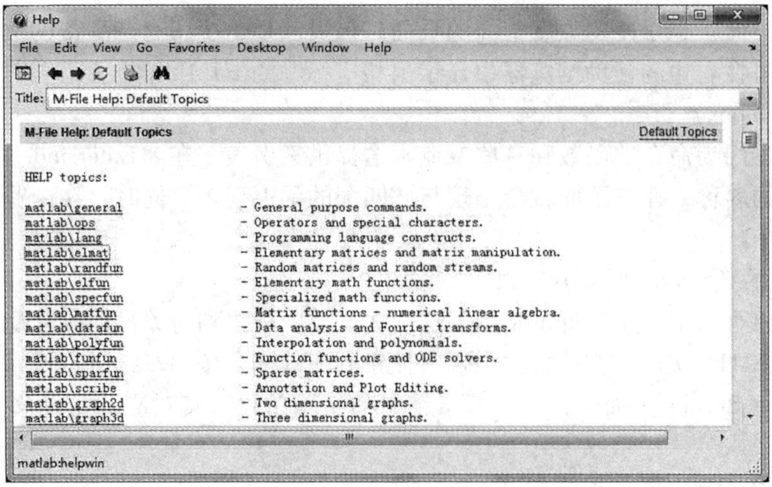

图 1-10　帮助主题窗口

1.4.2　帮助导航/浏览器

在 MATLAB 桌面单击工具栏上的按钮，或者单击菜单“Desktop”→“Help”命令，或者在命令窗口中键入命令“helpdesk”或者“helpbrowser”，可以打开“帮助导航/浏览器”交互界面，如图 1-11 所示。该交互界面提供了内容丰富的帮助文档，且采用超文本格式，界面友好，查询和阅读方便。直接阅读这些帮助文档是最直接、最有效地学习 MATLAB 的方法。

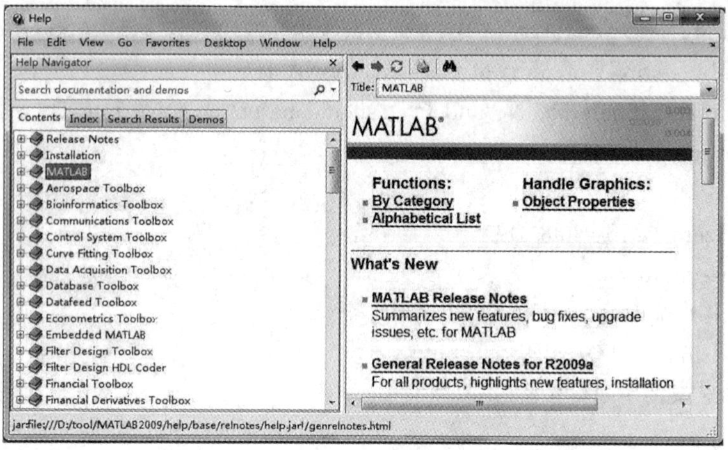

图 1-11　帮助导航/浏览器

该交互界面由帮助导航器（Help Navigator）和帮助浏览器（Help Browser）两部分组成。默认情况下，帮助导航器位于左半侧，帮助浏览器位于右半侧。帮助导航器中设有 4 个页面，分别为目录（Contents）页、索引（Index）页、搜索结果（Search Results）页和演示（Demos）页。

1. 目录（Contents）**页**

这是默认页面，也是使用频度最高的页面。该页面列出了所有产品帮助文档的目录，单击目录条，即可在右边的帮助浏览器中显示出相应标题的 HTML 帮助文档。

2. 索引（Index）**页**

索引页是专门为命令、函数和一些专业术语提供索引表。在“Enter index term”选框中输入需要查询的名称，在其下面就会出现与此匹配的词汇列表。同时，在浏览器的界面中显示相应的帮助信息。

3. 搜索结果（Search Results）**页**

在搜索结果页面中，用户可以利用关键词在全文中查找到与关键词相匹配的内容，其搜索范围是整个 HMTL 文件。在搜索栏中输入搜索的关键词，按回车键进行搜索，其搜索的结果显示在 Search Results 页面中，选中搜索结果的某一条目，其对应的帮助文档显示在右侧的浏览器中。

4. 演示（Demos）**页**

MATLAB 为各工具包和功能模块设计了很多的演示示例。用户在交互界面中通过运行和研读这些演示示例学习 MATLAB，能取得事半功倍的效果。

在帮助导航/浏览器环境中选择 Demos 页面，或者在命令窗口中输入“demos”，或者选择菜单“Help”→“Demos”命令，都可以进入演示页面。

在演示页面中，用户可以在左侧选择演示的内容，在右侧会出现该项目下的各种类别的演示程序的介绍。

1.4.3　Web 帮助

Mathworks 公司在其官方网站 www. mathworks. com 上提供了大量有关 MTALAB 及其应用的网上资源，可供用户访问和使用。目前，Mathworks 公司开通了中文官方网站 www. mathworks. cn。官方网站提供许多技术支持，用户既可以下载有关技术文档，了解世界各地有关 MATLAB 应用动态、实用信息、培训活动和研讨活动，还可通过文件交换从网站下载大量的用户实例，参加新闻组提问，参加网上教程学习。官方网站是用户学习和了解 MATLAB 的宝贵资源，用户应经常登录访问。

在 MATLAB 工作环境中，选择“Help”→“Web Resources”的子菜单可直接访问官方网站的相关内容。

其实 MATLAB 在互联网上的资源非常丰富，不仅在 Mathworks 公司的官方网页上可以找到很多有用信息，在国内的网站上也有一定规模的信息资源，用户可上网自行搜索。

1.5　小结

MATLAB 具有交互友好的工作环境，熟悉其工作环境是高效使用 MATLAB 软件的第一步。MATLAB 工作界面也称为桌面，是一个多窗口的集成开发环境，主要包括 4 个常用窗口，即命令窗口、命令历史窗口、工作空间窗口和当前目录窗口。其中，命令窗口是最主要的工作界面，在该界面中可以直接输入、编辑和运行 MATLAB 指令，并能根据需要即刻显示出运行结果；命令历史窗口是用于记录和显示用户在命令窗口中所输入并执行过的所有指令，可以随时查看和再使用这些指令；工作空间窗口列出了所有内存变量及其详细信息，并能对这些内存变量进行相关操作；当前目录窗口是用于显示、组织和管理当前目录下的文件、子目录。除了这些窗口外，根据操作的类型和内容，会相应地弹出对应的窗口，例如编程时会弹出编辑器窗口，绘制图形时会弹出图形窗口，仿真时会弹出仿真模型窗口，查看内存变量时会弹出数组编辑器窗口等。用户应熟悉和掌握桌面工具（这些窗口中）的使用方法。

初次启用 MATLAB 时，其桌面是以默认布局和默认设置显示，用户可根据个人的需要和喜好，进行个性化的布局和设置。桌面的布局可利用菜单或工具栏按钮来完成，如关闭或打开某窗口，调整窗口的位置，调整窗口的大小，使窗口浮动或嵌在桌面上等。对于各窗口的选项设置，可使用“File”→“Preferences”选项来进行，用户应多加练习来熟悉“Preferences”选项的功能。

MATLAB 中设置有搜索路径，规定了 MATLAB 对一个输入的标识符（变量名、函数名、命令、文件名等）的搜索过程。存放用户自行开发的程序和文件的目录（文件夹）应添加到 MATLAB 的搜索路径上，否则 MATLAB 将不能找到你的程序或文件，也就无法执行。

MATLAB 具有完善的帮助系统，有纯文本帮助、导航/浏览器帮助、演示帮助、Web 帮助和 PDF 文档帮助等。用户在学习和应用 MATLAB 过程中，应多利用和使用帮助系统，可以更快速、更准确地掌握 MATLAB 的使用方法与技巧，迅速提升 MATLAB 的应用水平。

第2章　数据类型

在 MATLAB 中，矩阵和数组有着不同的运算方法和规则，但两者在表示形式和储存形式上却是一样的，都是以数组的形式来表示。数据类型是一组数据的描述和对这组数据可进行的操作的统称，是使用 MATLAB 必须掌握的基础。MATLAB 提供了多种数据类型，常用的数据类型有数值数组、字符数组、元胞数组、结构数组和对象等。

在使用 MATLAB 中，经常要用到变量。所谓变量是指在程序运行过程中需要改变数值的量。变量命名需要满足以下规则：

1）变量名称有大小写区分。变量名称 A 和 a 表示两个不同的变量，同样，MyVar 和 myvar 也表示两个不同的变量。

2）变量名称的第一个字符必须是英文字母，后面可以是字母、数字或者下画线。变量名最多可以包含的字符数可以使用 namelengthmax 函数查看。1var、_dat 等都是不合法的变量名称。

3）变量名称中不可以包含空格或者标点符号。

建议在给变量命名时考虑变量的含义，使得变量名称易于理解，例如变量名称 mydata 就比名称 bb 易于理解。

MATLAB 中的预定义变量见表 2-1。这些预定义变量有特定含义和数值，用户可直接使用。建议不要对这些预定义变量重新定义、赋予新值，这样会改变其原含义和数值。使用命令 clear，清除对应预定义变量名称，将恢复预定义变量的原含义和数值。例如，命令 clear pi 将恢复预定义变量 pi 的原含义和默认值。

表 2-1　MATLAB 预定义变量

预定义变量	含　义	预定义变量	含　义
ans	计算结果的默认变量名	NaN 或 nan	非数（Not a Number）
eps	浮点数的相对精度	realmax	所用计算机可表示的最大浮点数
Inf 或 inf	无穷大	realmin	所用计算机可表示的最小浮点数
pi	圆周率π	nargin	函数输入参数的数目
i 或 j	复数的虚数单位	nargout	函数输出参数的数目

2.1　数值数组

所谓数值数组（Numeric Array）是指元素为数值的数组或矩阵。MATLAB 中的数值类型包括有符号和无符号整数、单精度浮点数和双精度浮点数，默认时为双精度浮点数。整数数值有 8 种类型，即有符号的 8 位、16 位、32 位、64 位整数，无符号的 8 位、16 位、32 位、64 位整数，它们表示的数值范围和所用转换函数见表 2-2。单精度浮点数为 32 位（4 个字节)，转换函数为 single。双精度浮点数为 64 位（8 个字节)，转换函数为 double。

表 2-2　整数类型的数值范围和转换函数

类　型	数值范围	转换函数	类　型	数值范围	转换函数
有符号 8 位整数	$-2^7 \sim 2^7 - 1$	int8	无符号 8 位整数	$0 \sim 2^8 - 1$	uint8
有符号 16 位整数	$-2^{15} \sim 2^{15} - 1$	int16	无符号 16 位整数	$0 \sim 2^{16} - 1$	uint16
有符号 32 位整数	$-2^{31} \sim 2^{31} - 1$	int32	无符号 32 位整数	$0 \sim 2^{32} - 1$	uint32
有符号 64 位整数	$-2^{63} \sim 2^{63} - 1$	int64	无符号 64 位整数	$0 \sim 2^{64} - 1$	uint64

数组有一维数组、二维数组和高维数组之分，本书重点介绍一维、二维数组的创建和操作，有关高维数组的创建和操作请参阅有关文献。

2.1.1　一维数组的创建

一维数组是指仅有一行或一列的数组，有时也称为向量。其中，仅有一行的数组称为行向量，仅有一列的数组称为列向量。

1. 直接输入法

该方法是由键盘将数组中的元素逐个输入。数组用一对中括号“[ ]”括起来，对一维行数组，元素间用逗号“,”或空格分隔；对于一维列数组，元素间用分号“;”分隔。

【例 2-1】 在命令窗口中直接输入下列程序语句：

```
>> var1 = [2,5,7,8,3]
```

或

```
>> var1 = [2 5 7 8 3]
```

运行结果为

```
var1 =
     2    5    7    8    3
```

【例 2-2】 在命令窗口中直接输入下列程序语句：

```
>> var2 = [4;6;5;3]
```

运行结果为

```
var2 =
     4
     6
     5
     3
```

2. 冒号生成法

冒号生成法也称为步长生成法，是按设定“步长”生成一维行数组。该方法的通用格式为 a:inc:b，其中，a 是数组的第一个元素；inc 是步长，可以取正数或负数，inc 省略时，默认取值为 1；当（b - a）是 inc 的整数倍时，b 是数组的最后一个元素，否则 inc > 0 时最后一个元素小于 b，inc < 0 时最后一个元素大于 b。注意，当 inc 是正数时，必须满足 a < b；当 inc 是负数时，必须满足 a > b，否则生成空数组。

【例 2-3】在命令窗口中输入下列程序语句，并观察运行结果。

```
>> var3 =0:2:10
>> var4 =0:10
>> var5 =12: -2:0
>> var6 =0:0.01:2*pi
```

运行结果为

```
var3 =
    0    2    4    6    8   10
var4 =
    0    1    2    3    4    5    6    7    8    9    10
var5 =
   12   10    8    6    4    2    0
var6 =
  Columns 1 through 9
       0    0.0100    0.0200    0.0300    0.0400    0.0500    0.0600    0.0700    0.0800
  Columns 10 through 18
  0.0900    0.1000    0.1100    0.1200    0.1300    0.1400    0.1500    0.1600    0.1700
  Columns 19 through 27
  0.1800    0.1900    0.2000    0.2100    0.2200    0.2300    0.2400    0.2500    0.2600
```

（后面显示内容略）

3. 定数线性生成法

该方法是在设定的“总点数”下，均匀采样生成一维行数组。其通用格式为 x = linspace (a,b,n)，其中，a、b 分别是数组的第一个和最后一个元素；n 表示数组元素的总个数。该指令的作用与 x = a:(b-a)/(n-1):b 相同。若 n 省略，默认取值为 100。

【例 2-4】使用 linspace 函数创建一维数组。

```
>> var7 = linspace (1,2,5)
var7 =
      1.0000    1.2500    1.5000    1.7500    2.0000
>> var8 = linspace (1,2);
```

可检验数组 var7 有 100 个元素，其中第一个元素为 1，最后一个元素为 2。

4. 定数对数生成法

该方法是在设定的“总点数”下，按常用对数采样生成一维行数组。其通用格式为 x = logspace (a,b,n)，生成数组的第一个元素为 10^a，最后一个元素为 10^b，n 为数组中元素的总个数，元素按对数空间的间隔设置。若 n 省略，默认取值为 50。

【例 2-5】使用 logspace 函数创建一维数组。

```
>> var9 = logspace (1,3,5)
var9 =
  1.0e+003 *
    0.0100    0.0316    0.1000    0.3162    1.0000
```

```
>> var10 = logspace (1,3)
```

可检验数组 var10 共有 50 个元素，其中第一个元素为 10，最后一个元素为 1000。

一维数组是二维数组的特例，下面所介绍的二维数组的创建方法同样也适用于一维数组的创建。

2.1.2　二维数组的创建

二维数组是由实数或复数排列成矩形而构成的。对于 $m \times n$ 的二维数组，是指其具有 m 行、n 列。创建二维数组的方法有许多，例如直接输入法、数组编辑器法、M 文件生成法、数据导入法、数据文件读入法和标准数组生成函数法等，在实际应用中可根据需要灵活使用。

1. 直接输入法

从键盘上直接输入数组元素的方法适合于较小数组（元素和行、列数较少的数组）。直接输入法需遵循下列规则：

1）整个数组必须以方括号“[ ]”为其首尾。

2）数组的行与行之间需使用分号“;”间隔或用回车键〈Enter〉间隔。

3）数组的元素之间可用逗号“,”或空格间隔。

【例 2-6】 用直接输入法创建二维矩阵。

```
>> data1 = [1,3,5,7;2,4,6,8;3,5,7,9]
```

或

```
>> data1 = [1 3 5 7;2 4 6 8;3 5 7 9]
data1 =
        1    3    5    7
        2    4    6    8
        3    5    7    9
```

2. 数组编辑器法

利用数组编辑器可方便地创建较大规模的数组。其创建方法是首先在命令窗口中创建一个新的变量，可为这个变量赋任意的数值，例如 data2 = 1；在工作空间浏览器中双击该变量，打开数组编辑器，在编辑窗口中出现待填写的数组元素格，逐格填写元素值，直到完成为止。当然，也可利用数组编辑器对任意数组进行编辑修改。

3. M 文件生成法

对于大数组或者经常需要调用的数组，可建立一个 M 文件来生成。下面通过一个简单例子来说明利用 M 文件生成数组的过程，关于 M 文件创建的详细介绍请参见第 4 章。

【例 2-7】 用 M 文件 myarray. m 创建数组 mydata。

步骤 1：打开 M 文件编辑调试器，并在编辑区中输入以下内容：

```
mydata = [21,22,23,24,25,26,27,28,29;...
          31,32,33,34,35,36,37,38,39;...
          41,42,43,44,45,46,47,48,49;...
          51,52,53,54,55,56,57,58,59];
```

步骤 2：保存此文件，文件名为 myarray. m。

以后只要在命令窗口或程序中，调用 myarray. m 文件，数组 mydata 就会自动生成。例如，在命令窗口中执行以下程序语句：

```
>> myarray
```

可在工作空间浏览器或命令窗口中检验生成的数组 mydata。

4. 数据导入法

数据文件中保存有需要分析的数据，例如实验数据、测试数据、仿真数据等，可利用 MATLAB 的数据导入功能直接将其导入到 MATLAB 中再进行分析，这样既方便又快捷。

执行菜单“File”的“Import Data...”命令，弹出“Import Data”界面，选择并打开所需导入的数据文件，弹出导入向导“Import Wizard”界面，选择数据文件中数据间的列分隔符和文本头的行数，按“Next”按钮，在弹出的界面中，用复选框选择需要导入的变量，再按“finish”按钮，数据文件中的数据以数组变量的形式导入到 MATLAB 中。

5. 标准数组（矩阵）函数生成法

对于一些标准数组或特殊数组，可利用 MATLAB 提供的函数来生成，表 2-3 给出一些常用的标准数组生成函数。

表 2-3 标准数组生成函数

函 数	含 义	预定义变量	含 义
zeros	产生全 0 数组	rand	产生均匀分布随机数组
ones	产生全 1 数组	randn	产生正态分布随机数组
eye	产生单位数组	diag	产生对角数组
magic	产生魔方数组	pascal	产生帕斯卡数组

函数 zeros、ones、eye、rand、randn 有两种调用格式：

格式 1：functionname（M，N） 生成 M 行、N 列的数组

格式 2：functionname（N） 生成 N 行、N 列的数组

函数 magic、pascal 的调用格式为：

functionname（N） 生成 N 行、N 列的数组

函数 diag 的调用格式为：

格式 1：diag(V，K) 当 V 是一个具有 N 个元素的向量时，生成一个（N + | K |）阶方阵，其第 K 个对角线元素为 V 中的元素；K = 0 是主对角，K > 0 是主对角上方，K < 0 是主对角下方；当 V 是矩阵时，生成一个列向量，其元素取 V 中第 K 个对角线的元素。

格式 2：diag(V) 当 V 是一个具有 N 个元素的向量时，生成一个 N 阶方阵，其主对角线元素取 V 中元素，相当于 diag（V，0）；当 V 是矩阵时，生成一个列向量，其元素取 V 中的主对角线的元素。

【例 2-8】使用标准数组函数生成数组。

```
>> data2 = zeros（3,4）
data2 =
     0     0     0     0
     0     0     0     0
     0     0     0     0
```

```
>> data3 = ones (3)
data3  =
        1     1     1
        1     1     1
        1     1     1
>> data4 = eye (4)
data4  =
        1     0     0     0
        0     1     0     0
        0     0     1     0
        0     0     0     1
>> data5 = rand (3, 5)
data5  =
        0. 8147    0. 9134    0. 2785    0. 9649    0. 9572
        0. 9058    0. 6324    0. 5469    0. 1576    0. 4854
        0. 1270    0. 0975    0. 9575    0. 9706    0. 8003
```

6. 存取数据文件

在 MATLAB 中，提供 save 和 load 命令来实现数据文件的存取，表 2-4 列出了命令的常见调用格式。

表 2-4　数据文件的存取命令

命令调用格式	实 现 功 能
save filename	将工作空间中的所有变量保存到名为 filename. mat 的文件中
save filename v1 v2	将工作空间中的变量 v1、v2 保存到名为 filename. mat 的文件中
save filename v1 v2-append	将工作空间中的变量 v1、v2 添加到名为 filename. mat 的文件中
save filename v1 v2-ascii	将工作空间中的变量 v1、v2 保存到名为 filename 的 8 位 ASCII 文件中
load filename	将 filename. mat 文件中的所有变量读入内存
load filename v1 v2	将 filename. mat 文件中的变量 v1、v2 读入内存
load filename v1 v2-ascii	将名为 filename 的 ASCII 文件中的变量 v1、v2 读入内存

表 2-4 中，filename 文件名可以带路径，但不要带扩展名。v1、v2 代表变量名，指定的变量个数不限，变量名与变量名之间必须以空格相分隔。

除采用上述命令之外，也可以在工作空间中选择相应的按钮或快捷菜单命令，实现数据文件的存取。

MATLAB 中提供了许多有关文件输入和输出的函数，具有直接对磁盘文件进行访问的功能，不仅可以进行高层次的程序设计，也可以对低层次的文件进行读写操作，有关这方面的内容请参阅 MATLAB 帮助文档或有关参考文献。

2.1.3　复数数组的创建

复数数组是指数组中的元素为复数，具有实部和虚部，虚数单位为“i”或“j”。复数数组的创建方法与上面介绍的实数数组的创建方法相同，只是在创建过程中，其表达式的输入形式需以复数形式输入，可以是直角坐标表示，也可以是极坐标表示，但生成后的数组都将以直角坐标形式表示。

【例 2-9】创建复数数组。

```
>> c1 = [1 - 2i,2 + 3i;2 + 4 * i,3 - 5 * i]        % 带"*"或不带"*"都可;不带"*"时,数值与 i 间不许有空格

c1 =
     1.0000 - 2.0000i    2.0000 + 3.0000i
     2.0000 + 4.0000i    3.0000 - 5.0000i
>> c2 = [1,2;2,3] + [-2,3;4,-5] * i
c2 =
     1.0000 - 2.0000i    2.0000 + 3.0000i
     2.0000 + 4.0000i    3.0000 - 5.0000i
>> c3 = [2 * exp(i * pi/6),3 * exp(i * pi/3);3 * exp(i * pi/4),4 * exp(i * pi/2)]
c3 =
     1.7321 + 1.0000i    1.5000 + 2.5981i
     2.1213 + 2.1213i    0.0000 + 4.0000i
```

2.1.4　数值数组的访问、赋值和操作

要对数值数组的元素、子数组进行访问、赋值或操作，首先必须能寻访到这些元素、子数组，这需要通过数组的下标索引来完成。

1. 一维数组的访问、赋值

一维数组寻访格式为 A (index)，其中，A 是要寻访的数组变量名，index 是下标索引，可以是一个正整数（元素在数组中的序号），也可以是正整数数组（元素序号组成的数组），或是关系表达式。

【例 2-10】创建一维数组 x = [0.3, 0.4, 0.6, 1.5, 0.8, 1.2, 1.0, 0.5]，并对其进行寻访。

```
>> x (3)                     % 访问第 3 个元素
ans =
     0.6000
>> x ( [1 2 5 7])            % 访问第 1、2、5、7 个元素组成的子数组
ans =
     0.3000    0.4000    0.8000    1.0000
>> x (1: 4)                  % 访问数组前 4 个元素组成的子数组
ans =
     0.3000    0.4000    0.6000    1.5000
>> x (4: end)                % 访问从第 4 个元素开始之后元素组成的子数组，end 表示最后一个元素的下标

ans =
```

```
    1.5000    0.8000    1.2000    1.0000    0.5000
>> x([4 3 5 2])          % 改变被寻访元素的顺序
ans =
    1.5000    0.6000    0.8000    0.4000
>> x([1 2 3 2 1])        % 重复访问数组中的元素
ans =
    0.3000    0.4000    0.6000    0.4000    0.3000
>> x(x>0.5)              % 由大于0.5的元素组成的子数组
ans =
    0.6000    1.5000    0.8000    1.2000    1.0000
```

【例2-11】 对数组x的子数组进行赋值。

```
>> x(3) =0.7             % 将数组x的第3个元素赋值为0.7
x =
    0.3000  0.4000  0.7000  1.5000  0.8000  1.2000  1.0000  0.5000
>> x([2 5 7]) = [2.5, 3.0, 2.2]        % 将数组x的第2、5、7个元素赋值
x =
    0.3000  2.5000  0.7000  1.5000  3.0000  1.2000  2.2000  0.5000
>> x(1:4) =0             % 将数组x的前4个元素赋值0
x =
    0    0    0    0    3.0000    1.2000    2.2000    0.5000
```

通过访问元素的方法对数组元素进行赋值时，要求赋值的子数组的长度与送入的数组长度相同。

2. 二维数组的访问、赋值

访问二维数组的子数组有三种方式。第一种方式是提供元素的行、列下标索引，即全下标索引方式；第二种方式是提供元素的单下标索引，即单下标索引方式，其索引是将数组所有列按自左向右顺序、首尾相接组成一个长列，自上向下对元素位置的编号；第三种是提供逻辑1索引，即逻辑1索引方式。表2-5列出使用索引访问子数组的格式。

表2-5 使用索引访问子数组的格式

数组元素的访问格式	使用说明
A(r,c)	r是数组A的行索引，c是列索引，与一维数组中的下标索引index的使用相同
A(r,:)	由A的"r指定行"和"全部列"上的元素组成
A(:,c)	由A的"全部行"和"c指定列"上的元素组成
A(:)	由A的各列按自左向右的顺序，首尾相接组成的一个长列数组
A(s)	生成单下标索引s指定的一维数组。s若是"行数组"("列数组")，则A(s)就是长度相同的"行数组"("列数组")
A(L)	逻辑1访问，生成一维数组：由与A同样大小的逻辑数组L中的"1"选出A的对应元素，按单下标次序排成长列数组

【例 2-12】创建一个 4 阶的魔方矩阵，并对其进行寻访。

```
>> b = magic(4)
b  =
     1     6     2     3    13
     5    11    10     8
     9     7     6    12
     4    14    15     1
>> b(3,4)                    % 访问数组 b 的第 3 行、第 4 列的元素
ans  =
    12
>> b([2,4],[1,3])            % 访问第 2、4 行,第 1、3 列的元素
ans  =
     5    10
     4    15
>> b([1,2],:)                % 访问第 1、2 行的元素
ans  =
    16     2     3    13
     5    11    10     8
>> b([2 5 8])                % 按单下标索引,由第 2、5、8 个元素组成一维行数组
ans  =
     5     2    14
>> b([2;5;8])                % 按单下标索引,由第 2、5、8 个元素组成一维列数组
ans  =
     5
     2
    14
>>(b(b>10))'                 % 由大于 10 的元素组成的列数组的转置
ans  =
    16    11    14    15    13    12
```

对二维数组中子数组的赋值与一维数组情况相似，读者可自行练习。

3. 数组的操作

MATLAB 提供了许多用以获取数组或矩阵信息，以及对数组进行操作的函数，利用这些函数可方便地获取数组信息或对数组进行所需操作，表 2-6 列出了一些较常用的操作函数。有关数组信息和操作函数的具体使用规则可在命令窗口中键入 helpwin elmat 命令来查看。

表 2-6　数组信息和操作函数

函　数	说　明
size	获取数组的行数、列数
length	获取向量的长度

（续）

函　数	说　明
numel	获取数组的元素个数
cat	将若干数组沿指定维串接成一个更大的数组
reshape	保持数组元素的个数不变的前提下，改变数组的行数、列数
tril	产生下三角矩阵
triu	产生上三角矩阵
fliplr	以数组“垂直中线”为对称轴，交换左右对称位置上的数组元素
flipud	以数组“水平中线”为对称轴，交换上下对称位置上的数组元素
flipdim	按指定的方向翻转交换数组元素
rot90	旋转数组 90°
find	获取数组中非零元素的索引

【例 2-13】数组信息和操作示例。

```
>> aa = rand(3,5)              % 创建一个 3×5 的均匀分布随机矩阵
aa =
    0.8147    0.9134    0.2785    0.9649    0.9572
    0.9058    0.6324    0.5469    0.1576    0.4854
    0.1270    0.0975    0.9575    0.9706    0.8003
>> size(aa)                    % 获取数组的行数、列数
ans =
     3     5
>> [nrow,ncol] = size(aa)      % 获取数组的行数输出给变量 nrow,列数给变量 ncol
nrow =
     3
ncol =
     5
>> numel(aa)                   % 获取数组元素的总个数
ans =
    15
>> reshape(aa,5,3)             % 将数组 aa 改变成 5×3 的数组
ans =
    0.8147    0.0975    0.1576
    0.9058    0.2785    0.9706
    0.1270    0.5469    0.9572
    0.9134    0.9575    0.4854
    0.6324    0.9649    0.8003
>> fliplr(aa)                  % 对数组 aa 左右对称位置元素交换
```

```
ans =
    0.9572    0.9649    0.2785    0.9134    0.8147
    0.4854    0.1576    0.5469    0.6324    0.9058
    0.8003    0.9706    0.9575    0.0975    0.1270
>> triu(aa)                    % 取数组 aa 的上三角生成上三角数组
ans =
    0.8147    0.9134    0.2785    0.9649    0.9572
         0    0.6324    0.5469    0.1576    0.4854
         0         0    0.9575    0.9706    0.8003
```

2.2 字符数组

字符数组（Character Array）也称为字符串数组，其元素为字符或者字符串，数据类型为 char，它在数据的可视化、应用程序的交互设计方面有着非常重要的作用。

2.2.1 字符数组的创建

1. 字符串的创建

创建字符串时，只需将字符串的内容放在单引号对中，若字符串内容中包含单引号，需在输入字符串内容时，连续输入两个单引号即可。注意：“单引号对”必须在英文状态下输入，字符串内容可以包含中文。字符串实际上是一个行数组。

【例 2-14】 字符串的创建示例。

```
>> s1 ='This is my first character string'
s1 =
This is my first character string
>> size(s1)
ans =
    1    33
>> s2 =' 电压(V)'               % 字符串内容中包含中文
s2 =
电压(V)
>> s3 ='example ''2 - 14'       % 字符串内容中包含有单引号的情况
s3 =
example '2 - 14
>> s4 ='23.45'                  % 创建字符串 23.45
s4 =
23.45
>> class(s4)                    % 检验数据类型,s4 为字符数据类型,而非数值数据
ans =
char
```

2. 字符串数组的创建

对于一行字符串数组，除了采用上面介绍的字符串创建方法外，还可以使用小的字符串创建大的字符串。

【例2-15】 使用小的字符串创建大的字符串。

```
>> s5 = [s3, ' ', s2, ' ', s4]
s5 =
example '2 - 14 电压 (V) 23.45
```

对于多行字符串数组，可以采用直接输入法创建，也可采用函数法创建。直接输入法创建多行字符串数组时，要求每行字符串的长度必须相同，若字符串长度不同应利用空格补齐。MATLAB中提供函数char、str2mat、strvcat创建多行字符串数组，函数调用时，不要求字符串长度相同，函数执行后会自动补空格。

【例2-16】 使用直接输入法创建多行字符串数组。

```
>> s6 = ['voltage';'current';'power  ']        % 字符串 power,补了2个空格使得这3个
                                                 字符串长度相同
s6 =
voltage
current
power
>> size(s6)
ans =
     3     7
>> s7 = char('voltage', 'current', 'power')     % 调用函数 char 时,不要求字符串长度相同
s7 =
voltage
current
power
>> s8 = str2mat('node voltage', 'branch current', 'power')
s8 =
node voltage
branch current
power
>> s9 = strvcat('resistance', 'inductance', 'capacitance')
s9 =
resistance
inductance
capacitance
```

2.2.2 字符串数组的操作

MATLAB 提供了许多函数用来操作字符串，表 2-7 列出常用的字符串操作函数。有关字符串操作函数的具体使用规则可在命令窗口中键入 helpwin strfun 命令来查看。

表 2-7 常用的字符串操作函数

函数调用格式	说明	函数调用格式	说明
blanks(n)	创建 n 个空格串	strcmpi(s1,s2)	忽略字符的大小写，若串 s1、s2 相同，判为逻辑真
char(s1,s2,…)	由串 s1、s2 等形成多行字符串数组	strncmpi(s1,s2)	忽略字符的大小写，若串 s1、s2 的前 n 个字符相同，判为逻辑真
deblank(s)	将字符串 s 尾部的空格删除	findstr(s1,s2)	在较长串中，找出短串的起始字符的位置索引
ischar(s)	判断变量 s 是否是字符类型，若是，给出逻辑 1	strfind(s1,s2)	在第一个字符串中查寻第二个字符串出现的位置索引
strcat(s1,s2,...)	把串 s1、s2 等水平串接，形成长串	strjust(s,style)	style 默认或为 'right' 时，字符串右对齐；为 'left' 时，左对齐；为 'center' 时，居中
strvcat(s1,s2,...)	把串 s1、s2 等垂直串接，形成多行字符串数组	strrep(s1,s2,s3)	串 s1 中所有出现 s2 的地方替换为 s3
str2mat(s1,s2,...)	把串 s1、s2 等形成多行字符串数组	strtrim(s)	将串 s 首尾的空格删除
strcmp(s1,s2)	若串 s1、s2 相同，判为逻辑真	upper(s)	将串 s 中的英文字母都转变成为大写
strncmp(s1,s2)	若串 s1、s2 的前 n 个字符相同，判为逻辑真	lower(s)	将串 s 中的英文字母都转变成为小写

2.2.3 字符串的转换

在数据可视化和程序界面设计中，经常要进行数值数据与字符串类型间转换，或者不同基的数值转换，这可利用 MATLAB 所提供的转换函数来实现。表 2-8 列出常用的字符串转换函数，它们的具体使用规则可在命令窗口中键入 helpwin strfun 命令来查看。

表 2-8 常用的字符串转换函数

函数	说明	函数	说明
num2str	将数值转换为字符串	hex2num	将十六进制字符串转换为双精度数
int2str	将整数转换为字符串	hex2dec	将十六进制字符串转换为十进制整数
mat2str	将矩阵转换为可被 eval 函数调用的格式	dec2hex	将十进制整数转换为十六进制整数字符串
str2double	将字符串转换为双精度类型的数据	bin2dec	将二进制整数字符串转换为十进制整数
str2num	将字符串转换为数值	dec2bin	将十进制整数转换为二进制整数字符串
sprintf	以控制格式将数值转换为字符串	base2dec	将指定数值类型的数值字符串转换为十进制整数
sscanf	读取格式化字符串	dec2base	将十进制整数转换为指定数值类型的数字字符串

【例 2-17】字符串转换函数示例。

```
>> v1 =219.16;
>> v1_title =['支路1电压=',num2str(v1),'(v)']    % 将数值数据 v1 转换为字符串
v1_title  =
支路1电压=219.16(v)
>> r1 ='120';
>> i1 = v1/str2num(r1)                        % 将数值字符串转换为数值
i1  =
    1.8263
```

2.3 元胞数组

元胞数组（Cell Array）也称为单元数组，它是一种特殊的数据类型。元胞数组的元素称作元胞，元胞可以存放任何类型、任何大小的 MATLAB 数组，例如数值数组、字符数组、元胞数组、结构数组和对象等。同一元胞数组中各元胞的内容可以不同，有的为数值数组，有的为字符数组，有的为结构数组，有的甚至为元胞数组，即使是相同数据类型的元胞，其数组的大小、维数也可以不同。元胞数组为不同类型的数据提供了一种系统、灵活的存储机制。

元胞数组的维数不受限制，可以是一维的、二维的，也可以是多维的。访问元胞数组有三个层次，第一个层次是对元胞数组整体调用，可采用元胞数组名来实现；第二个层次是对元胞数组的元胞进行访问，具有全下标索引方式和单下标索引方式两种；第三个层次是对元胞的内容进行访问。

2.3.1 元胞数组的创建

1. 通过赋值语句创建

创建元胞数组与创建数值数组、字符数组相似，主要区别在于需用大括号对“{}”代替中括号“[ ]”将数组内容或索引括起来。大括号对“{}”是元胞数组的构建符，用逗号或空格分隔元素，用分号作为行分隔。

【例 2-18】用赋值语句创建元胞数组。

```
>> c1 ={[1 4 3;0 5 8;7 2 9],'active power';3 +7i, -pi:pi/4:pi}
c1  =
          [3x3 double]         'active power'
    [3.0000  + 7.0000i]        [1x9 double]
```

由上面的运行结果可以看出，所创建的元胞数组的四个元胞的内容不同，即数据类型和大小不同。除单行字符串、单个数值的元胞显示其内容外，其他元胞仅显示出元胞的大小和数据类型信息。

对于元胞数组的创建，也可以按元胞逐个进行创建。这种创建方法有按元胞索引创建和按内容索引创建两种。其中，按元胞索引创建是将元胞索引号放在小括号内，放在赋值语句的左侧，把元胞的内容放在赋值语句的右侧，用大括号括起来；按内容索引创建是将元胞索

引号用大括号括起来放在赋值语句的左侧，元胞内容放在赋值语句的右侧。

【例 2-19】按逐个元胞索引创建元胞数组。

```
>> c2(1,1) = {[1 4 3;0 5 8;7 2 9]};
>> c2(1,2) = {'active power'};
>> c2(2,1) = {3 +7i};
>> c2(2,2) = { -pi:pi/4:pi};
>> c2
c2 =
                [3x3 double]        'active power'
        [3.0000 + 7.0000i]        [1x9 double]
```

【例 2-20】按元胞内容索引创建元胞数组。

```
>> c3 {1, 1} = [1 4 3; 0 5 8; 7 2 9];
>> c3 {1, 2} ='active power';
>> c3 {2, 1} =3 +7i;
>> c3 {2, 2} = -pi: pi/4: pi;
>> c3
c3 =
                [3x3 double]        'active power'
        [3.0000 + 7.0000i]        [1x9 double]
```

2. 用 cell 函数预分配元胞数组

使用 cell 函数，可以预分配指定大小的空元胞数组，即所创建的元胞数组的元胞为空数组，随后可用赋值语句对元胞进行赋值。这种方法的主要目的是为数组预先分配连续的存储空间，节约内存的占用，提高程序执行的效率。

【例 2-21】使用函数 cell 预分配一个 2×3 的元胞数组。

```
>> c4 = cell (2, 3)
c4 =
     [ ]      [ ]      [ ]
     [ ]      [ ]      [ ]
```

2.3.2 元胞数组的访问

对于元胞数组整体、元胞或者元胞子数组的访问，与访问数值数组相同，采用全下标索引访问或者单下标索引访问。对于元胞内容访问，用大括号将元胞下标索引括起实现，即指定元胞内容索引；对于元胞内容中的子数组的访问，是在元胞内容索引后用小括号将子数组的全下标索引或单下标索引括起来实现。

【例 2-22】对元胞数组 c1 进行访问。

```
>> c1                           % 对元胞数组 c1 整体调用
c1 =
                [3x3 double]        'active power'
        [3.0000 + 7.0000i]        [1x9 double]
```

```
>> c1(2,2)                % 访问第2行、第2列的元胞
ans =
    [1x9 double]
>> c1(1,:)                % 访问第1行的元胞
ans =
    [3x3 double]    'active power'
>> c1{1,1}                % 访问第1行、第1列元胞的内容
ans =
    1    4    3
    0    5    8
    7    2    9
>> c1{1,1}([1,3],[2,3]) % 访问第1行、第1列元胞中的子数组
ans =
    4    3
    2    9
```

2.4　结构数组

结构数组（Structure Array）也称为构架数组，它与元胞数组一样，也能在数组中存放各类数据。结构数组的元素是具有字段的结构，每个字段相当于一个数据容器，可存放 MATLAB 中的各类数据。图 2-1 是一个结构数组 st 的示意图，它有两个元素：st(1) 和st(2)，具有三个字段 a、b、c。结构数组中各元素的结构是一样的，即字段数相等，具有相同的字段名，但元素中各字段的内容可以是不同类型或大小的数组，例如，st(1) 的字段 a 是 1×6 的一维数值数组，st(2) 的字段 a 是 1×6 的字符数组；st(1) 的字段 b 是 1×8 的字符数组，st(2) 的字段 b 是 1×3 的一维数值数组；st(1) 的字段 c 是 3×3 的二维数值数组，st(2) 的字段 c 是 4×1 的一列数值数组。

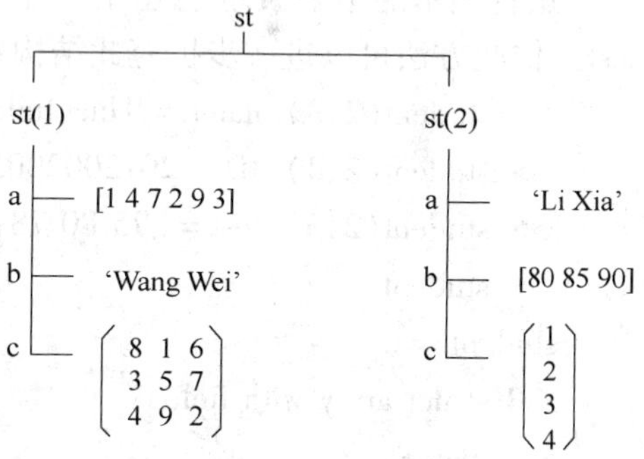

图 2-1　结构数组的结构示意图

结构数组能存放不同类型和大小的混合数据，可对数据的整体或部分进行操作，可直接对结构数据应用函数，将结构数据传递给函数，或调用函数获得结构数据，显示任意字段值，或对结构的内容进行操作。结构数组对数据用字段的文本作为标识，而不是用数值下标，较为直观、便捷。

结构数组的维数不受限制，可以是一维、二维或者多维的数组。访问结构数组的数据时，需要使用下标和字段相配合。

2.4.1　结构数组的创建

创建结构数组有两种方法：一种是直接赋值创建法，另一种是函数创建法。

1. 直接赋值创建法

直接赋值创建法是通过将数据赋值给字段来生成结构数组，下面以示例来说明其创建过程。

【例 2-23】使用直接赋值创建法创建一个 student 结构数组，包含字段 name、ID、test。

```
>> student(1).name = 'Wang Qiang';
>> student(1).ID = '201200101';
>> student(1).test = [78 79 75;80 82 81;76 90 91];
>> student(2).name = 'Zhang Dawei';
>> student(2).ID = '201200102';
>> student(2).test = [88 85 86;92 84 85;93 79 93];
>> student(3).name = 'Li Huafei'
>> student(3).ID = '201200103';
>> student(3).test = [90 91 88;92 93 87;91 90 93];
>> student
student =
1x3 struct array with fields:
    name
    ID
    test
```

运行显示的结果表示创建了一个 1 ×3 结构数组 student，它具有三个字段 name、ID、test。依此方法可以进一步扩充此结构数组，如下所示。

```
>> student(2,3).name = 'Hua Jiang';
>> student(2,3).ID = '2012002003';
>> student(2,3).test = [75 80 78;82 85 86;78 83 90];
>> student
student =
2x3 struct array with fields:
    name
    ID
    test
```

创建了一个 2 ×3 结构数组，其中第 2 行，第 1 列、第 2 列元素对应的字段为空数组，这是因为还没有对这些结构的字段进行赋值所致。

2. 函数创建法

MATLAB 提供的函数 struct，可用于创建结构数组。函数 struct 的基本语法形式为：

```
struct_name = struct ('field1 ', value1, 'field2', value2,...)
struct_name = struct ('field1 ', {value1}, 'field2', {value2},...)
```

其中，field1，field2，…表示结构数组的字段名；value1，value2，…表示对应字段的值。

【例 2-24】使用函数创建结构数组。

```
>> patient(1) = struct('name','Wang Xiafang','billing',157.50,'test',[73 76 74;160 165 168]);
>> patient(2) = struct('name','Jiang Yang','billing',430.80,'test',[83 82 80;155 156 154]);
>> patient(3) = struct('name','Hao Shuai','billing',89.90,'test',[67 69 68;120 118 119]);
```

或者采用下列程序语句：

```
>> patient = struct('name',{'Wang Xiafang','JiangYang','Hao Shuai'},...
            'billing',{157.50,430.80,89.90},'test',{[73 76 74;160 165 168],...
            [83 82 80;155 156 154],[67 69 68;120 118 119]});
>> patient
patient =
1x3 struct array with fields:
    name
    billing
    test
```

本例中，前部分是采用函数 struct 对结构数组 patient 进行逐个结构元素创建，而后部分是采用函数 struct 和元胞类型对结构数组 patient 进行整体创建。

2.4.2 结构数组的访问

对结构数组的访问有三个方面：一是对结构数组整体访问，直接用结构数组名即可；二是对结构数组中的结构元素进行访问，这与对数值数组的访问一样，采用全下标索引或单下标索引方式访问；三是对结构元素中的字段内容进行访问，需在结构名后面跟一个小数点，小数点后面再跟字段名。下面通过示例来说明。

【例 2-25】 对例 2-23 的结构数组 student 进行访问。

```
>> st1 = student;               % 对结构数组 student 进行整体调用
>> st2 = student (2, 3);        % 将 student 中第 2 行、第 3 列的结构元素赋值给 st2
>> st3 = student (:, [2 3]);    % 将 student 的第 2、3 列的结构元素赋值给 st3
>> st4 = student (1, 2). name   % 将 student 的第 1 行、第 2 列的结构元素的字段 name 内容赋值给 st4
st4 =
    Zhang Dawei
>> st5 = student (1, 3). test   % 将 student 的第 1 行、第 3 列的结构元素的字段 test 内容赋值给 st5
st5 =
    90    91    88
    92    93    87
    91    90    93
```

```
>> st6 = student (1, 3) . test ([2, 3], [1, 2])    % 对字段内容的子数组进行访问和调用
st6 =
    92    93
    91    90
```

也可以对结构数组的字段进行整体访问和调用，如下面的程序语句所示：

```
>> st7 = {student. name}
st7 =
    'Wang Qiang'    []    'Zhang Dawei'    []    'Li Huafei'    'Hua Jiang'
```

有关对结构数组的操作，请参阅 MATLAB 的帮助文档或在线帮助。

2.5　小结

MATLAB 可以对多种类型的数据进行处理和操作，理解和熟悉数据类型是掌握和应用 MATLAB 的基础。MATLAB 提供了多种数据类型，常用的数据类型有数值数组、字符数组、元胞数组、结构数组、对象和句柄等。

在 MATLAB 应用中，经常会使用变量，变量命名必须符合命名规则，即第一个字符必须是英文字母，后面可以是字母、数字或者下画线，且变量名区分大小写。

数值数组是指元素为数值的数组或矩阵，有一维数组、二维数组和高维数组。一维数组可以采用直接输入法、冒号生成法、定数线性生成法和定数对数生成法来创建，二维数组可以采用直接输入法、数组编辑器法、M 文件生成法、数据导入法和标准数组函数生成法等方法来创建，一维数组是二维数组的特例，所以一维数组也可以采用二维数组生成法来创建。一维数组和二维数组既可以是实数数组，也可以是复数数组。对于数值数组的寻址和访问可以采用全下标和单下标等方式来实现。MATLAB 也提供了许多对数值数组进行操作的函数，用户应熟悉它们的使用。

字符数组是其元素为字符的数组。字符串实际上是一个一维行字符数组，它是采用单引号对来创建，也可采用短字符串的串行级联来创建长字符串。对于多行字符数组可以采用直接输入法创建，也可采用函数来创建。MATLAB 中提供了大量的字符串操作和转换函数，熟悉这些函数，可以为程序编写奠定一个好的基础。

元胞数组是一种特殊的数据类型，其元素可以存放任何类型、任何大小的 MATLAB 数组，为不同类型的数据提供了一种灵活的存储机制。通过赋值语句创建元胞数组时，可以按元胞索引创建，也可以按元胞内容索引创建。元胞数组也可使用 cell 函数来预分配元胞数组，再进行赋值。对于元胞数组的访问首先应区分是访问元胞数组整体、元胞子数组，还是元胞内容，从而采用不同的访问方式来实现。

结构数组也是一种特殊的数据类型，其元素是具有字段的结构体，能存放不同类型和大小的混合数据，同样提供了一种灵活的存储机制。结构数组的创建可以采用直接赋值进行创建，也可以采用函数进行创建。对于结构数组的访问，首先应区分访问的是结构数组整体、结构子数组还是结构元素中字段的内容，在此基础上再采用相应方法进行访问。

第3章　数值计算与分析

MATLAB具有强大的数值计算和数值分析功能。本章主要介绍基本数学运算、线性方程组求解、特征值分析、多项式、数值积分、常微分方程求解和数值分析等内容。

3.1　基本数学运算

3.1.1　表达式与运算符

数值计算与数值分析是通过数学表达式来实现的，所谓表达式是由常量、变量、运算符、函数和一些专用的操作字符等组成的计算式。运算符有算术运算符、关系运算符和逻辑运算符，相应的表达式为算术表达式、关系表达式和逻辑表达式。

从外观形状和数据结构上看，数组和矩阵在表示上没有区别，但其运算规则是不同的。在MATLAB中，数值计算包括两种类型：一种是针对整个矩阵的数值计算，它是按照矩阵运算规则来进行，称为矩阵运算；另一种是针对矩阵中的元素进行的运算或操作，它对于各元素实施相同的运算或操作，称为数组运算。在实际应用中，首先要清楚需要进行什么类型的运算，再采用正确的运算符或函数来完成。

1. 算术运算符

表3-1列出MATLAB提供的算术运算符，包括数组运算的运算符和矩阵运算的运算符。从表3-1可以看出，进行加、减运算时，数组运算和矩阵运算采用相同的运算符，即两者的运算规则和结果是一样的，而进行乘、除、求幂运算时，两者采用不同的运算符，以示区别两者的运算规则不同。有关数组运算和矩阵运算的具体内容将在3.2节中介绍。

表3-1　算术运算符

数组运算符	说　明	矩阵运算符	说　明
+	数组相加，对应元素相加	+	矩阵相加，对应元素相加
-	数组相减，对应元素相减	-	矩阵相减，对应元素相减
.*	数组乘，对应元素相乘	*	矩阵乘，按矩阵乘法规则相乘
.\	左数组除，右侧数组的元素被左侧数组的对应元素除	\	左矩阵除
./	右数组除，左侧数组的元素被右侧数组的对应元素除	/	右矩阵除
.^	数组求幂，对每个元素求幂	^	矩阵求幂

2. 关系运算符与关系运算

关系运算符也称关系操作符，利用它和操作数可构成关系表达式，以比较操作数的大小。关系运算的结果为逻辑值（或逻辑型数组），即“逻辑真”或“逻辑假”。MATLAB 约定：在关系表达式中，作为输入的任何非 0 数都被看做是“逻辑真”，只有 0 才被认为是“逻辑假”；在关系表达式的运算结果中，是一个由 0 和 1 组成的逻辑数组，其中，1 表示“真”，0 表示“假”。

表 3-2 列出 MATLAB 中的关系运算符。参与关系运算的数组必须维数相同。若比较是在两个维数相同的数组间进行，两数组相同位置上的元素进行比较，其比较结果将与被比较数组同维；若比较是在标量与任意维数组间进行，此标量与数组中每个元素进行比较，其比较结果将与被比较数组同维。

关系表达式的通用命令格式为：

A op B

其中，A 和 B 可以是算术表达式、变量、字符串等的操作数，op 是表 3-2 所列的一种关系运算符。如果上面的关系表达式的关系是正确的，则表达式返回数值 1；如果表达式的关系是错误的，则返回数值 0。

表 3-2　关系运算符

关系运算符	含　义	相应函数	关系运算符	含　义	相应函数
<	小于	lt	> =	大于等于	ge
< =	小于等于	le	= =	等于	eq
>	大于	lt	~ =	不等于	ne

【**例 3-1**】关系运算示例。

```
>> va =220;
>> vb =209.5;
>> op1 = va > vb            % 比较 va 与 vb 的大小,表达式正确,返回 1
op1  =
     1
>> class(op1)               % 关系表达式的运算结果是逻辑型的数据(Logical)
ans  =
logical
>> op2 = va < = vb          % 表达式的关系不成立,返回 0
op2  =
     0
>>A =[2 5 7 8];
>> B =[3 5 6 9];
>> op3 = A = = B            % 数组(矩阵)A 和 B 的对应元素相等,相等返回 1,不相等则
                              返回 0
op3  =
     0     1     0     0
>> op4 = A ~ = B
```

```
op4 =
     1     0     1     1
```

3. 逻辑运算符与逻辑运算

逻辑运算符也称逻辑操作符，利用它和操作数可构成逻辑表达式，将逻辑运算与关系运算相结合，可实现复杂关系运算。逻辑运算的结果为逻辑值（或逻辑型数组），即“逻辑真”或“逻辑假”。MATLAB 约定：在逻辑表达式中，作为输入的任何非 0 数都被看做是“逻辑真”，只有 0 才被认为是“逻辑假”；在逻辑表达式的运算结果中，是一个由 0 和 1 组成的逻辑数组，其中，1 表示“真”，0 表示“假”。

表 3-3 列出 MATLAB 中的逻辑运算符。其中，“&”和“|”是二元逻辑运算符，参与运算的两数组必须维数相同，它是在两数组相同位置上的元素间进行，运算结果数组与参与运算的数组同维；若运算是在标量与任意维数组间进行，它是标量与数组中每个元素进行逻辑运算，运算结果与参与运算的数组同维。“~”是一个一元逻辑运算符。“&&”为短路型逻辑与的运算符，也是二元运算符，参与运算的两个操作数必须是可转换为逻辑型的标量，当其中有一个为 0 时，运算结果为逻辑 0。“||”为短路型逻辑或的运算符，也是二元运算符，参与运算的两个操作数也必须是可转换为逻辑型的标量，当其中有一个为逻辑 1 或者非零数时，运算结果为逻辑 1。

表 3-3 逻辑运算符

逻辑运算符	含 义	相应函数	逻辑运算符	含 义
&	按元素逻辑与	and	&&	短路型逻辑与
|	按元素逻辑或	or	||	短路型逻辑或
~	逻辑非	not		

【例 3-2】 逻辑运算示例。

```
>> aa = 1:7;
>> L1 = (aa<3)|(aa>5)                % 判断 aa 中,哪些元素小于 3 或大于 5
L1 =
     1     1     0     0     0     1     1
>> L2 = (aa>3)&(aa<=5)               % 判断 aa 中,哪些元素大于 3 小于等于 5
L2 =
     0     0     0     1     1     0     0
>> L3 = ~(aa>5)                      % 判断 aa 中,哪些元素不大于 5
L3 =
     1     1     1     1     1     0     0
```

4. 关系、逻辑函数

MATLAB 还提供了关系、逻辑函数来实现相应的关系、逻辑运算，除表 3-2、表 3-3 中所列函数外，表 3-4 列出了另一些关系、逻辑函数。在程序设计中，时常会对数组或矩阵的元素进行判断或测试以决定所需进行的运算或操作，表 3-5 列出了 MATLAB 的一些测试函数，返回的结果是由逻辑 1 和逻辑 0 组成的逻辑型数组。

表 3-4　关系、逻辑函数

指　令	说　明	指　令	说　明
any（A）	只要向量 A 中有非零元素，结果为逻辑 1；否则为逻辑 0	xor（A，B）	异或运算，当 A、B 对应元素同为 0，或同为 1 时，相应位置元素为 0；否则为 1
all（A）	只有向量 A 中所有元素皆为非零时，结果才为逻辑 1；否则为逻辑 0	isequal（A，B）	当 A、B 对应元素相等时，相应元素位置为 1；否则为 0

表 3-5　测试函数

指　令	说　明	指　令	说　明
isempty(A)	若 A 为空，返回 1；否则，返回 0	iscell(A)	若 A 是元胞，结果为 1；否则为 0
isinf(A)	对应 A 中无穷大的元素位置为 1，其余为 0	ischar(A)	若 A 是字符串，结果为 1；否则为 0
isletter(A)	对应 A 中英文字母的元素位置为 1，其余均为 0	islogical(A)	若 A 是逻辑数，结果为 1；否则为 0
isnan(A)	对应 A 中非数 NaN 的元素位置为 1，其余均为 0	isnumeric(A)	若 A 是数值，结果为 1；否则为 0
isreal(A)	对应 A 中实数的元素位置为 1，其余均为 0	isstruct(A)	若 A 是结构，结果为 1；否则为 0
isspace	对应 A 中空格的元素位置为 1，其余均为 0	isfinite(A)	对应 A 中有限大小的元素位置为 1，其余均为 0

5. 运算符的优先级

表达式中可以包含算术运算符、关系运算符和逻辑运算符的任意组合，表达式运算的顺序取决于运算符的优先级。它是按先执行高优先级运算，再执行低优先级运算进行，对于同一优先级的运算，则从左向右依次执行。MATLAB 运算符的优先级共分为 11 级，从最高优先级到最低优先级排列顺序如下：

1）括号“（　）”。

2）转置“.'”，数组求幂“.^”，共轭转置“'”，矩阵求幂“^”。

3）正号“+”，负号“-”。

4）数组乘“.*”，右除“./”，左除“.\”，矩阵乘“*”，矩阵右除“/”，矩阵左除“\”。

5）加号“+”，减号“-”。

6）冒号“:”。

7）小于“<”，小于等于“<=”，大于“>”，大于等于“>=”，等于“==”，不等于“~=”。

8）按元素与“&”。

9）按元素或“|”。

10）短路型与“&&”。

11）短路型或“||”。

上面同一序号的运算符具有相同优先级。

3.1.2 基本矩阵运算

基本矩阵运算包括矩阵的四则运算、幂运算、指数运算、对数运算、开方运算、求逆运算和行列式运算等。

1. 矩阵的四则运算

矩阵的加、减运算，要求两个矩阵具有相同大小，即具有相同行数、列数，对应位置的元素相加、减，所得结果为同大小矩阵。当标量与矩阵相加、减时，该标量与矩阵各元素进行加、减，所得结果与参与运算的矩阵同大小。

【例 3-3】 矩阵加、减示例。

```
>> a = [ 1 2 3;5 6 7]; b = [3 5 2;9 2 3]; c = 2;
>> d1 = a + b
d1 =
     4     7     5
    14     8    10
>> d2 = b - c
d2 =
     1     3     0
     7     0     1
```

矩阵乘法运算 A*B，要求矩阵 A(m×n) 的列数 n 与矩阵 B(p×q) 的行数 p 相等，并按矩阵乘法规则运算，所得结果为(m×q) 的矩阵。标量与矩阵相乘，该标量与矩阵的各元素相乘，所得结果与参与运算的矩阵同大小。

【例 3-4】 矩阵乘示例。

```
>> a = [4 2 3;5 6 8]; b = [3 5;2 9;2 3]; c = 5;
>> d = a * b
d =
    22    47
    43   103
>> r = a * c
r =
    20    10    15
    25    30    40
```

矩阵的除法运算有左除运算"\"与右除运算"/"。其中，左除运算 A\B 是与方程 Ax = B 的解相对应，右除运算 B/A 是与方程 xA = B 的解相对应，有关这部分内容将在 3.2 节的线性方程组中详细介绍。当标量与矩阵进行除法运算时，标量只能作为除数，该标量除矩阵中的各元素，所得结果与参与运算的矩阵同大小。

【例 3-5】 标量与矩阵除法示例。

```
>> a = magic (3);
>> b1 = a/2
b1 =
```

```
    4.0000    0.5000    3.0000
    1.5000    2.5000    3.5000
    2.0000    4.5000    1.0000
>> b2 = 2 \ a
b2 =
    4.0000    0.5000    3.0000
    1.5000    2.5000    3.5000
    2.0000    4.5000    1.0000
```

从例 3-5 可以看出，b1 和 b2 相等。

2. 矩阵的幂运算

矩阵的幂运算有三种类型：若 A^n，A 为方阵，n 为整数时，A 阵自乘（n－1）次；若 A^p，A 为方阵，p 为非整数时，得 A 的非整数乘方；若 p^A，A 为方阵，p 为标量时，得标量的矩阵乘方。

【**例 3-6**】矩阵幂运算示例。

```
>> a = [1 3 5;4 9 6;3 2 4];
>> b = a^2
b =
    28    40    43
    58   105    98
    23    35    43
>> c = a^0.5
c =
   0.7393 + 0.9658i   0.6554 - 0.1404i   1.3812 - 0.6946i
   0.8169 - 0.0965i   2.8491 + 0.0140i   1.0911 + 0.0694i
   0.8629 - 0.4713i   0.3352 + 0.0685i   1.6998 + 0.3389i
>> d = 2^a
d =
   1.0e+003 *
   1.0949    1.8326    1.8683
   2.6773    4.4951    4.5672
   0.9806    1.6393    1.6746
```

3. 矩阵的转置运算

矩阵的转置运算分为矩阵转置和矩阵的共轭转置，分别采用“.’”和“’”运算符。对于实数矩阵，两者的结果相同；但对于复数矩阵，两者的运算结果不同。

【**例 3-7**】矩阵转置运算示例。

```
>> a = [1+2i,2-3i;4-3i,5+6i;6+7i,8+4i];
>> b = a.'
b =
```

```
    1.0000 + 2.0000i   4.0000 - 3.0000i   6.0000 + 7.0000i
    2.0000 - 3.0000i   5.0000 + 6.0000i   8.0000 + 4.0000i
>> c = a'
c =
    1.0000 - 2.0000i   4.0000 + 3.0000i   6.0000 - 7.0000i
    2.0000 + 3.0000i   5.0000 - 6.0000i   8.0000 - 4.0000i
```

4. 矩阵基本运算函数

矩阵的一些基本运算可直接利用 MATLAB 中所提供的函数来实现，表 3-6 列出了一些矩阵运算函数。

表 3-6　矩阵基本运算函数

函　数	含　义	函　数	含　义
inv	求矩阵的逆	cond	求矩阵的条件数
det	求矩阵的行列式	expm	矩阵指数函数
rank	求矩阵的秩	logm	矩阵对数函数
trace	求矩阵的迹	sqrtm	矩阵二次方根函数
norm	求矩阵或向量的范数		

【**例 3-8**】求矩阵的逆、行列式、秩和迹。

```
>> a = [1 3 4;2 6 5;3 2 4];
>> a_inv = inv (a)                % 求矩阵 a 的逆阵
a_inv =
    -0.6667    0.1905    0.4286
    -0.3333    0.3810   -0.1429
     0.6667   -0.3333         0
>> a_det = det (a)                % 求矩阵 a 的行列式
a_det =
    -21
>> a_rank = rank (a)              % 求矩阵 a 的秩
a_rank =
     3
>> a_trace = trace (a)            % 求矩阵 a 的迹，为对角元素之和
a_trace =
     11
```

对于矩阵，常用的范数有 1-范数、2-范数、无穷-范数和 Frobenius 范数，矩阵范数运算函数 norm 的通用调用格式如下：

- norm(A)　　矩阵 A 的最大奇异值，相当于指令 max(svd(A))
- norm(A,2)　　与 norm(A)相同
- norm(A,1)　　求矩阵 A 的 1-范数，即最大列和，相当于指令 max(sum(abs(A)))
- norm(A,inf)　　求矩阵 A 的无穷-范数，即最大行和，相当于指令 max(sum(abs(A')))

- norm(A,'fro')　求矩阵 A 的 Frobenius 范数,相当于指令 sqrt(sum(diaga(A'* A)))

对于向量,常用的范数有 1-范数、2-范数、无穷-范数和 p-范数,向量范数运算函数 norm 的通用调用格式如下:

- norm(V)　向量 V 的 2-范数,相当于 sum(abs(V).^2)^(1/2)
- norm(V,1)　向量 V 的 1-范数,相当于 sum(abs(V))
- norm(V,2)　向量 V 的 2-范数,与指令 norm(V)相同
- norm(V,inf)　向量 V 的无穷-范数,相当于指令 max(abs(V))
- norm(V,p)　向量 V 的 p-范数,相当于指令 sum(abs(V).^p)^(1/p)

3.1.3 基本数组运算

数组运算与矩阵运算不同,它是对数组的每个元素实施相同的运算和操作。数组的基本运算有四则运算、幂运算、指数运算、对数运算和三角函数运算等。

1. 数组四则运算、幂运算和转置

在数组的四则运算中,数组间的加减运算与矩阵的加减运算相同,即相同位置的元素相加、减,若是标量与数组进行加(减)运算,该标量与数组的每个元素进行加(减)运算。数组间的乘、除法,也是相同位置的元素进行乘、除,若是标量与数组进行乘(除)运算,该标量与数组的每个元素进行乘(除)运算。数组除法有右除“./”和左除“.\”两种,当进行右除运算时,运算符“./”右侧的数组元素为除数,左侧的数组元素为被除数;当进行左除运算时,运算符“.\”左侧的数组元素为除数,右侧数组元素为被除数。

数组幂运算,采用运算符“.^”,它是对数组的每个元素进行幂运算。数组转置是非共轭转置,采用运算符“.'”。

【例 3-9】数组运算示例。

```
>> a = [1 3 5;2 4 6];b = [4 5 6;7 2 4];
>> c1 = a.*b                        % 对应位置的元素相乘
c1 =
     4    15    30
    14     8    24
>> c2 = a./b                        % b 中元素为除数,a 中元素为被除数
c2 =
    0.2500    0.6000    0.8333
    0.2857    2.0000    1.5000
>> c3 = a.\b
c3 =                                % a 中元素为除数,b 中元素为被除数
    4.0000    1.6667    1.2000
    3.5000    0.5000    0.6667
>> c4 = a.^2                        % a 中的每个元素进行二次方运算
c4 =
     1     9    25
     4    16    36
```

2. 基本数学函数

MATLAB 提供了大量的初等数学函数，可直接用于解决初等数学的运算问题。在这些函数中，绝大部分是进行数组运算，表 3-7 ~ 表 3-10 分别列出了三角函数、指数函数、复数函数、四舍五入取整函数和求余函数。表中所列函数都是数组运算函数。

表 3-7　三 角 函 数

函　数	含　义	函　数	含　义	函　数	含　义
sin	正弦，输入为弧度	tan	正切，输入为弧度	sec	正割，输入为弧度
sind	正弦，输入为度	tand	正切，输入为度	secd	正割，输入为度
sinh	双曲正弦	tanh	双曲正切	sech	双曲正割
asin	反正弦，输出为弧度	atan	反正切，输出为弧度	asec	反正割，输出为弧度
asind	反正弦，输出为度	atand	反正切，输出为度	asecd	反正割，输出为度
asinh	反双曲正弦	atan2	四象限反正切	asech	反双曲正割
cos	余弦，输入为弧度	atanh	反双曲正切	csc	余割，输入为弧度
cosd	余弦，输入为度	cot	余切，输入为弧度	cscd	余割，输入为度
cosh	双曲余弦	cotd	余切，输入为度	csch	双曲余割
acos	反余弦，输出为弧度	coth	双曲余切	acsc	反余割，输出为弧度
acosd	反余弦，输出为度	acot	反余切，输出为弧度	acscd	反余割，输出为度
acosh	反双曲余弦	acotd	反余切，输出为度	acsch	反双曲余割
		acoth	反双曲余切	hypot	平方和的二次方根

表 3-8　指数函数

函　数	含　义	函　数	含　义	函　数	含　义
exp	指数	log10	常用对数	pow	2 的幂
log	自然对数	log2	以 2 为底的对数	sqrt	二次方根

表 3-9　复数函数

函　数	含　义	函　数	含　义	函　数	含　义
abs	模，或绝对值	complex	用实部、虚部生成复数	imag	虚部
angle	相角（弧度）	conj	共轭	real	实部

表 3-10　四舍五入取整函数和求余函数

函　数	含　义	函　数	含　义	函　数	含　义
fix	向 0 取整	ceil	向 +∞ 取整	mod	除后模求余
floor	向 -∞ 取整	round	向最接近的整数取整	rem	求余

求余函数 mod 和 rem 是有区别的。对于指令 mod（x，y），若 $y\neq 0$，运算结果为 x - n.*y，其中 n = floor（x./y），且 x、y 必须是同大小的实数数组，或是实数标量；当 $x\neq y$， y≠0 时，mod（x，y）的运算结果的符号与 y 同号。对于指令 rem（x，y），若 y≠0，运算结果为 x - n. *y，其中 n = fix（x. /y），且 x、y 必须是同大小的实数数组，或是实数标量；对于 x≠y，y≠0 时，mod（x，y）的运算结果的符号与 x 同号。如果 x、y 同号，则指令 mod（x，y）和指令 rem（x，y）的运算结果相等。

【例 3-10】 求余函数应用示例。

```
>> r1 = mod(20,3)
r1 =
     2
>> r2 = rem(20,3)
r2 =
     2
>> r3 = mod(20, -3)
r3 =
    -1
>> r4 = rem(20, -3)
r4 =
     2
```

3.2　线性方程组

3.2.1　线性方程组的求解

在电气工程中，经常会遇到求解线性方程组的问题。线性方程组

$$\left.\begin{aligned} a_{11}x_1 + a_{12}x_2 + \cdots + a_{1n}x_n &= b_1 \\ a_{21}x_1 + a_{22}x_2 + \cdots + a_{2n}x_n &= b_2 \\ &\cdots \\ a_{m1}x_1 + a_{m2}x_2 + \cdots + a_{mn}x_n &= b_n \end{aligned}\right\} \tag{3-1}$$

具有 m 个方程、n 个未知量，它使用 m 个方程描述 n 个未知量之间的线性关系。用矩阵-向量形式表示这一线性方程组为

$$\boldsymbol{Ax} = \boldsymbol{b} \tag{3-2}$$

式中，矩阵 $\boldsymbol{A}$ 是由式（3-1）左侧的系数构成的 $m \times n$ 矩阵；$\boldsymbol{b}$ 是由式（3-1）右侧的常数项构成的 $m \times 1$ 列向量；$\boldsymbol{x}$ 是由未知量构成的 $n \times 1$ 列向量。

根据方程数 m 和未知量数 n 的关系，可将方程组分为三种类型：当 $m = n$ 时，线性方程组为恰定方程组；当 $m > n$ 时，线性方程组为超定方程组；当 $m < n$ 时，线性方程组为欠定方程组。

在 MATLAB 中，对于式（3-1）的线性方程组，通常采用左除命令来求解，即

x = A \ b

MATLAB 的左除命令会针对不同类型的系数矩阵采用不同算法来处理。对于恰定方程组，当系数矩阵 $\boldsymbol{A}$ 是非奇异时，用左除命令可得到精确解；当系数矩阵 $\boldsymbol{A}$ 是奇异时，MAT-

LAB 会显示警告信息，同时给出解 NaN。当 $\boldsymbol{A}$ 是奇异，且 $\boldsymbol{Ax}=\boldsymbol{b}$ 有数值解时，可用命令 x = pinv（A）* b 来得到方程的一个特解，若没有精确解，该命令将给出一个最小二乘解。其中，pinv（A）为矩阵 $\boldsymbol{A}$ 的伪逆矩阵。

求解恰定方程组时，尽量不要使用命令 inv（A）* b。因为它不仅计算速度没有左除快，而且计算精度也没有左除高。此外，左除还能自动处理各种系数矩阵情况。

【例 3-11】 有一电路的节点电压方程如下，求该电路的各节点电压。

$$-v_1+3v_2-2v_3=2$$
$$v_1-3v_2+v_3+3v_4=0$$
$$v_1+4v_3-5v_4=0$$
$$-2v_2+4v_3-v_4=0$$

```
>> G=[-1 3 -2 0;1 -3 1 3;1 0 4 -5;0 -2 4 -1];   % 创建系数矩阵--节点导纳矩阵
>> Is=[2;0;0;0];                               % 创建节点注入电流列向量
>> V=G\Is                                      % 用左除命令求解节点电压
V =
    0.8000
    1.6571
    1.0857
    1.0286
```

【例 3-12】 奇异方程组求解示例。

```
>> A=[1 3 7;-1 4 4;1 10 18];b=[6;4;15];   % 可用命令 det(A)验证,A 阵是一个
                                          奇异阵
>> x=A\b
Warning: Matrix is singular to working precision.   % 运行结果显示 A 阵是一个奇异阵
x =
    NaN
    Inf
   -Inf
>> x1=pinv(A)*b                                     % 求得最小二乘解
x1 =
    0.0759
    0.3126
    0.6647
```

对于超定方程组，左除命令会给出方程组的最小二乘解。超定方程组的方程个数比未知量个数多，常会在对实验数据的各种曲线拟合中遇见。

【例 3-13】 下面是某物理量 y 在几个不同时间点的观察值记录：

t	y
0.0	0.82
0.3	0.72

0.8	0.63
1.1	0.60
1.6	0.55
2.3	0.50

用衰减指数函数 $y=c_1+c_2e^{-t}$ 建立这组数据的模型。

根据实验观察记录，可列出超定线性方程组，其系数矩阵的第 1 列为 c_1 前的系数（全 1），第 2 列为 c_2 前的系数 e^{-t}，常数项列向量为 y 值，未知量为 c_1、c_2，在 MATLAB 中执行如下程序语句：

```
>> t=[0.0 0.3 0.8 1.1 1.6 2.3]';
>> y=[0.82 0.72 0.63 0.60 0.55 0.50]';
>> E=[ones(size(t)),exp(-t)];
>> c=E\y
c =
    0.4760
    0.3413
```

由此得到实测数据在最小二乘意义下的数学模型 $y=0.476+0.3413e^{-t}$。

对于欠定方程组，由于方程个数比未知量个数少，其解不是唯一解，用左除命令求解，它首先寻求一个基本解，然后再寻求和给出一组非零解（具有最多非零的解）。

【例 3-14】 欠定方程组求解示例。

```
>> A=[2 -3 5 7;1 4 2 3;-3 2 4 5];          % 欠定方程组的系数矩阵
>> b=[1;3;4];                              % 欠定方程组的常数项矩阵
>> x=A\b                                   % 求欠定方程组的解
x =
   -0.2798
    0.4940
         0
    0.4345
```

3.2.2　矩阵分解

在求解线性方程组、进行模型参数估计等许多问题中，常需要将矩阵分解。所谓矩阵分解主要是指将一个矩阵分解为几个比较简单的矩阵连乘的形式。在 MATLAB 中，线性方程组的求解主要基于三种基本的矩阵分解：Cholesky 分解、LU 分解和 QR 分解。对于这些分解，MATLAB 都提供了对应的函数来实现。此外，奇异值分解在矩阵分析中也有着非常重要的作用。

1. Cholesky 分解

对于正定对称矩阵 $\boldsymbol{A}$，可以分解为一个上三角矩阵 $\boldsymbol{R}$ 和其转置矩阵的乘积，即 $\boldsymbol{A}=\boldsymbol{R}^{\mathrm{T}}\boldsymbol{R}$，这种分解称为 Cholesky 分解。在 MATLAB 中，使用函数 chol 来实现。其常用命令格式为 R=chol（A），其中 $\boldsymbol{A}$ 是对称的正定矩阵，$\boldsymbol{R}$ 是求得的上三角矩阵；若矩阵 $\boldsymbol{A}$ 是非正定矩阵，该命令返回错误信息。

对于线性方程组 $\boldsymbol{Ax}=\boldsymbol{b}$，若 $\boldsymbol{A}$ 是对称的正定矩阵，其 $\boldsymbol{A}=\boldsymbol{R}^{\mathrm{T}}\boldsymbol{R}$，则线性方程组可以转换为 $\boldsymbol{R}^{\mathrm{T}}\boldsymbol{Rx}=\boldsymbol{b}$，该方程组的解为 $\boldsymbol{x}=\boldsymbol{R}\backslash(\boldsymbol{R}^{\mathrm{T}}\backslash\boldsymbol{b})$，MATLAB 命令为 x = R\(R'\b)。它与左除命令 x = A\b 所得结果完全相同，但对于 $n\times n$ 的矩阵 $\boldsymbol{A}$，命令 chol 的计算复杂度是 $o(n^3)$，而左除命令"\"的计算复杂度是 $o(n^2)$。

【例 3-15】 Cholesky 分解及其求解线性方程组示例。

```
>> A = pascal(4);                % 线性方程组的系数矩阵
>> b = [1;3;5;7];                % 线性方程组的常数项矩阵
>> R = chol(A)                   % 对系数矩阵进行 Cholesky 分解
R =                              % 分解得上三角矩阵
     1     1     1     1
     0     1     2     3
     0     0     1     3
     0     0     0     1
>> x = A\b;                      % 用左除法求解线性方程组
>> xf = R\(R'\b);                % 用 Cholesky 法求解线性方程组
```

可以验证，两种方法所求结果完全相同，但 Cholesky 分解法的计算复杂度高于左除法。

2. LU 分解

LU 分解又被称为高斯消去法，它是将一个 $m\times n$ 或 $n\times n$ 的矩阵 $\boldsymbol{A}$ 分解为一个内在单位下三角矩阵 $\boldsymbol{L}$（形式上不是单位下三角矩阵，但通过行列交换可变为单位下三角矩阵，定义为单位下三角矩阵与变换矩阵的乘积）和上三角矩阵 $\boldsymbol{U}$ 的乘积，即 $\boldsymbol{A}=\boldsymbol{LU}$。

在 MATLAB 中，LU 分解的常用命令格式如下：

- [L, U] = lu (A)　　其中 A 是任意矩阵，L 是内在单位下三角矩阵，U 是上三角矩阵。
- [L, U, P] = lu (A)　　其中 A 是任意矩阵，L 是单位下三角矩阵，U 是上三角矩阵，P 是变换矩阵，满足的条件为 $\boldsymbol{PA}=\boldsymbol{LU}$。

对于线性方程组 $\boldsymbol{Ax}=\boldsymbol{b}$，其中 $\boldsymbol{A}$ 是非奇异的方阵，利用 LU 分解法在 MATLAB 中求解得 x = U\(L\b)。

【例 3-16】 LU 分解及其求解线性方程组示例。

```
>> A = [-1 8 -5; 8 -2 1; 3 5 7];      % 线性方程组的系数矩阵
>> b = [2; 5; 7];                      % 线性方程组的系数矩阵
>> [L, U] = lu(A)                      % LU 分解并显示分解结果
L =
   -0.1250    1.0000         0
    1.0000         0         0
    0.3750    0.7419    1.0000
U =
    8.0000   -2.0000    1.0000
         0    7.7500   -4.8750
         0         0   10.2419
```

```
>> x = U \ (L \ b)                    % 用LU分解法求解线性方程组，并显示结果
x =
    0.7197
    0.5339
    0.3102
```

3. QR 分解

QR分解是在工程中应用最广泛的一种矩阵分解。QR分解又被称为矩阵的正交分解，它是将一个 $m \times n$ 的矩阵 $\boldsymbol{A}$ 分解为一个正交矩阵 $\boldsymbol{Q}$ 或酉矩阵和一个上三角矩阵 $\boldsymbol{R}$ 的乘积，即 $\boldsymbol{A} = \boldsymbol{QR}$。也可能涉及列变换，即 $\boldsymbol{AP} = \boldsymbol{QR}$，其中 $\boldsymbol{Q}$ 是正交矩阵或酉矩阵，$\boldsymbol{R}$ 是上三角矩阵，$\boldsymbol{P}$ 是交换矩阵。

QR分解有4种变形：完整大小型、经济大小型、带列交换矩阵和不带列交换矩阵。其中，完整大小型QR分解，对于 $m > n$ 的 $m \times n$ 矩阵 $\boldsymbol{A}$，产生一个 $m \times m$ 正交矩阵 $\boldsymbol{Q}$ 和一个 $m \times n$ 上三角矩阵 $\boldsymbol{R}$。在大部分情况下，$\boldsymbol{Q}$ 的最后 $m - n$ 列不需要，这是因为它们会被 $\boldsymbol{R}$ 的底部的零所乘。所以，经济大小型QR分解产生一个具有正交列的 $m \times n$ 矩阵 $\boldsymbol{Q}$ 和一个 $n \times n$ 上三角矩阵 $\boldsymbol{R}$。

在MATLAB中，QR分解的常用命令格式如下：

- [Q,R] = qr(A)　其中A是m×n矩阵，产生一个m×m酉矩阵Q和一个m×n上三角矩阵R，满足的条件是A = Q*R。
- [Q,R] = qr(A,0)　产生经济大小型分解，若m>n，只有Q的前n列和R的前n行被计算；若m< =n，与[Q,R] = qr(A)命令相同。

4. 奇异值分解（singular value decomposition）

奇异值分解是现代数值分析的最基本和最重要的工具之一。对于一个长方形矩阵 $\boldsymbol{A}$，它的奇异值和其对应的奇异向量满足

$$\boldsymbol{A}\boldsymbol{v} = \sigma\boldsymbol{u} \tag{3-3}$$

$$\boldsymbol{A}^{\mathrm{T}}\boldsymbol{u} = \sigma\boldsymbol{v} \tag{3-4}$$

式中，σ 是矩阵 $\boldsymbol{A}$ 的一个奇异值，标量；$\boldsymbol{u}$、$\boldsymbol{v}$ 是该奇异值对应的奇异向量。

奇异值分解是将一个 $m \times n$ 矩阵 $\boldsymbol{A}$ 分解为一个 $m \times m$ 的正交（或酉）矩阵 $\boldsymbol{U}$，一个 $m \times n$ 奇异值对角矩阵 $\boldsymbol{S}$ 和一个 $n \times n$ 正交（或酉）矩阵 $\boldsymbol{V}$，即 $\boldsymbol{A} = \boldsymbol{USV}^{\mathrm{T}}$。其中，$\boldsymbol{S}$ 是一个由 $\boldsymbol{A}$ 的奇异值作为对角元素的对角矩阵

$$\boldsymbol{S} = \begin{bmatrix} \boldsymbol{S}_1 & \boldsymbol{0} \\ \boldsymbol{0} & \boldsymbol{0} \end{bmatrix} \tag{3-5}$$

且 $\boldsymbol{S}_1 = \mathrm{diag}(\sigma_1, \sigma_2, \cdots, \sigma_r)$，其对角元素按照顺序

$$\sigma_1 \geqslant \sigma_2 \geqslant \cdots \geqslant \sigma_r > 0, \ r = \mathrm{rank}\ (A) \tag{3-6}$$

排列。$\boldsymbol{U}$ 和 $\boldsymbol{V}$ 是由这些奇异值对应的奇异向量形成的正交（或酉）矩阵。

在MATLAB中，奇异值分解的常用命令格式如下：

- [U, S, V] = svd(A)　产生与A同维的对角矩阵S，和正交（或酉）矩阵U、V，满足A = U*S*V'。
- S = svd (A)　返回一个包含奇异值的向量。

- [U, S, V] =svd(A, 0) 经济大小型奇异值分解，如果 A 是 m > n 的 m × n 矩阵，只计算 U 的前 n 列，且 S 是 n × n 矩阵；如果 m < n，则 svd(A, 0)与 svd(A) 相同。

【例 3-17】对矩阵进行奇异值分解。

```
>> A = [1 3; 2 4; 5 7; 6 8];
>> [U, S, V] =svd (A)
U =
    -0.2134   -0.7564   -0.4314   -0.4430
    -0.3111   -0.5344    0.3905    0.6820
    -0.6042    0.1316    0.5952   -0.5133
    -0.7019    0.3536   -0.5542    0.2742
S =
   14.2358         0
         0    1.1585
         0         0
         0         0
V =
    -0.5667    0.8239
    -0.8239   -0.5667
>> [U1, S1, V1] =svd (A, 0)
U1 =
    -0.2134   -0.7564
    -0.3111   -0.5344
    -0.6042    0.1316
    -0.7019    0.3536
S1 =
   14.2358         0
         0    1.1585
V1 =
    -0.5667    0.8239
    -0.8239   -0.5667
```

3.3 特征值分析

特征值分析在数学和工程应用中都具有重要的实际意义。例如，在控制系统、电力系统等动态系统的稳定性分析中，常常通过求解特征值和特征向量来分析动态系统的稳定性。又如特征值分析往往与矩阵的谱分析联系在一起，而谱分析又与 Fourier 分析相联系：信号的频谱定义为信号的 Fourier 变换，功率谱定义为频谱模值的二次方或自协方差函数的 Fourier 变换。

对于 $n \times n$ 矩阵 $\boldsymbol{A}$，其特征值 λ 和特征向量 $\boldsymbol{v}$ 满足下面条件：

$$\boldsymbol{A}\boldsymbol{v}=\lambda\boldsymbol{v} \tag{3-7}$$

将式（3-7）整理为（$\boldsymbol{A}-\lambda\boldsymbol{I}$）$\boldsymbol{v}=0$，其中 $\boldsymbol{I}$ 为单位矩阵。因为特征向量 $\boldsymbol{v}$ 不能是零向量，所以必须满足下面条件：

$$|\boldsymbol{A}-\lambda\boldsymbol{I}|=0 \tag{3-8}$$

式（3-8）被称为特征方程，方程左侧被称为特征多项式，是关于特征值 λ 的 n 次多项式。式（3-8）共有 n 个特征值 λ_1、λ_2、…、λ_n，它们对应的特征向量为 $\boldsymbol{v}_1$、$\boldsymbol{v}_2$、…、$\boldsymbol{v}_n$。用 n 个特征值组成一个特征值对角矩阵 $\boldsymbol{D}=\mathrm{diag}$（$\lambda_1$，$\lambda_2$，…，$\lambda_n$），将对应的特征向量按照对应次序排列组成一个特征向量矩阵 $\boldsymbol{V}=[\boldsymbol{v}_1\boldsymbol{v}_2\cdots\boldsymbol{v}_n]$，则存在下面关系：

$$\boldsymbol{A}\boldsymbol{V}=\boldsymbol{V}\boldsymbol{D} \tag{3-9}$$

在 MATLAB 中，提供了多种矩阵特征值分析的函数，可以使用这些函数来分析矩阵的特征值和特征向量等内容。矩阵特征值分析的常用命令格式如下：

- E = eig(A)　仅计算矩阵 A 的特征值，并以向量的形式输出。
- [V,D] = eig(A)　计算矩阵 A 的特征向量矩阵 V 和特征值对角矩阵 D，满足 AV = VD。
- [V,D] = eig(A,'nobalance')　带参数“noblance”的计算，在矩阵 A 中有异常数值时，能给出更精确的结果。

【例 3-18】求矩阵的特征值和特征向量。

```
>> A = [2 -4 -1;4 1 -10; -3 15 -10];
>> lambda = eig(A)                    % 仅计算特征值
lambda =
   -0.4777
   -3.2612 +11.0113i
   -3.2612 -11.0113i
>> [V,D] = eig(A)                     % 计算特征值和特征向量
V =
   -0.8232           0.1013 - 0.2240i      0.1013 + 0.2240i
   -0.4124          -0.3033 - 0.5735i     -0.3033 + 0.5735i
   -0.3902                   -0.7202               -0.7202
D =
   -0.4777                         0                    0
         0          -3.2612 +11.0113i                   0
         0                         0    -3.2612 -11.0113i
```

3.4 多项式运算

多项式运算是数学中最基本的运算之一，在工程中也有着广泛的应用。例如，控制系统中传递函数的有理式表示等。本节主要介绍多项式的表示、基本运算和多项式拟合等内容。

3.4.1 多项式的表示

在高等代数中，多项式一般表示为 $P(x)=a_1x^n+a_2x^{n-1}+\cdots+a_nx+a_{n+1}$。在 MATLAB

中，用多项式的各项系数依降幂次序排列成行向量表示，即 $P=[a_1, a_2, \cdots, a_n, a_{n+1}]$。若多项式中缺某幂次项，则该幂次项的系数应为 0。

由于多项式可以直接用行向量表示，因此在 MATLAB 中创建和表示多项式可直接输入向量。

【例 3-19】 直接输入行向量表示下面的多项式：

$$P(x) = 2x^5 + 4x^4 + 3x^2 - x + 5$$

```
>> p = [2 4 0 3 -1 5]      % 创建多项式对应的行向量,注意表达式缺 3 次幂,对应位置
                              为 0

p =
     2     4     0     3    -1     5
```

3.4.2 多项式的基本运算

多项式的运算主要包括多项式的四则运算、求导、求积分、求根和估值等。这些运算在 MATLAB 中大部分都是采用函数来实现，表 3-11 列出了多项式运算函数及其常用的调用格式。

表 3-11　多项式运算函数及其调用格式

函　数	常用格式	说　明
conv	p = conv(p1,p2)	多项式乘法，p 为多项式 p1 和 p2 的乘积多项式，相当于是向量 p1 和 p2 卷积
deconv	[q,r] = deconv(p1,p2)	多项式除法，p1 被 p2 除的商多项式为 q，而余多项式为 r
poly	p = poly(A)	求方阵 A 的特征多项式 p；或求向量 A 指定根所对应的多项式 p
roots	r = roots(p)	求多项式的根，r 为多项式 p 的根
polyval	pa = polyval(p,A)	按数组运算规则计算多项式值，p 为多项式，A 为数组或标量
polyvalm	pm = polyvalm(p,A)	按矩阵运算规则计算多项式值，p 为多项式，A 为矩阵或标量
polyder	pd = polyder(p)	多项式求导，pd 为多项式的导数
polyint	pint = polyint(p)	求多项式 p 的积分
residue	[r,p,k] = residue(b,a)	部分分式展开：b，a 分别为分子和分母多项式系数向量；r，p，k 分别为留数、极点、直项
polyfit	p = polyfit(x,y,n)	多项式拟合，求 x，y 向量给定数据的 n 次拟合多项式 p

1. 多项式的四则运算

多项式的四则运算是多项式的加、减、乘、除运算。其中，多项式加、减运算要求两个相加、减的多项式向量的大小（元素个数）必须相等。当两个相加、减的多项式阶次不同时，低阶次多项式必须用首零填补，使其与高阶次多项式有相同的阶次。多项式乘、除运算分别采用函数 conv 和 deconv 来实现。

【例 3-20】 对下面两个多项式进行四则运算。

$p_1(x) = 2x^5 + 4x^4 + 3x^2 - x + 5$，$p_2(x) = 4x^3 + 5x^2 + 2x + 3$

```
>> p1 = [2 4 0 3  -1 5];p2 = [4 5 2 3];   % 创建多项式的向量表示
>> p3 = [0 0 4 5 2 3];                     % 为了进行多项式加、减运算,对于多项式
                                              p2(x),填补首零
>> p4 = p1 + p3                            % 进行多项式加法运算
p4 =
     2     4     4     8     1     8
>> poly2sym(p4)                            % 将多项式系数向量转换为符号多项式表
                                             示,即以较习惯的方式显示
ans =
2*x^5 + 4*x^4 + 4*x^3 + 8*x^2 + x + 8
>> p5 = conv(p1,p2)                        % 进行多项式乘法运算
p5 =
     8    26    24    26    23    21    32     7    15
>> [pq,pr] = deconv(p1,p2)                 % 进行多项式除法运算,pq 为商多项式,pr
                                             为余多项式
pq =
    0.5000    0.3750   -0.7188
pr =
         0         0         0    4.3438   -0.6875    7.1563
```

2. 多项式的微分和积分运算

多项式的微分、积分运算分别采用函数 polyder 和 polyint 来实现。

【例 3-21】 对例 3-20 中的多项式 $p_1(x)$ 进行求导和积分运算。

```
>> p1 = [2 4 0 3  -1 5];
>> p_der = polyder(p1);               % 对多项式求导
>> poly2sym(p_der)
ans =
    10*x^4 + 16*x^3 + 6*x - 1
>> p_int = polyint(p1);               % 对多项式求积分,且积分结果的常数项为0
>> poly2str(p_int, 'x')               % 以较习惯的方式显示多项式
ans =
    0.33333 x^6 + 0.8 x^5 +   x^3 - 0.5 x^2 + 5 x
```

3. 多项式的估值运算

多项式的估值运算是求在给定点的多项式函数值。在 MATLAB 中，多项式的估值运算采用函数 polyval 和 polyvalm 来实现。其中，函数 polyval 是按数组运算规则计算多项式的值，即数组中各元素对应的多项式值；而函数 polyvalm 是按矩阵运算规则计算多项式的值。

【例 3-22】 求例 3-20 中多项式 $p_1(x)$ 在 x = [2 3; 4 5] 处的值。

```
>> p1 = [2 4 0 3  -1 5]; x = [2 3; 4 5];
>> pv = polyval(p1, x)                % 按数组运算规则计算多项式在数组各元素处的值
pv =
```

```
    143          839
    3121         8825
>> pvm = polyvalm(p1, x)              % 按矩阵运算规则计算多项式对方阵 x 的值
pvm =
       15707       20706
       27608       36413
```

4. 多项式的求根运算和求特征多项式运算

在 MATLAB 中，求多项式的根采用函数 roots 来实现。求方阵 **A** 的特征多项式或求指定根对应的多项式，采用函数 poly 来实现。下面通过示例来说明两个函数的使用。

【例 3-23】求方程 $2x^5 + 4x^4 + 6x^3 + 3x^2 - x + 4 = 0$ 的根。

```
>> px = [2 4 6 3 -1 4];
>> x = roots(px)                      % 求多项式 px 的根,即方程的解
x =
    -0.7135 + 1.4949i
    -0.7135 - 1.4949i
    -1.3706
    0.3988 + 0.6106i
    0.3988 - 0.6106i
>> p = poly(x)                        % 向量 x 代表多项式的根,求由这些根对应的多项式
p =                                   % 对应的多项式首项系数为 1,与方程两边同除以
                                        2 后的多项式一致
    1.0000    2.0000    3.0000    1.5000    -0.5000    2.0000
```

【例 3-24】求方阵的特征多项式和特征值。

```
>> A = pascal(5);
>> p_c = poly(A)                      % 求方阵 A 的特征多项式
p_c =
    1.0000   -99.0000   626.0000  -626.0000    99.0000    -1.0000
>> poly2str (p_c, 's')
ans =
   s^5 - 99 s^4 + 626 s^3 - 626 s^2 + 99 s - 1
>> lamda1 = eig(A)                    % 求方阵 A 的特征值
lamda1 =
     0.0108
     0.1812
     1.0000
     5.5175
    92.2904
>> lamda2 = roots(p_c)                % 求方阵 A 对应的特征值多项式的根，即方阵 A
                                        的特征值
```

```
lamda2 =                    % 与 lamda1 所求的特征值相同，仅排列顺序不同
   92.2904
    5.5175
    1.0000
    0.1812
    0.0108
```

5. 部分分式展开运算

两个多项式之比 $b(s)/a(s)$，当 n 次多项式 $a(s)$ 不含重根时，存在部分分式展开式

$$\frac{b(s)}{a(s)} = \frac{r_1}{s-p_1} + \frac{r_2}{s-p_2} + \cdots + \frac{r_n}{s-p_n} + k(s) \tag{3-10}$$

式中，p_1，p_2，…，p_n为极点；r_1，r_2，…，r_n为留数；$k(s)$ 为直项。

在 MATLAB 中，部分分式展开运算采用函数 residue 来实现。调用格式：[r, p, k] = residue(b, a) 是有分子多项式 b 和分母多项式 a 求留数、极点和直项；格式 [b, a] = residue(r, p, k) 是由留数 r、极点 p 和直项 k 求有理分式的分子多项式 b 和分母多项式 a。

【例 3-25】 求下面两个有理分式的部分分式展开式的留数、极点和直项。

(1) $F(s) = \dfrac{2s+1}{s^3+7s^2+10s}$　　(2) $G(s) = \dfrac{s^4+5s^3+6s^2+10s+8}{s^3+s+1}$

```
>> b_F = [2 1]; a_F = [1 7 10 0];          % 有理分式（1）中的分子多项式
                                             和分母多项式
>> [r_F, p_F, k_F] = residue(b_F, a_F)     % 由于分子多项式阶次数小于分母
                                             多项式阶次数，故直项为空
r_F =
   -0.6000
    0.5000
    0.1000
p_F =
    -5
    -2
     0
k_F =
     []
>> [b, a] = residue(r_F, p_F, k_F)
b =
    0.0000    2.0000    1.0000
a =
     1     7    10     0
>> b_G = [1 5 6 10 8]; a_G = [1 0 1 1];% 有理分式（2）中的分子多项式和分母多
```

项式

```
>> [r_G, p_G, k_G] = residue(b_G, a_G)
r_G =
   1.9579 - 1.4652i
   1.9579 + 1.4652i
   1.0842
p_G =
   0.3412 + 1.1615i
   0.3412 - 1.1615i
  -0.6823
k_G =
     1     5
```

3.4.3 多项式的拟合

在科学和工程领域，经常会涉及曲线拟合问题。所谓曲线拟合，是用连续曲线近似刻画平面上离散数据点组（或实测数据组）所表示的坐标之间的函数关系的一种数据处理方法。曲线拟合就是要寻求一个解析函数 $y=f(x)$，使其通过或近似通过这些有限序列的数据点 (x_i, y_i)，能很好地反映函数变量之间的关系或者变化趋势。多项式拟合是最常见的一种曲线拟合方法，它通常采用最小二乘法求得曲线拟合的多项式。

在 MATLAB 中，多项式拟合采用函数 polyfit 来实现，其常用调用格式如下：

- p = polyfit(x, y, n)　　用最小二乘法对已知数据向量 x、y 进行拟合，求得 n 次多项式系数向量 p。
- [p, s] = polyfit(x, y, n)　　用最小二乘法对已知数据向量 x、y 进行拟合，求得 n 次多项式系数向量 p，使用函数 polyval 获得的错误预估计值向量 s。

【例 3-26】 对给定数据对（x，y），求拟合的 5 阶多项式，并图示拟合情况。

```
%给定数据对
>> x = linspace(0,2*pi,50);
>> y = 2*sin(x);
%求拟合多项式系数
>> p = polyfit(x,y,5);
>> ps = poly2str(p,'x')
ps =
-0.011127 x^5 +0.17479 x^4 -0.78912 x^3 +0.53693 x^2 +1.7594 x +0.020439
%图示拟合情况
>> xf = 0: pi/100: 2*pi;
>> yf = polyval(p, xf);
>> plot(x, y, 'bo', xf, yf, 'r--')
```

拟合结果如图 3-1 所示。由图 3-1 可知，由多项式拟合生成的图形与原始曲线能很好地吻合，表明 5 阶多项式的拟合效果好。

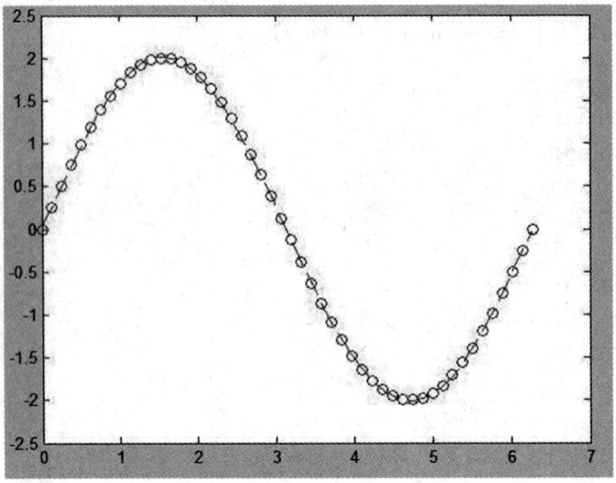

图 3-1　采用 5 阶多项式所得的拟合曲线

3.5　微积分

微积分是高等数学的重要知识，在科学和工程中，微积分有着广泛的应用。本节主要介绍数值积分和常微分方程求解。

3.5.1　数值积分

数值积分有闭型积分和开型积分之分，两者的主要区别在于：是否在 MATLAB 中，通常采用函数来实现数值积分。常用积分函数及其指令格式如下：

- q = quad(fun，a，b，tol，trace)　　采用递推自适应 Simpson 法计算积分。
- q = quadl(fun，a，b，tol，trace)　　采用递推自适应 Lobatto 法计算积分。
- q = dblquad(fun，xmin，xmax，ymin，ymax，tol，method)　　求二重数值积分。

上面函数指令格式中，fun 代表被积函数，可以是字符串、内联函数、M 函数文件名的函数句柄；a、b 是被积函数的上限和下限，必须是确定的数值；tol 是标量，用来控制绝对误差，默认时数值精度是 10^{-6}；trace 是输入参量，非零时则随积分的进程逐点绘制被积函数；xmin、xmax 表示变量 x 的上、下限，ymin、ymax 表示变量 y 的上、下限；method 是积分方法的选项，默认选项为@ quad，用户可以选择@ quadl 或者自己定义的积分函数句柄。

【例 3-27】 求解积分 $\int_0^1 te^{-\frac{t^2}{2}}dt$ 的数值。

```
>> fun1 = inline( 't.*exp(-t.^2/2)', 't');      % 被积函数采用内联函数形式
>> fun2 = @(t) t.*exp(-t.^2/2);                 % 被积函数采用匿名函数形式
>> f_quad1 = quad(fun1, 0, 1)                   % 采用函数 quad 计算积分
f_quad1 =
    0.3935
>> f_ quad2 = quad(fun2, 0, 1)
```

```
f_ quad2 =
    0.3935
>> f_ quad1 = quad1(fun1, 0, 1)                % 采用函数 quadl 计算积分
f_ quad1 =
    0.3935
```

在本例中，被积函数分别采用了内联函数和匿名函数形式，有关这部分内容请参见第 5 章。

【例 3-28】求解二重积分 $\int_0^\pi \int_\pi^{2\pi} (y\sin x + x\cos y)\mathrm{d}x\mathrm{d}y$ 的数值。

（1）编写被积函数的 M 文件。执行菜单“File”→“New”→“M-File”命令，打开 M 文件编辑器，在其中输入下面的程序代码：

```
function f = integrand(x,y)
f = y.*sin(x) + x.*cos(y);
```

将代码保存为“integrand.m”文件。注意该文件存放的目录应该在 MATLAB 的搜索路径中。

（2）在命令窗口中，调用数值积分函数进行求解。

```
>> f_quad3 = dblquad(@integrand,pi,2*pi,0,pi)
f_quad3 =
    -9.8696
```

在本例调用函数 dblquad 时，第一个输入参量是被积函数，采用了函数句柄@，有关这部分内容参见第 5 章。

3.5.2 常微分方程

常微分方程有显性常微分方程和隐性常微分方程。显性一阶常微分方程的初值问题具有下面形式：

$$y' = f(t,y), y(t_0) = y_0 \tag{3-11}$$

式中，y 是 t 的函数 $y(t)$；y'是 y 的一阶导数；$y(t_0) = y_0$是该常微分方程的初值，需要求解的是 $y(t)$。通常，式（3-11）不存在解析解表达式，所以需要用数值法来近似。

高阶常微分方程的初值问题具有下面形式：

$$y^{(n)} = f(t,y,y',\cdots,y^{(n-1)}), y(t_0) = y_0, y'(t_0) = y'_0, \cdots, y^{(n-1)}(t_0) = y_0^{(n-1)} \tag{3-12}$$

由于在 MATLAB 中，各解法仅适用于对一阶常微分方程的求解，所以做如下代换：

$$y_1 = y, y_2 = y', \cdots, y_n = y^{(n-1)} \tag{3-13}$$

可得具有 n 个一阶常微分方程的方程组如下：

$$\left.\begin{aligned} y'_1 &= y_2 \\ y'_2 &= y_3 \\ &\cdots \\ y'_n &= f(t,y_1,y_2,\cdots,y_n) \end{aligned}\right\} \tag{3-14}$$

对于常微分方程，刚性（stiffness）是一个非常重要的概念。一个常微分方程组的刚性将直接决定求解方法和计算准确度。刚性常微分方程组是指其对应的雅可比（Jocabian）矩

阵的特征值相差悬殊。对于刚性常微分方程组，为了保持解法的稳定，步长选取非常严格，也很困难。求解常微分方程有多种方法，有些方法不适用于刚性微分方程组的求解，而有些方法因对微分方程组的刚性要求不严，可用于求解刚性微分方程组。

MATLAB 提供了多种数值求解常微分方程的指令来求解多种常微分方程问题。例如，初值问题、延迟常微分方程和边值问题。对于初值问题的求解，表 3-12 列出了常微分方程初值问题的常用解算方法，以及对应的精度和所能解决的问题。

表 3-12 常微分方程组的解法

解法名称	算 法	解决的问题	精 度	说 明
ode45	四阶/五阶龙格－库塔	非刚性微分方程	中等	单步算法，不需要附加初始值；改变步长也不改变结果
ode23	二阶/三阶龙格－库塔	非刚性微分方程	低	单步算法，在误差容许范围比较宽时性能比 ode45 好
ode113	可变阶 Adams 算法	非刚性微分方程	低—高	多步算法，适用于解决误差容许范围比较严格的情况
ode15s	可变阶数值微分算法	刚性微分方程	低—中	多步算法，适用于解决刚性系统
ode23s	基于改进的 Rosen 公式	刚性微分方程	低	单步算法，适用于解决误差容许范围比较宽的时候
ode23t	基于自由插值的梯形规则法	中等刚性微分方程	低	给出的解没有数值衰减
ode23tb	基于梯形规则和二阶反向微分公式算法	刚性微分方程	低	在误差容许范围比较宽的情况比 ode15s 更为有效

在 MATLAB 中，求解显性常微分方程的各种函数指令具有相同的调用格式，可以统一写成如下形式：

- [t,y] = solver(odefun,tspan,y0,options)
- [t,y,te,ye,ie] = solver(odefun,tspan,y0,options)

格式中的 solver 为计算时所采用的解法函数名，即表 3-12 中所列的相应解法名称。其他各参数的具体含义如下：

- odefun　　常微分方程系统的函数句柄。
- tspan　　当 tspan 为二元向量 $[t_0, t_f]$ 时，表示求解数值解的时间区间；当 tspan 为多元向量 $[t_0, t_1, \cdots, t_f]$ 时，表示在所定义的时间序列上进行数值求解，要求 tspan 的元素必须按照单调次序排列。
- y0　　微分方程的初始值向量。
- options　　用来设置积分算法参数选项，其具体数据可以由函数 odeset 来获得，若调用格式中输入变量的个数为 3 时，算法采用默认设置，默认设置用于处理通用问题，可通过重新设置参数选项来改善解法的性能。
- t　　所求数值解的自变量数据列向量。
- y　　所求微分方程的因变量数据数组，每行对应 t 中对应行时间下的解。
- te，ye，ie　　只有在设置“Event”记录时，才有对应的输出数据。

下面通过实例说明在 MATLAB 中求解常微分方程初值问题的步骤。

【例 3-29】求解范德波尔（Van der Pol）方程 $y''-\mu(1-y^2)y'+y=0$ 在初始条件 $y(0)=2$, $y'(0)=0$ 且 $\mu=1$ 情况下的解，并用图示显示解的结果。

（1）把高阶微分方程改写成一阶微分方程组。

令 $y_1=y$，$y_2=y'$，原二阶微分方程改写为如下一阶微分方程组：

$$\begin{bmatrix} y'_1 \\ y'_2 \end{bmatrix} = \begin{bmatrix} y_2 \\ \mu(1-y_1^2)y_2-y_1 \end{bmatrix}, \begin{bmatrix} y_1(0) \\ y_2(0) \end{bmatrix} = \begin{bmatrix} 2 \\ 0 \end{bmatrix}$$

（2）编写一阶微分方程组的函数文件。

```
function dydt = vdp1(t,y)
mu =1;
dydt = [y(2);mu*(1 - y(1)^2)*y(2) - y(1)];
```

将上面的程序代码保存为 vdp1. m。

（3）根据微分方程，确定需采用的算法，对于范德波尔非刚性方程，选择 ode45 解算微分方程，解算时间间隔取［0，20］。

```
>> [t,y] = ode45(@vdp1,[0,20],[2;0]);
```

数组 y 的第 1 列为 y_1，第 2 列为 y_2，每行为它们在对应时间点的解。解法函数的第 1 个输入参数为定义微分方程的函数句柄。

（4）用图示观察解的结果（见图 3-2）。

```
>> plot(t,y(:,1),'-',t,y(:,2),'--')
>> title('Solution of van der Pol Equation,\mu =1 ')
>> xlabel('time t ')
>> ylabel('solution y ')
>> legend('y_1 ', 'y_2 ')
```

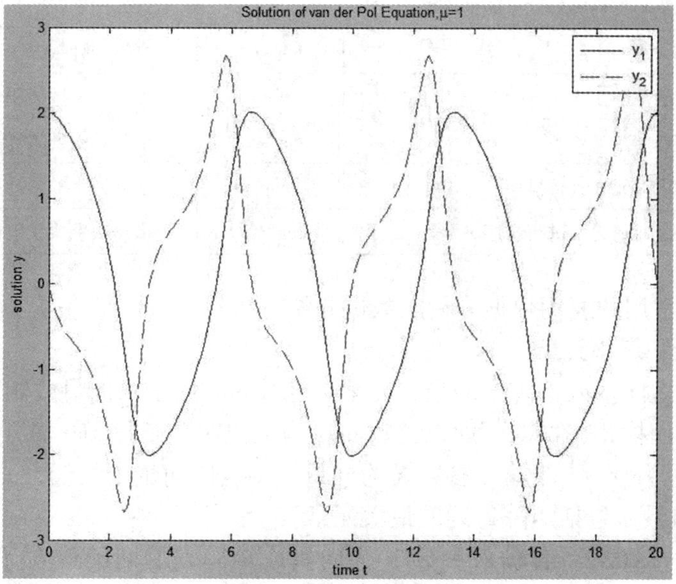

图 3-2　微分方程的解

【例 3-30】将例 3-29 的范德波尔微分方程中的 μ 取为 1000 时，微分方程成为刚性的。求该刚性范德波尔微分方程的解。

（1）编写一阶微分方程组的函数文件 vdp1000。

```
function dydt = vdp1000(t,y)
mu = 1000;
dydt = [y(2);mu*(1-y(1)^2)*y(2)-y(1)];
```

（2）针对刚性范德波尔微分方程，采用 ode15s 解法，时间间隔为［0，3000］。

```
tspan = [0 3000];
y0 = [2;0];
[t,y] = ode15s(@vdp1,tspan,y0);
```

3.6 数据分析

在科学和工程中，会经常遇到进行数据分析和处理的情况。MATLAB 具有强大的数据分析和处理功能。本节仅介绍一些基本数据分析函数和相关关系分析函数的使用。

3.6.1 基本数据分析

MATLAB 提供的通用数据分析函数见表 3-13。

表 3-13　通用数据分析函数

函 数 名	说　明	函 数 名	说　明
max	求最大元素	sum	求各列元素的和
min	求最小元素	prod	求各列元素的积
mean	求元素平均值或列元素的平均值	hist	直方图
median	求列元素的中值	histc	直方图计数
std	求元素标准差	trapz	梯形法求数值积分
var	求方差	cumsum	求列元素的累计和
sort	按升序对元素进行排序	cumprod	求列元素的累计积
sortrows	按升序对行元素进行排序	cumtrapz	梯形法求累积数值积分

下面，对几个常用的通用数据分析函数做介绍。

1. 求最大元素和最小元素

函数 max 用于求向量或矩阵中的最大元素，函数 min 用于求向量或矩阵的最小元素。函数 max 和 min 的调用格式一样，下面以函数 max 为例说明。函数 max 常用的调用格式如下：

- max(X)　　若输入参数 X 为向量，则返回向量中的最大元素；若 X 为矩阵，返回一行向量，包括矩阵每列的最大元素。
- [Y, I] = max(X)　若输入参数 X 为向量或矩阵，返回的最大元素或行向量给 Y，返回最大元素在向量中的下标值或在矩阵各列中的下标值给 I。
- max(X, Y)　　返回与 X、Y 同大小的数组，其元素为 X、Y 中对应位置的最大元素；X 或 Y 也可以有一个是标量。

【例 3-31】求最大元素和最小元素示例。

```
>> a = [4 6 8 9;12 2 4 3;7 5 3 8];
>> b = [1 10 3 14;8 7 6 2;5 8 2 9];
>> a_max = max(a)                          % 求每列的最大元素
a_max  =
    12      6      8      9
>> [v_max,p_max] = max(a)                  % 求每列的最大元素和所在位置
v_max  =
    12      6      8      9
p_max  =
     2      1      1      1
>> ab_min = min(a,b)                       % 取两个矩阵中对应位置的最小元素
ab_min  =
     1      6      3      9
     8      2      4      2
     5      5      2      8
```

2. 求平均值和中值

函数 mean 用于求向量或矩阵中元素的平均值，函数 median 用于求向量或矩阵中元素的中值。两个函数的调用格式完全一样，这里以函数 mean 为例说明。函数 mean 的调用格式如下：

- mean(X)　　若输入参数 X 为向量，返回向量元素的平均值；若为矩阵，则返回一行向量，包括每列元素的平均值。
- mean(X, Dim)　　返回维数为 Dim 的元素平均值。

【例 3-32】求平均值和中值示例。

```
>> a_ave = mean(a)
a_ave  =
    7.6667    4.3333    5.0000    6.6667
>> b_m = median(b)
b_m  =
     5      8      3      9
>> c = 1:10;
>> c_ave = mean(c)
c_ave  =
    5.5000
```

3. 求和和求积

函数 sum 用于求向量或矩阵中元素的和，函数 prod 用于求向量或矩阵中元素的积。两个函数的调用格式完全一样，这里以函数 sum 为例说明。函数 sum 的调用格式如下：

- sum(X)　　　　若输入参数 X 为向量，返回向量元素的总和；若为矩阵，则返回

一行向量，包括每列元素的和。

- sum(X, Dim)　　返回维数为 Dim 的元素和。

【例 3-33】求和和求积示例。

```
>> a_sum = sum(a)
a_sum =
    23    13    15    20
>> b_prod = prod(b,1)
b_prod =
    40   560    36   252
>> b_prod2 = prod(b,2)
b_prod2 =
   420
   672
   720
```

4. 求标准差和求方差

函数 std 用于求向量或矩阵中元素的标准差，函数 var 用于求向量或矩阵中元素的方差。两个函数的调用格式完全一样，这里以函数 std 为例说明。函数 std 的调用格式如下：

- std(X) 或 std (X, 0)　　若输入参数 X 为向量，返回向量元素的标准差；若为矩阵，则返回一行向量，包括矩阵中每列元素的标准差；其中标准差用 $n-1$ 正态化，n 是数据点数。
- std(X, 1)　　若输入参数 X 为向量，返回向量元素的标准差；若为矩阵，则返回一行向量，包括矩阵中每列元素的标准差；其中标准差用 n 正态化。
- std(X, Flag, Dim)　　返回维数为 Dim 的标准差，其中，当 Flag = 0 时，标准差用 $n-1$ 正态化；当 Flag 不等于 0 时，标准差用 n 正态化。

【例 3-34】求标准差和求方差示例。

```
>> a_std = std(a)
a_std =
    4.0415    2.0817    2.6458    3.2146
>> a_std2 = std(a,1)
a_std2 =
    3.2998    1.6997    2.1602    2.6247
>> a_std3 = std(a,0,1)
a_std3 =
    4.0415    2.0817    2.6458    3.2146
>> a_std4 = std(a,0,2)
a_std4 =
    2.2174
    4.5735
    2.2174
```

```
>> a_var = var(a)                % 求矩阵中每列元素的方差
a_var  =
   16.3333     4.3333     7.0000    10.3333
```

3.6.2　相关关系分析函数

在 MATLAB 中，提供了计算相关系数的函数 corrcoef 和计算协方差矩阵的函数 cov，下面分别说明它们的使用。

1. 相关系数计算

函数 corrcoef 用于计算相关系数，它的常用调用格式如下：

- corrcoef(X)　　返回从矩阵 X 计算所得的相关系数矩阵，其大小与矩阵 X 一样。矩阵 X 的每行被看成是一次观测的量，每列对应一个变量。
- corrcoef(X, Y)　输入参数 X 和 Y 是列向量，该格式与 corrcoef([X Y]) 的作用一样。

【例 3-35】 求相关系数示例。

```
>> x  =  randn(30,4);                % 不相关数据
>> x(:,4)  =  sum(x,2);              % 引入相关关系
>> r  =  corrcoef(x)                 % 计算相关系数
r  =
    1.0000    -0.0352     0.2673     0.6901
   -0.0352     1.0000    -0.5101     0.2617
    0.2673    -0.5101     1.0000     0.3504
    0.6901     0.2617     0.3504     1.0000
```

2. 协方差矩阵计算

函数 cov 用于计算协方差矩阵，它的常用调用格式如下：

- cov(X) 或 cov(X, 0)　　若输入参数 X 为向量，返回向量的方差；若为矩阵，其每行被看成一次观测的量，每列作为一个变量，计算返回协方差矩阵，其大小与矩阵 X 一样；协方差用 $n-1$ 正态化。
- cov(X, 1)　　除了协方差用 n 正态化外，其他同上。
- cov(X, Y) 或 cov(X, Y, 0)　　X 和 Y 是具有相同元素数的矩阵，等同于 cov([X(:),Y(:)])。其中，协方差用 $n-1$ 正态化。
- cov(X, Y, 1)　　除了协方差用 n 正态化外，其他同上。

【例 3-36】 向量和矩阵的协方差计算示例。

```
>> aa = [2 4 6 8 9];
>> aa_cov = cov(aa)                 % 向量的协方差计算
aa_cov  =
    8.2000
>> bb = randn(7,3);
>> bb_cov = cov(bb)                 % 矩阵的协方差计算
bb_cov =
```

0. 3678	-0. 3908	0. 3115
-0. 3908	1. 0171	0. 1093
0. 3115	0. 1093	0. 7376

3.7 小结

MATLAB 具有强大的科学计算和数值分析功能。科学计算与数值分析是通过数学表达式来实现的，根据所使用的运算符是算术运算符、关系运算符还是逻辑运算符，将表达式分为算术表达式、关系表达式和逻辑表达式，同时应注意这些运算符的优先级。

基本矩阵运算包括矩阵的四则运算、矩阵的幂运算、指数运算、对数运算、开方运算以及矩阵求逆、行列式运算等，矩阵运算必须要服从矩阵运算规则。MATLAB 也提供了一些矩阵基本运算函数。

基本数组运算与矩阵运算不同，它是对数组的每个元素实施相同的运算和操作。数组的基本运算有四则运算、幂运算、指数运算、对数运算、三角函数运算等。MATLAB 也提供了大量的数组运算函数，应该明确这些函数是对数组中的每一个元素实施相同的运算。

线性方程组有恰定方程组、超定方程组和欠定方程组，使用矩阵左除的方法可以有效地求解这三种线性方程组。

MATLAB 中提供了许多矩阵分解函数可供使用，如 Cholesky 分解、LU 分解、QR 分解和奇异值分解等，关键是熟悉这些函数的输入、输出参数含义和调用格式。

矩阵特征值在工程应用中具有重要的意义。在 MATLAB 中，求解矩阵特征值和特征向量是一件非常简单的事情，只需要调用函数 eig 即可求得矩阵的特征值和特征向量。

多项式运算在工程应用中也有着广泛的应用。用多项式的系数组成行向量来表示多项式，除了多项式加、减运算外，其他多项式运算采用 MATLAB 提供的函数来实现，如多项式的乘、除、求导、求积分、求根和估值，还可实现有理多项式的部分分式展开和多项式拟合等。

在 MATLAB 中，可以使用函数 quad 来求函数的数值积分，使用函数 solver 来求解显性常微分方程。

MATLAB 中提供了大量的数据分析函数，可利用这些函数对数据进行分析，例如求最大最小元素、平均值、中值、标准差、方差、相关系数和协方差矩阵等。

第 4 章　数据可视化

MATLAB 具有强大的数据可视化功能，不仅能方便地绘制各种二维曲线图、三维曲线图、三维曲面图、三维网线图和特殊图形，还有很强的图形编辑功能。本章重点介绍 MATLAB 的常用图形绘制和图形编辑。

4.1 概述

在 MATLAB 环境中绘图，首先需要为绘制的图形准备数据，这是绘制图形的基础。首先需要确定自变量的取值范围，并生成自变量的数据点，再计算对应的函数数值，从而完成数据准备工作。具体而言，对于离散数据可视化，自变量和因变量的数据即是给定的离散数据，它们分别用各自的向量（一维数组）表示；对于离散函数的可视化，其自变量在取值范围内取整数，利用离散函数表达式计算得到这些自变量数据点对应的离散函数值。对于连续函数的可视化，为了使图形能更真实地反映原函数的变化和图形的光滑性，其自变量在取值范围内应生成足够多的数据点，并利用函数关系计算得到对应的函数值。自变量的数据点通常采用线性步长生成法创建，具有 x = a: inc: b 的指令形式。

绘图数据准备好后，应根据需要设置显示图形的位置。MATLAB 的图形都是绘制在 MATLAB 的图形窗体中。有些数据的可视化需要在一个图形窗体中绘制和显示多个图形，这些图表被称为多子图。绘制多子图时，需要设置每个子图的显示位置，也就是对应坐标轴系统的位置。

MATLAB 环境提供了许多绘图函数命令和交互的图形用户接口（GUI）工具，可用于创建和修改图形显示。通过 GUI 工具，可方便、交互地绘制图形，并能对图形的属性和选项进行直接编辑、控制。通过绘图函数调用，可更加灵活、程序化地绘制图形和对图形进行编辑。

图形绘制后，可根据需要对图形窗体中的图形、坐标轴系统、图形注释和图形显示效果等进行编辑、修饰。例如，设置坐标轴的刻度范围，添加坐标轴网格线，添加标题、坐标轴名、图例、文字说明等注释，对于三维图形还可进行着色、明暗、灯光、材质等处理。这些图形编辑和修饰可用 GUI 工具或调用函数命令来实现。

图形绘制完成后，可根据需要以 . fig 格式文件保存图形，以便今后在 MATLAB 中使用或进一步编辑完善。也可以其他通用图形格式保存，如 . jpg、. tif、. bmp 等格式，以便能将图形导入到其他应用程序中，如导入到 word 文档中等。

正如上面所说，MATLAB 的图形是绘制和显示在图形窗体中。图形窗体的激活或打开有多种方式，可以通过菜单“File”→“New”→“Figure”命令，新建一个图形并打开图形窗体；或通过菜单“File”→“Open”命令，打开一个 . fig 图形文件并激活图形窗体；或在命令窗口中执行命令 figure。在交互方式或调用函数命令绘制图形时，MATLAB 会自动打开并激活包含所有绘制图形的图形窗体。在图形窗体中，包含有菜单栏、工具栏和绘图区域，可利用菜单命令、工具栏命令或快捷菜单完成对图形对象的交互操作。

4.2　二维曲线的绘制

4.2.1　基本绘图命令

在 MATLAB 中，绘制二维曲线的最基本命令是函数 plot，其调用格式如下：

- plot(X, Y)　　采用默认曲线样式绘制二维曲线，当 X、Y 是同维向量时，绘制 Y 对 X 的曲线（X 为横坐标，Y 为纵坐标），仅绘制一条曲线；当 X、Y 有一个是向量，另一个是矩阵时，则根据向量与矩阵的行或列的配对数据绘制多条不同颜色的曲线，若向量与矩阵的行同长度，则向量与矩阵的各列配对，曲线条数等于矩阵的列数，若向量与矩阵的列同长度，则向量与矩阵的各行配对，曲线条数等于矩阵的行数；当 X、Y 是同维矩阵时，则以 X、Y 对应列元素为横、纵坐标分别绘制曲线，曲线条数等于矩阵的列数。
- plot(Y)　　采用默认曲线样式绘制二维曲线，当 Y 是实数向量时，根据 Y 元素值与对应的下标（即位置编号）绘制一条曲线；当 Y 是实数矩阵时，根据 Y 各列的元素值与对应下标绘制多条曲线，曲线条数等于矩阵的列数；当 Y 是复数向量或复数矩阵时，该格式调用与 plot(real(Y),imag(Y)) 等价。
- plot(X, Y, S) 或 plot(Y, S)　　其中，S 是字符串，用于指定线型、颜色、数据点形，具体在 4.2.2 节介绍；其他与前面调用格式意义相同。
- plot(X1,Y1,S1,X2,Y2,S2,…)　　同时绘制由三元组（Xi, Yi, Si）指定的曲线，其作用与 plot(Xi,Yi,Si) 相同。

在上面调用格式中，二元组（X, Y）或三元组（X, Y, S）后可增加曲线的属性名和属性值，以指定曲线的其他特征，其格式可以写成：plot（…, 'PropertyName', 'PropertyValue', …）。常用的属性有：

- LineWidth　　指定线条的粗细。
- MarkerEdgeColor　　指定标记的颜色或图形封闭的标记的边缘色。
- MarkerFaceColor　　指定图形封闭的标记表面的颜色。
- MarkerSize　　数据点形标记的大小。

【例 4-1】 在 MATLAB 中绘制正弦电压 $u_a = 220\sqrt{2}\sin(2\pi ft + 15°)$ 的波形曲线，其中 $f=50\text{Hz}$。

首先，需要确定绘图范围。为了能更好地显示正弦电压的变化，选择两个周波来绘制。因为每个周波为 0.02s，则绘图时间范围取为［0, 0.04］。

```
>> t=0:0.01/100:0.04;                       % 生成足够的时间数据点
>> ua=220*sqrt(2)*sin(2*pi*50*t+15*pi/180);
                                            % 生成与时间数据点对应的电压数据点
>> plot(t,ua)                               % 以默认线条样式绘制电压波形曲线
>> gird on                                  % 添加网格线
```

所绘制的正弦电压波形曲线如图 4-1 所示。

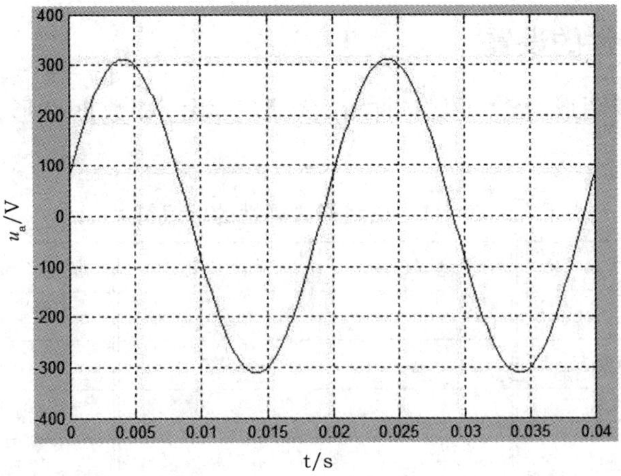

图 4-1　正弦电压波形曲线

【例 4-2】在 MATLAB 中绘制三相 $u_a = 220\sqrt{2}\sin(2\pi ft + 15°)$，$u_b = 220\sqrt{2}\sin(2\pi ft - 105°)$，$u_c = 220\sqrt{2}\sin(2\pi ft + 135°)$ 的电压波形曲线。

```
>> clf                                % 清除图形窗中的图形
>> t=0:0.01/100:0.04;
>> ua=220*sqrt(2)*sin(2*pi*50*t+15*pi/180);
>> ub=220*sqrt(2)*sin(2*pi*50*t-105*pi/180);
>> uc=220*sqrt(2)*sin(2*pi*50*t+135*pi/180);
>> u=[ua',ub',uc'];                   % 生成包含三相电压数据点的数组,有三列数据
>> plot(t,u)                          % 以默认的不同颜色绘制三条波形曲线,u 的每列对
                                        应一条曲线
>> grid on
```

或者采用

```
>> plot(t,ua,t,ub,t,uc)               % 以默认的相同颜色绘制三条波形曲线
```

所绘制的三相正弦波形曲线如图 4-2 所示。

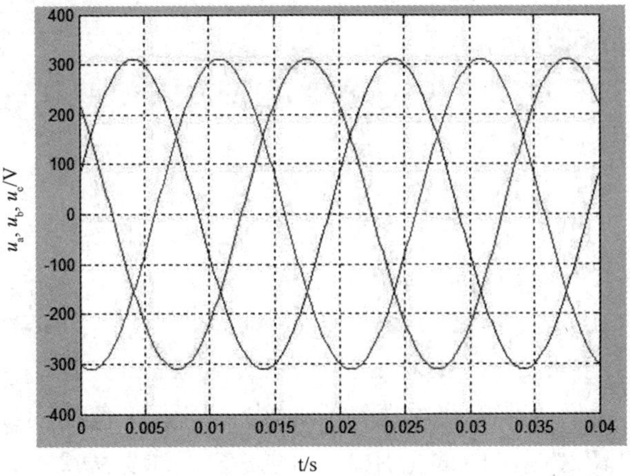

图 4-2　三相正弦波形曲线

4.2.2　曲线样式属性的设置

调用函数 plot 绘制图形时，可指定曲线的线型、颜色和数据点形，表 4-1 列出了曲线样式属性的标识符。

表 4-1　曲线样式属性的标识符

线型（linestyle）	含　义	颜色（color）	含　义	点形（marker）	含　义
-	实线	b	蓝色	.	实心黑点
--	虚线	g	绿色	o	空心圆圈
:	点线	r	红色	x	叉字符
-.	点画线	c	青	+	十字符
		m	品红	*	星号
		y	黄色	s	方块符
		k	黑色	d	菱形
		w	白色	v	下三角符
				^	上三角符
				<	左三角符
				>	右三角符
				p	五角星
				h	六角星

调用函数 plot 中的 S 是用于指定线型、颜色、点形的字符串，可以是这三列中的任一列的一个个标识符，或者是三列标识符的组合。例如，'b' 指定曲线为蓝色；'r--' 指定曲线为红色的虚线；'g：*' 指定曲线为绿色的点线，数据点用星号标记。字符串 S 中三者的组合顺序没有约束。

【例 4-3】 绘制非正弦电压 $u_s(t) = [50 + 100\sin(314t) - 40\cos(628t) + 10\sin(942t + 20°)]$ V 及其各分量的波形。

```
>> t=0:0.02/50:0.04;
>> us=50+100*sin(314*t)-40*cos(628*t)+10*sin(942*t+20*pi/180);
>> us0=50*ones(size(t));
>> us1=100*sin(314*t);
>> us2=-40*cos(428*t);
>> us3=10*sin(942*t+20*pi/180);
>> plot(t,us,'-ro',t,us0,'--b',t,us1,'--b',t,us2,'--b',t,us3,'--b','linewidth',2,'
markeredgecolor','m')
```

运行结果如图 4-3 所示。非正弦电压波形曲线采用了红色的实线，数据点形为空心圆圈；直流分量、基波和高次谐波曲线采用蓝色的虚线；线宽为 2，数据点形边界颜色为品红色。

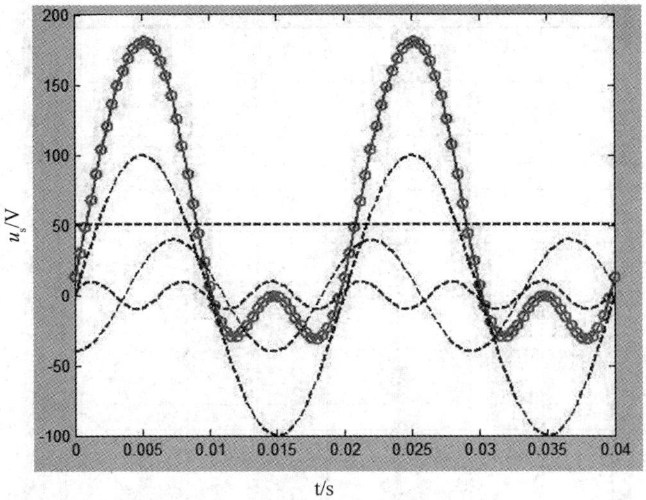

图 4-3　非正弦电压及其分量波形

如果在调用函数 plot 时没有指定曲线样式的字符串 S，MATLAB 会将使用默认设置绘制曲线。线型的默认设置是“实线”线型；颜色的默认值设置依次是蓝、绿、红、青、品红、黄、黑、白；当只有一条曲线时，曲线的默认颜色是蓝色。

4.2.3　坐标轴的设置

所有 MATLAB 的图形对象都是绘制在坐标轴的上面，恰当地对坐标轴进行设置，可以更好、更准确地表现图形对象。MATLAB 提供了一系列关于坐标轴的命令，用于设置坐标轴的范围、显示方式、刻度和高宽比等。

1. 坐标轴范围

MATLAB 在绘制图形时，自动地根据绘制的图形数据调整轴的显示范围，它能保证数据以适当的比例显示在坐标轴中。用户也可以使用函数 axis 设置坐标轴范围，其调用格式如下：

- axis（[xmin xmax ymin ymax]）　其中，xmin、xmax 是 X 轴的显示范围；ymin、ymax 是 Y 轴的显示范围。

【例 4-4】 绘制 $y=\tan x$ 在 [0，π/2] 中的图形。

```
>> x =0:pi/100:pi/2;
>> y = tan(x);
>> plot(x,y,' -ko ')
>> grid on
```

该图形采用的是默认坐标轴范围，绘制的图形结果如图 4-4 所示。由于当自变量 x 在 [0，π/2] 范围中，大部分的函数值都比较小，绘制的数据几乎排成了一条直线，无法显示函数的变化趋势。修改坐标轴刻度范围如下：

```
>> axis([0 pi/2 0 50])
```

该命令将图形的纵坐标的范围缩小，绘制的图形如图 4-5 所示。这样修改后，图形显示出了函数的变化趋势。

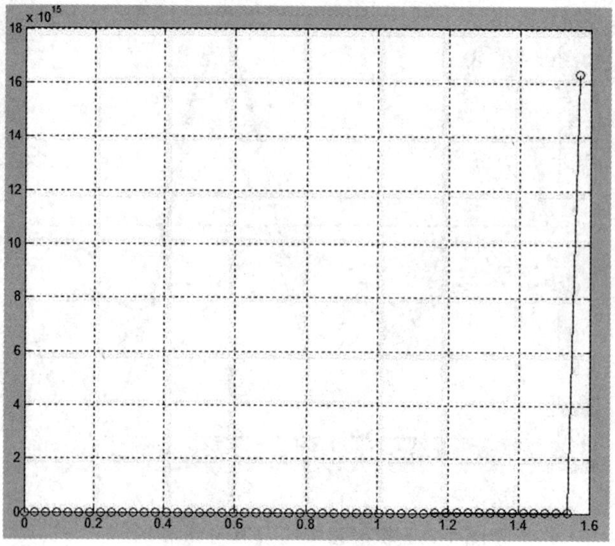

图 4-4　按默认坐标轴范围绘制的图形

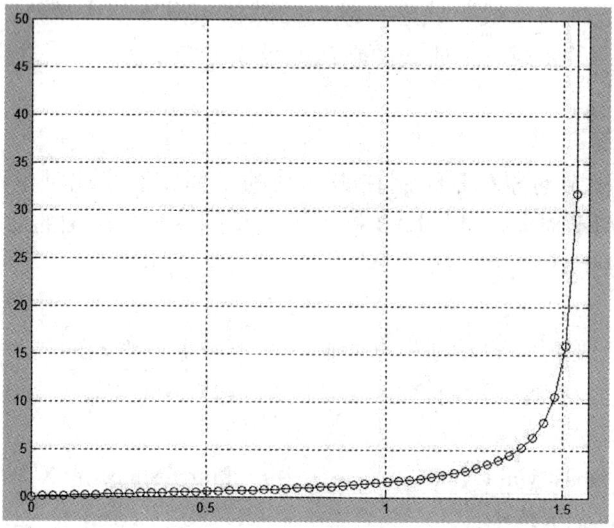

图 4-5　设定坐标范围绘制的图形

2. 坐标轴显示方式

采用命令 axis 设置坐标轴显示方式，表 4-2 列出 axis 的命令格式及其含义。读者可自行练习，并注意观察坐标轴显示效果的区别。

表 4-2　axis 的命令格式及其含义

命　令	含　义	命　令	含　义
axis auto	使用默认设置	axis equal	纵、横坐标使用相同刻度
axis manual	使当前坐标范围不变	axis fill	在 manual 方式下起作用，使坐标充满整个绘图区

（续）

命　　令	含　　义	命　　令	含　　义
axis off	取消坐标轴范围	axis image	纵、横坐标采用等长刻度，且坐标框紧贴数据范围
axis on	使用坐标轴范围	axis normal	默认的矩形坐标系
axis ij	矩阵式坐标，原点在左上方	axis square	正方形坐标系
axis xy	普通直角坐标，原点在左下方	axis tight	将数据范围直接设为坐标范围
		axis vis3d	保持高宽比不变，用于三维旋转时避免图形大小变化

3. 网格线

设置网格线命令如下：

- grid on　　添加网格线。
- grid off　去除网格线，这是默认设置。
- grid　　　在 on 和 off 之间切换。

采用对象属性设置函数 set，可以更灵活地设置当前坐标轴的 xgrid、ygrid 和 zgrid 属性。例如，当仅需要对横轴添加网格线时，可采用如下命令：

```
>> set( gca,'xgrid', 'on')
```

其中，gca 是用于获取当前轴对象句柄（Handle）的函数，set 是用来设置图形对象属性的函数。

在 MATLAB 中，由图形命令产生的每一个对象都是图形对象，例如图形窗口、坐标轴、线条、曲面、文本和图像等都是图形对象。每个图形对象都由一个数字来标识，叫做句柄（Handle）。每创建一个对象，就为它建立一个唯一的句柄，用来唯一地确定该对象。所有生成对象的函数都为所生成的对象返回一个句柄值，例如 plot 函数，以及后面要介绍的 figure，text，mesh，surf，image 等函数。MATLAB 还可通过下面 3 个函数来获得对象句柄值：

- gcf　获取当前图形窗体的句柄值。
- gca　获取当前图形窗体中当前坐标轴的句柄值。
- gco　获取当前图形窗体中当前对象的句柄值。

图形对象都包含有不同的属性和相应的属性值，这些属性和属性值决定了图形对象的表现形式。利用对象句柄可对该对象进行控制、设置或修改对象的有关属性。在 MATLAB 中，可以通过函数 get 来获得图形对象的属性，通过函数 set 来设置或修改图形对象的属性。例如，get(a_handle,'color')，返回句柄 a_handle 所属对象的颜色值；set(a_handle,'color','b')，将句柄 a_handle 所属对象的颜色设置为蓝色。

4. 坐标间隔

绘制图形时，MATLAB 按照绘制数据的范围自动地设置坐标线的间隔，用户也可以根据自己的需要设置这些坐标间隔。使用 set 函数修改坐标轴的 xtick 或者 ytick 属性的属性值，实现对 X 轴或者 Y 轴的坐标间隔设置。

【例 4-5】 某电路中一元件的电流 $i_L = (1.2 - 5.2e^{-100t})$ A，电压 $u_L = 20e^{-100t}$ V，试绘制该元件的电流、电压变化波形曲线。

该电路的时间常数 $\tau = 1/100 = 0.01\text{s}$，绘制波形曲线的时间范围取为［0，0.05］。

```
>> t=0:0.001:0.05;
>> iL=1.2-5.2*exp(-100*t);
>> uL=20*exp(-100*t);
>> plot(t,iL,':r',t,uL,'-b','linewidth',1.5)
>> grid on
>> axis([0 0.05 -25 25])
```

绘制的图形如图 4-6 所示。下面修改横轴坐标的间隔。

```
>> set(gca,'xtick',0:0.01:0.05)
```

修改坐标间隔后的图形如图 4-7 所示。比较图 4-6 和图 4-7，可见横轴的坐标间隔发生了变化。

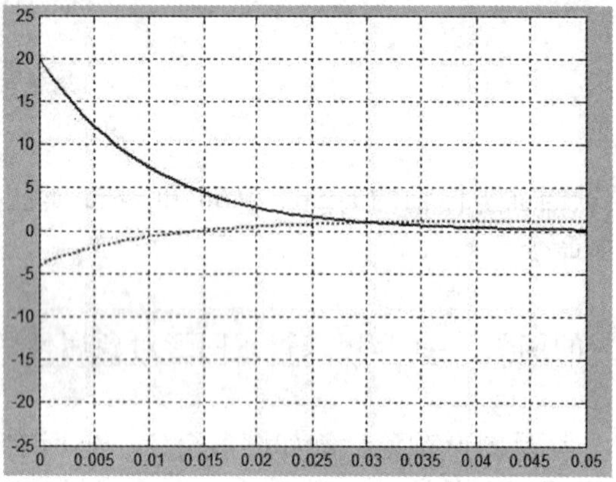

图 4-6　默认横轴坐标间隔图形

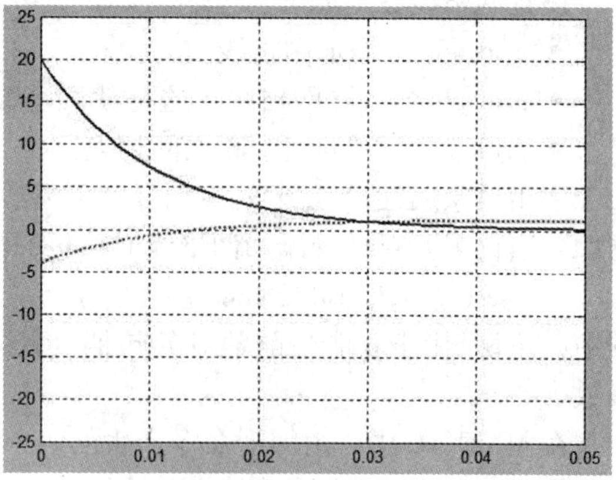

图 4-7　横轴坐标间隔修改后的图形

如果横轴、纵轴的标注需要使用字符或特殊数值表示时，需要使用 set 函数修改 xticklabel 或者 yticklabel 属性。

4.2.4　图形标识

设置图形标识是为图形对象添加必要的标题、注释和其他文本信息，以使得图形能够表示更加丰富的信息。图形标识包括图形标题（Title）、坐标轴名（Label）、图例（Legend）和文本注释等。

为图形窗体添加或修改图形标识有多种途径，或者通过交互的菜单命令，或者通过交互的图形属性编辑器，或者使用函数命令。有关交互地设置图形标识将在 4.2.7 节中介绍，这里介绍利用函数命令设置图形标识的方法。

1. 基本命令格式

在 MATLAB 中，有多个函数用于设置图形标识，它们的基本调用格式如下：

- title（'string'）　添加图形标题，string 是标题字符串，被自动设置在轴的正中顶部。
- xlabel（'string'）　添加横轴坐标名，string 是坐标名字符串，自动与坐标轴居中对齐。
- ylabel（'string'）　添加纵轴坐标名，string 是坐标名字符串，自动与坐标轴居中对齐。

- zlabel（‘string’）　添加 Z 轴坐标名，string 是坐标名字符串，自动与坐标轴居中对齐。
- legend（‘string1’,’string2’，…）　添加图例，string1、string2、…是图例名或说明性文本，默认绘制在轴的右上角处，其中还包括绘制在轴内曲线的颜色、线型和数据点形。
- text（x，y，’string’）　x，y 是文本注释的坐标值，该坐标值使用当前轴系的单位设置，这个坐标是注释文本的起点；string 是文本注释内容。如果 x，y 是向量，则在所有给定位置处添加文本。如果’string’是一个行数与 x 和 y 长度相等的数组，’string’数组每行分别标注在对应点位置处。

2. 文本标注字体

在创建图形标识时，如果没有指定标注的文本字体属性，MATLAB 使用默认的字体属性。设置或修改文本字体属性可以使用 set 函数命令实现，也可以在创建文本标注的时候进行设置。有关字体本身的属性包括有：

- fontname　字体名称，例如 Arial、Courier、Roman、宋体、隶书、黑体、…。
- fontsize　字体大小，整数值，默认值为 10 points。
- fontweight　字体的粗细属性。
- fontunits　字体大小的度量单位，默认为 point（磅）。

3. 特殊字符、上下标和字体式样

在图形注释文本和标识中，常常需要使用一些特殊字符，例如希腊字母、数学符号等特殊字符，也时常需要使用上、下标字体表示，甚至在标注中需要对使用字体、字体风格、字体大小等进行变换和设置，以实现更丰富的字体标注。

MATLAB 使用了 LaTex 字符集，利用这个字符集，就可以在图形文本标注中使用特殊字符，表 4-3 列出了 MATLAB 可用的 LaTex 字符集。在使用中，一定要注意不要忘记“\”符号，否则 MATLAB 会按照普通文本处理这些字符。

表 4-3　MATLAB 中可用的 LaTex 字符集

标识符	符　号	标识符	符　号	标识符	符　号	标识符	符　号	标识符	符　号
\ alpha	α	\ upsilon	υ	\ exists	∃	\ subseteq	⊆	\ sim	~
\ beta	β	\ phi	Φ	\ bullet	.	\ subset	⊂	\ leq	≤
\ gamma	γ	\ chi	χ	\ ni	∍	\ int	∫	\ infty	∞
\ delta	δ	\ psi	ψ	\ div	÷	\ in	∈	\ clubsuit	♣
\ epsilon	ε	\ omega	ω	\ cong	≌	\ o	o	\ diamondsuit	♦
\ zeta	ζ	\ Gamma	Γ	\ neq	≠	\ rfloor	⌋	\ heartsuit	♥
\ eta	η	\ Delta	Δ	\ equiv	≡	\ lceil	⌈	\ spadesuit	♠
\ theta	θ	\ Theta	Θ	\ approx	≈	\ nabla	▽	\ leftrightarrow	↔
\ vartheta	ϑ	\ Lambda	∧	\ aleph	ℵ	\ lfloor	⌊	\ leftarrow	←
\ iota	ι	\ Xi	Ξ	\ Im	ℑ	\ cdot	.	\ uparrow	↑

（续）

标识符	符　号	标识符	符　号	标识符	符　号	标识符	符　号	标识符	符　号
\ kappa	κ	\ Pi	Π	\ Re	ℜ	\ ldots	…	\ rightarrow	→
\ lambda	λ	\ Sigma	Σ	\ wp	℘	\ perp	⊥	\ downarrow	↓
\ mu	μ	\ Upsilon	γ	\ otimes	⊗	\ neg	¬	\ circ	o
\ nu	ν	\ Phi	Φ	\ oplus	⊕	\ prime	'	\ pm	±
\ xi	ξ	\ Psi	Ψ	\ oslash	∅	\ wedge	∧	\ geq	⩾
\ pi	π	\ Omega	Ω	\ cap	∩	\ times	×	\ propto	∝
\ rho	ρ	\ tau	τ	\ cup	∪	\ 0	∅	\ varpi	ϖ
\ sigma	σ	\ forall	∀	\ supseteq	⊇	\ rceil	⌉	\ copyright	©
\ varsigma	ς	\ partial	∂	\ supset	⊃	\ surd	√	\ langle	〈
				\ vee	∨	\ mid	|	\ rangle	〉

在图形文本标注中，如果需要进行上标或者下标文本的标注，可使用下画线“_”字符和向上三角“^”字符实现。其中，上标标注的格式为：^{string}，string 是上标文本内容，必须用一对大括号括起来；下标标注的格式为：_{string}，string 是下标文本内容，也必须用一对大括号括起来。

如果在标注的文本中需要改变部分文本的字体，或者字体风格，或者字体大小，可以使用下面的标识符组合完成。

- \ fontname {arg_ fontname}　输入参数 arg_ fontname 是字体名称，例如 Courier、Roman、宋体等。
- \ bf　加粗字体。
- \ it　斜体。
- \ rm　正常字体。
- \ fontsize {arg_ fontsize}　输入参数 arg_ fontsize 是字体号，默认值为 10，单位为 point（磅）。

设置字体名称、风格或者大小将直接影响接在定义符后面的文本内容，直到下一个字体定义符出现。

【例 4-6】 某 *RLC* 电路出现振荡放电，放电过程中电流电压为 $i = 8.09 \times 10^6 e^{-5\times10^4 t}\sin(3.09 \times 10^5 t)$ A，$u_L = -1.52 \times 10^4 e^{-5\times10^4 t}\sin(3.09 \times 10^5 t - 1.41)$ V，$u_L = 1.52 \times 10^4 e^{-5\times10^4 t}\sin(3.09 \times 10^5 t + 1.41)$ V，绘制电流电压的变化波形曲线。绘制的图形以 ωt 为横轴，范围为 4 个周波。

```
>> wt = 0:pi/100:4*pi;
>> t = wt/309000;
>> i_t = 8090*exp(-50000*t).*sin(wt);
>> uL = -15200*exp(-50000*t).*sin(wt-1.41);
>> uC = 15200*exp(-50000*t).*sin(wt+1.41);
>> plot(wt,i_t,'r',wt,uL,':b',wt,uC,'--k')
```

```
>> grid on
>> axis([0 4*pi  -20000 20000])         % 设置坐标轴范围
>> legend('i(t)','u_{L}(\itt\rm)','u_{C}(\itt\rm)')
                                        % 设置图例,并进行了下标字体和斜体设置
>> title('RLC 振荡电路的电流电压波形')
                                        % 添加图形标题
>> xlabel('\omegat/rad','fontname','calibri','fontsize',12)
                                        % 添加横轴坐标名，并进行了字体、大小等设置
>> ylabel('\fontname{宋体}\fontsize{12}电压/V,\bf 电流/kA')
                                        % 添加纵轴坐标名
>> [imax,p_wt] = max(i_t);              % 求得最大电流值和所在位置
>> wt1 = wt(p_wt);                      % 求得最大电流值和所在位置
>> text(wt1,imax,['\leftarrow i_{max} =',num2str(imax),'kA'])
                                        % 在图形中标注注释文本
```

运行结果如图 4-8 所示。

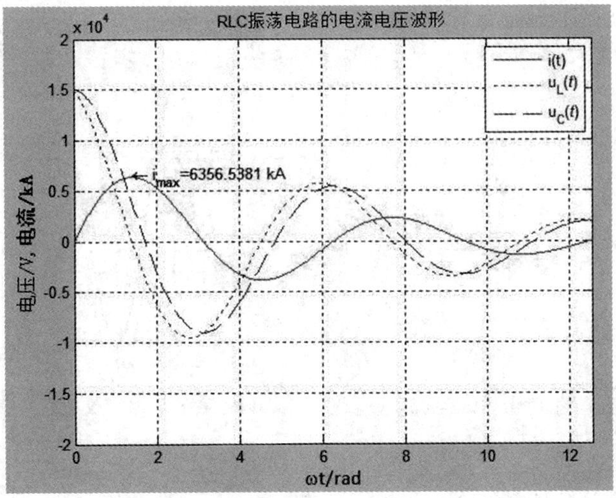

图 4-8　*RLC* 振荡电路的电流电压波形

4.2.5　叠绘

叠绘是在已绘制有曲线的当前坐标轴上增添新的曲线，并保持原有曲线不变。进行叠绘，首先需要使当前轴及图形对象处于保持状态，再使用绘图函数命令增添新曲线。MATLAB 提供了以下保持当前图形的命令：

- hold on　保持当前图形和所有轴属性不变，以保证随后的绘图命令在其上能增添新曲线。
- hold off　取消保持状态，返回默认模式，即随后的 plot 函数命令会刷新原有的图形，用新图形替代。
- hold　在 on 和 off 状态间切换。

【例 4-7】 某三相交流电系统发生空载三相突然短路后的 a 相短路电流为

$$i_a = [13.362\sqrt{2}\sin(\omega_s t - 90°) + 13.362\sqrt{2}e^{-50t}]\ \text{kA}$$

其中，$\omega_s = 2\pi f$，$f = 50\text{Hz}$。先绘制 a 相短路电流波形，再叠绘出短路电流中的周期分量和直流分量的电流波形。

```
>> t = 0:0.0001:0.08;
>> omega = 2*pi*50;
>> ia = 13.362*sqrt(2)*sin(omega*t-90*pi/180)+13.362*sqrt(2)*exp(-50*t);
>> ia_ap = 13.362*sqrt(2)*exp(-50*t);
>> ia_p = 13.362*sqrt(2)*sin(omega*t-90*pi/180);
>> plot(t,ia,'r','linewidth',2)
```

所绘制的图形如图 4-9 所示，只绘制了 a 相短路电流。

```
>> hold on                                    % 启动保持功能
>> plot (t, ia_p, '--b', t, ia_ap, '--b', 'linewidth', 2)
>> grid on
```

叠绘后的图形如图 4-10 所示，在原有图形基础上添加了两条新曲线。

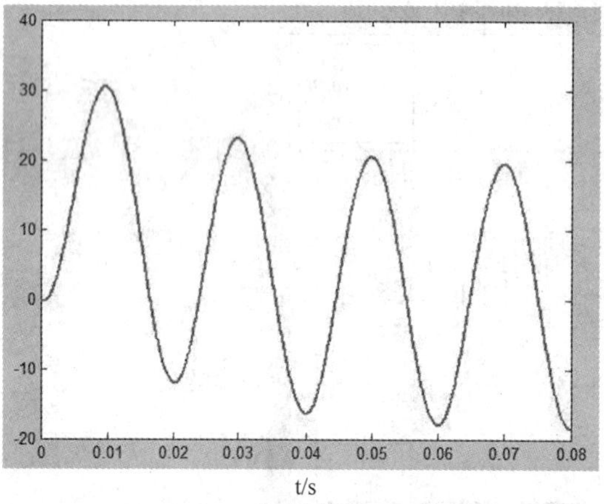

图 4-9　叠绘前的图形

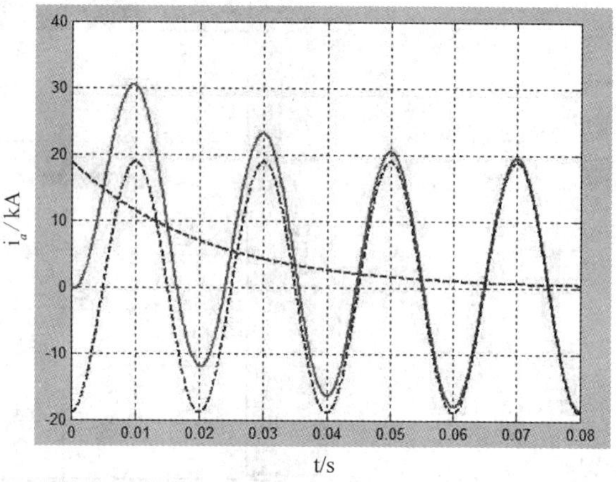

图 4-10　叠绘后的图形

4.2.6　多子图

在数据可视化中，时常需要在一个图形窗体中绘制出多幅图形，以便于将几个独立图形进行比较，其中每一幅图形称为一个子图。这种具有多子图的图形窗体，实质上有多个坐标轴，每个坐标轴为一个绘图区域，彼此相互独立。在 MATLAB 中，提供了 subplot 函数来创建或指定多子图的坐标轴，其基本用法如下：

- subplot（m，n，p）　使 m×n 幅子图中的第 p 幅子图成为当前图。将图形窗口分为 m 行、n 列坐标轴（绘图区域），p 是按从上到下、从左到右顺次编序的第 p 个，已就是从第一行开始，按从左到右编号，再第二行，依次类推。如果 p 是一个向量，创建（或指定）一个覆盖 p 中所列所有子图位置的轴位置。
- subplot（'position'，[left bottom width height]）　在指定位置上创建子图坐标轴，

并成为当前图。指定位置的 4 个参数采用的是归一化的数值，取值范围为［0，1］，窗体的左下角为（0 ，0）坐标。其中，left 是指坐标轴距窗体左边距，bottom 是坐标轴距窗体的底边距，width 是图形窗的宽度，height 是图形窗的高度。

【例 4-8】 用多子图显示含噪信号及各信号分量的波形，有效信号为 $s=50\sin\omega t$，$\omega=2\pi f$，$f=50\text{Hz}$，噪声是均值为零、方差为 2 正态分布的白噪声信号。

```
>> wt =0:0.01:2*pi;                         % 横坐标以弧度为单位
>> s =50*sin(wt);
>> s_noise =2*randn(size(wt));
>> s_org =s +s_noise;
>> subplot(2,2,1), plot(wt,s_org,'r','linewidth',2)
>> axis([0,2*pi, -60,60]), title('含噪信号波形'), xlabel('\omegat/rad')
>> subplot(2,2,2),plot(wt,s,'b','linewidth',2)
>> axis([0,2*pi, -60,60]),title('有效信号波形'),xlabel('\omegat/rad')
>> subplot(2,2,3),plot(wt,s_noise,'b','linewidth',2)
>> axis([0,2*pi, -60,60]),title('噪声信号波形'),xlabel('\omegat/rad')
>> subplot(2,2,4),plot(wt,s_org,'r',wt,s,'b',wt,s_noise,'b','linewidth',2)
>> axis([0,2*pi, -60,60]),title('合成信号波形'),xlabel('\omegat/rad')
```

所生成的图形如图 4-11 所示。图中包含了 4 个子图，按 2 ×2 布局。

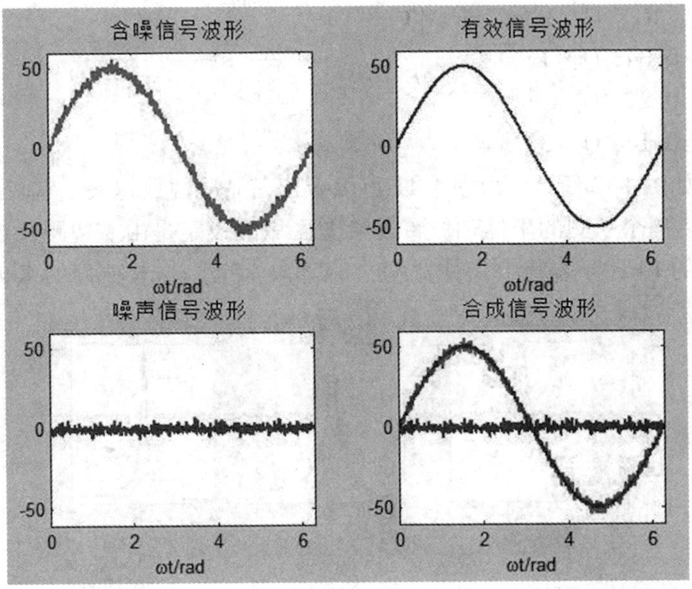

图 4-11　含噪信号波形图

【例 4-9】 绘制串联谐振电路品质因数 Q 分别为 5，10，20 的通用曲线。通用曲线函数式为

$$\frac{U_R(\eta)}{U}=\frac{1}{\sqrt{1+Q^2\left(\eta-\frac{1}{\eta}\right)^2}}$$

式中，$\eta=\omega/\omega_0$。

```
>> Q1 = 5; Q2 = 10; Q3 = 20;
>> eta = 0:0.01:2;
>> ur_u1 = 1./sqrt(1 + Q1^2*(eta - 1./eta).^2);
>> ur_u2 = 1./(sqrt(1 + Q2^2*(eta - 1./eta).^2));
>> ur_u3 = 1./(sqrt(1 + Q3^2*(eta - 1./eta).^2));
>> subplot(2,3,1), plot(eta, ur_u1, 'linewidth', 2)
>> title('品质因数 Q_{1} = 5', 'fontsize', 8)
>> xlabel('\eta = \omega/\omega_{0}')
>> ylabel('U_{R}/U', 'fontsize', 8)
>> subplot(2,3,2), plot(eta, ur_u2, 'linewidth', 2)
>> title('品质因数 Q_{2} = 10', 'fontsize', 8)
>> xlabel('\eta = \omega/\omega_{0}')
>> subplot(2,3,3), plot(eta, ur_u3, 'linewidth', 2)
>> title('品质因数 Q_{3} = 20', 'fontsize', 8)
>> xlabel('\eta = \omega/\omega_{0}')
>> subplot('position', [0.2 0.1 0.6 0.4])
>> plot(eta, ur_u1, eta, ur_u2, eta, ur_u3, 'linewidth', 2)
>> xlabel('\eta = \omega/\omega_{0}')
>> ylabel('U_{R}/U', 'fontsize', 8)
>> text(1.42, 0.34, 'Q_{1}')
>> text(1.35, 0.22, 'Q_{2}')
>> text(1.22, 0.14, 'Q_{3}')
```

所绘制的图形如图 4-12 所示。由图 4-12 可以看出，品质因数越大，串联谐振电路的选择性越好。本例中，最后一个子图的坐标轴位置及绘图区域的设定是由左边距（窗体宽度的 20%）、底边距（窗体高度的 10%）、宽度（窗体宽度的 60%）、高度（窗体高度的 40%）确定。

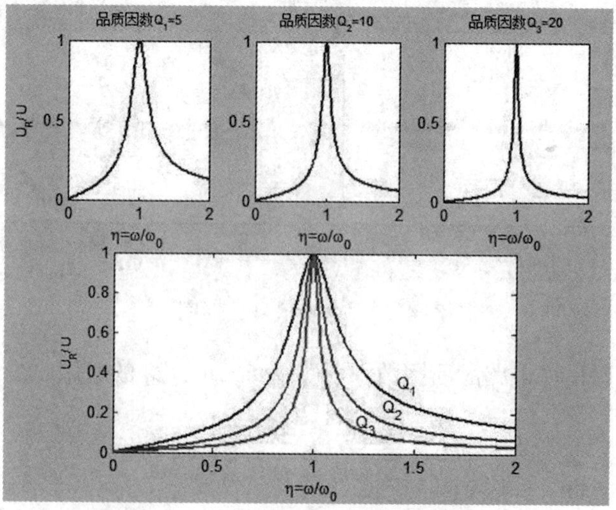

图 4-12　串联谐振电路的通用曲线

4.2.7　图形编辑

图形初步绘制完成后，时常需要对图形对象做进一步编辑和完善。读者可使用 MATLAB 所提供的命令、函数进行图形编辑，也可使用图形窗体中的菜单、快捷菜单命令或工具命令以交互方式来实现。这种交互方式的图形编辑更直观、快捷。

调用绘图函数命令后，图形窗体自动创建。也可使用 figure 命令创建图形窗体，该命令的常见调用格式如下：

- figure　创建一个新的图形窗体，并返回其句柄。
- figure(h)　如果图形句柄 h 已经存在，则该命令使得该图形窗体成为当前图形窗体；如果图形句柄 h 不存在，则创建一个句柄值（整数）为 h 的图形窗体对象。

如果希望了解当前或已知图形句柄的窗体信息，可以使用下面的命令：

- get(h)　返回句柄为 h 的图形窗体的属性名和当前属性值。
- set(h)　返回句柄为 h 的图形窗体的属性名和可能的属性值。

图形窗体有两种工作模式：显示模式和编辑模式。图形窗体在显示模式下，图形对象仅处于显示状态，不能编辑，此时用鼠标单击各图形对象不起作用。图形窗体在编辑模式下，可用鼠标单击需编辑的图形对象，并对选中图形对象进行需要的编辑。

进入图形编辑模式有以下几种方法：

1）图形窗体中菜单“Tools”→“Edit Plot”命令。

2）单击图形窗体工具栏中的“Edit Plot”按钮 。

3）执行“Edit”菜单下的命令或者“Insert”菜单下的命令。

4）在命令窗口中，执行“plotedit”命令。

进入图形编辑模式后，可以通过“Insert”菜单下的菜单命令向图形窗体添加各种元素，例如添加 X、Y、Z 坐标轴名、图名、图例、线段、矩形、箭头、文本框等。也可以用鼠标选中需要编辑的图形对象，然后单击鼠标右键，使用弹出的快捷菜单命令对所选对象进行编辑。对所选中的对象，使用属性编辑器设置对象的属性是一种很好的编辑方法，也是使用者了解和掌握图形对象属性的一种有效途径，这对于今后程序设计和 GUI 设计都非常有益。

图形对象属性编辑器的打开方式有如下几种：

1）执行“Edit”菜单下的“Figure Properties…”、“Axes Properties…”、或者“Current Object Properties…”命令。

2）执行鼠标右键快捷菜单下的“Show Property Editor”命令。

3）执行“View”菜单下的“Property Editor”命令。

4）在命令窗口中执行命令“Propedit”。

利用属性编辑器能够编辑图形窗体中各种对象的相关属性，具体操作请读者多加实践和练习。

在图形窗体中，通过“Tools”菜单命令或者工具栏按钮命令，可对图形进行缩放、平移、旋转等操作，也可查看图形数据点的坐标值，还可进行数据统计处理等。

选择工具栏中的取点按钮  或者执行“Tools”菜单下的“Data Cursor”命令，然后用鼠标在图形窗体中单击需要取点的数据点，在图形中会显示该数据点的坐标值。

4.3　三维图形的绘制

三维图形是在三维空间中绘制，其坐标轴系统具有 x 轴、y 轴和 z 轴，数据可视化能力较二维图形更强。绘制三维图形的基本过程也包括数据准备、创建图形窗体并选择坐标轴位置、调用绘图函数命令绘制图形、图形表现效果修饰与编辑等。

4.3.1　三维曲线的绘制

绘制三维曲线首先也是需要进行数据准备，即生成 x 轴、y 轴和 z 轴的数据点向量或矩阵，这个过程与绘制二维曲线方法基本一样。

绘制三维曲线的基本函数是 plot3 函数，其调用格式和 plot 非常相似。plot3 函数具体的调用格式如下：

- plot3（X，Y，Z）　X、Y、Z 是同维向量时，绘制以 X、Y、Z 元素为 x、y、z 坐标的三维曲线；X、Y、Z 是同维矩阵时，绘制以 X、Y、Z 对应列元素为 x、y、z 坐标的三维曲线，曲线的条数等于矩阵的列数。
- plot3（X，Y，Z，s）　其中，s 与二维情况完全相同，是用来指定线型、颜色和数据点形的选项字符串。
- plot3（x1，y1，z1，s1，x2，y2，z2，s2，…）　由四元组（xi，yi，zi，si）绘制曲线的组合，不同四元组之间没有约束关系。

plot3 函数主要用来表现单参数的三维曲线。

【例 4-10】 绘制螺旋线的三维图形，螺旋线的参数方程为

$$x = a\cos\omega t\ ,\ y = a\sin\omega t\ ,\ z = vt$$

在上面的参数方程中，取 $a=15$，$\omega=\pi/6$，$v=10$。

```
>> a = 15;omega = pi/6;v = 10;
>> t = 0:pi/100:50*pi;                       % 生成时间数据点向量
>> x = a*cos(omega*t);                       % 生成 x 轴数据点向量
>> y = a*sin(omega*t);                       % 生成 y 轴数据点向量
>> z = v*t;                                  % 生成 z 轴数据点向量
>> plot3(x,y,z)                              % 调用 plot3 绘制三维曲线
>> grid on                                   % 添加网格线
>> title('spiral plot')                      % 添加图名
>> xlabel('x'),ylabel('y'),zlabel('z')       % 标注坐标轴名称
```

绘制的三维螺旋曲线如图 4-13 所示。

4.3.2　三维曲面图和网线图的绘制

绘制函数 $z=f(x,y)$ 所代表的三维空间曲面或网线图前，需要做绘制数据的准备。通常，采用下面基本步骤进行：

（1）确定自变量 x，y 的取值范围和取值间隔，按 x = x1:dx:x2,y = y1:dy:y2 指令格式生成。

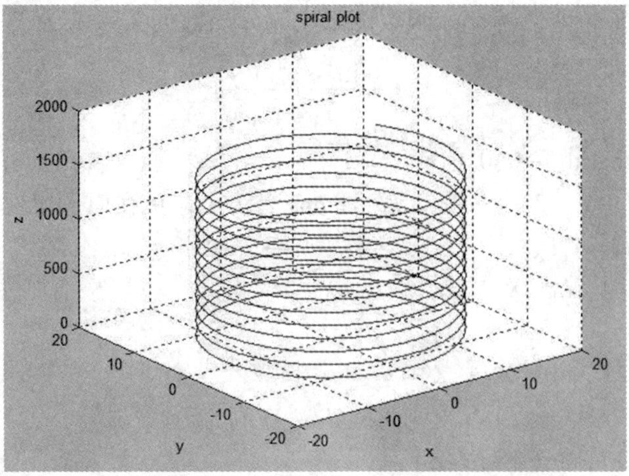

图 4-13　绘制三维螺旋曲线

(2) 生成 *xy* 平面上的自变量“格点”矩阵。通常，采用下面指令格式生成：

- [X,Y] = meshgrid(x,y)　输出矩阵 X 的行是向量 x 的复制，输出矩阵 Y 的列是向量 y 的复制。
- [X,Y] = meshgrid(x)　这种格式相当于是[X,Y] = meshgrid(x,x)。

(3) 计算在 *xy* 平面上自变量“格点”上的函数值，即用函数关系式计算 $Z=f(X,Y)$。

在 MATLAB 中，通常使用 surf 函数来绘制三维曲面图，使用 mesh 函数来绘制网线图。两个函数的常用调用格式如下：

- surf（X，Y，Z，C）　绘制带颜色参数的曲面图。C 是指定各点用色的矩阵。
- surf（X，Y，Z）　绘制默认用色的曲面图。用色矩阵 C = Z。
- surf（Z）或 surf（Z，C）　以矩阵 Z 的列、行下标为 x，y 轴坐标绘制曲面，即[m，n] = size（Z），x = 1：n，y = 1：m。
- surf(…,'PropertyName',PropertyValue,…)　设置指定曲面属性的属性值。
- mesh(X,Y,Z,C)　绘制带颜色参数的网线图。C 是指定各点用色的矩阵。
- mesh(X,Y,Z)　绘制默认用色的网线图。用色矩阵 C = Z。
- mesh(Z)或 mesh(Z,C)　以矩阵 Z 的列、行下标为 x，y 轴坐标绘制网线图，即[m,n] = size(Z),x = 1:n,y = 1:m。
- mesh(…,'PropertyName',PropertyValue,…)　设置指定网线图属性的属性值。

曲面图和网线图的区别在于曲面图中的各个四边形单元（面）用颜色进行填充，而网线图仅对各个四边形的线段进行着色，各个四边形单元看上去是空的。

在 MATLAB 中，还有一些和 surf 函数命令、mesh 函数命令相互联系的函数命令，例如 surfl、surfc、meshc 和 meshz 等，它们的调用格式都和 surf、mesh 函数命令相似，只是在功能上有些区别。这些函数命令的主要功能如下：

- surfl　产生一个带有阴影效果的曲面。
- surfc　在 surf 命令绘制的三维曲面图下增加曲面的等高线。
- meshc　在 mesh 命令绘制的三维网线图下增加等高线。
- meshz　在 mesh 命令的作用之上增加绘制边界的功能。

【例 4-11】在三维空间绘制 sinc 函数图形，sinc 函数的关系式为

$$z = \frac{\sin\sqrt{x^2 + y^2}}{\sqrt{x^2 + y^2}}$$

```
>> [X,Y] = meshgrid( -8:0.5:8);
>> r = sqrt(X.^2 + Y.^2) + eps;    % 加 eps 是为了避免在原点出现 0/0 的不确定计算
>> Z = sin(r)./r;
>> subplot(2,3,1),surf(X,Y,Z)
>> title('surf 图')
>> subplot(2,3,2),surfl(X,Y,Z)
>> title('surfl 图')
>> subplot(2,3,3),surfc(X,Y,Z)
>> title('surfc 图')
>> subplot(2,3,4),mesh(X,Y,Z)
>> title('mesh 图')
>> subplot(2,3,5),meshc(X,Y,Z)
>> title('meshc 图')
>> subplot(2,3,6),meshz(X,Y,Z)
>> title('meshz 图')
```

所绘制的三维曲面图和三维网线图如图 4-14 所示。图中，生成了 2×3 幅多子图，读者可仔细观察和比较，以更好地理解各命令绘制图形的功能和特征。

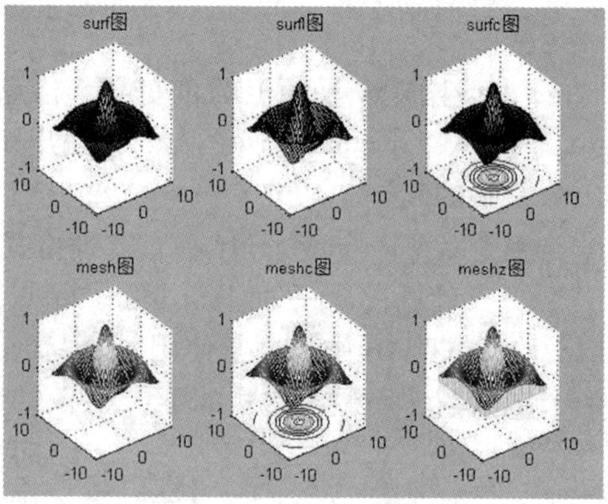

图 4-14　三维曲面图和三维网线图

4.3.3　三维图形编辑

对于三维图形，除了可以像二维图形那样编辑线型、颜色、数据点形、图名、坐标名和图例等外，还可以编辑三维图形的视角、着色、明暗、光照、材质和透视等，以增强三维图形数据可视化的表现效果。

1. 视角设置

对于三维空间图形，通过改变观察点的位置和角度，可以获得不同的视觉效果。在 MATLAB 中，使用 view 函数命令可进行视角设置，其常见调用格式如下：

- view(AZ,EL)或 view([AZ,EL])　通过方位角（Azimuth）和仰角（Elevation）设置视点。它们的单位是“度”。设想通过视点与 z 轴组成的平面和 xy 平面有一条交线，该交线和 y 轴的负方向之间的夹角，就是视点的方位角，其正值表示反时针旋转到视点的方位角。视点与坐标原点连接的直线和 xy 平面的夹角，就是视点的仰角，其正值表示在 xy 平面之上，负值表示在 xy 平面之下。默认的视角为 AZ = −37.5，EL = 30。
- view([x,y,z])　通过直角坐标设置视点。x，y，z 是视点的直角坐标值。

2. 色彩设置

图形的色彩是图形的主要表现因素，丰富的颜色变化可以让图形更具有表现力。在

MATLAB 中，提供了多种色彩控制，涉及背景颜色、图形颜色、数值轴颜色和着色方式等设置，下面主要介绍图形颜色设置和着色方式设置，其他内容请参阅帮助文档或相关文献。

MATLAB 采用颜色映像来处理图形颜色，即 RGB 色系。在 MATLAB 中，每种颜色都是由三个基色的数组［R G B］表示的。数组元素 R、G、B 分别表示红、绿、蓝三种基色的相对亮度，在［0 1］区间取值。通过对 R、G、B 大小的设置，可以调制出不同的颜色。例如，［0 0 0］是黑色，［0 0 1］是蓝色，［0 1 0］是绿色，［1 0 0］是红色，［0 1 1］是青色，［1 0 1］是品红色，［1 1 0］是黄色，［1 1 1］是白色，这些也是前面介绍过的绘制命令 plot 所用颜色配比方案，只不过采用的是它们对应的字符表示，如 'k'，'b'，'g'，'r'，'c'，'m'，'y'，'w' 等。

调用颜色映像的基本命令是 colormap 函数，其基本格式是：

- colormap([R G B])　［R G B］是一个三列矩阵，行数不限，称为色图矩阵，可直接赋值或按某个数据规律产生。
- colormap(CM)　CM 代表预定义的色图矩阵，CM 返回维度为 64 ×3 的色图矩阵。
- colormap(CM(m))　CM 代表预定义的色图矩阵，CM（m）返回维度为 m ×3 的色图矩阵。

MATLAB 中预定义的色图矩阵名称及含义见表 4-4。

表 4-4　MATLAB 中预定义的色图矩阵名称及含义

名　称	含　义	名　称	含　义
autumn	红、黄浓淡色图	jet	蓝头红尾的饱和色图
bone	蓝色调灰度色图	lines	采用 plot 绘线色
colorcube	三浓淡多彩交错色图	pink	淡粉红色图
cool	青、品红浓淡色图	prism	光谱交错色图
copper	纯铜色调浓淡色图	spring	青、黄浓淡色图
flag	红、白、蓝、黑交错色图	summer	绿、黄浓淡色图
gray	灰色调浓淡色图	winter	蓝、绿浓淡色图
hot	黑、红、黄、白色图	white	全白色图
hsv	两端为红的饱和色图		

色图矩阵设定了图形中数据点的颜色，还需要设置非数据点处的着色方式，也称为浓淡处理设置。对于 surf、mesh、pcolor、fill 和 fill3 所创建的图形，由 shading 命令决定，其调用格式如下：

- shading flat　使用平滑方式着色。网线图的某条线段，或者曲面图的某个贴片都是一种颜色，该颜色取自线段的两端中，或者贴片 4 个顶点中下标最小那点的颜色。
- shading interp　使用插值的方式着色。网线图线段上，或者曲面图贴片上各点的颜色由该线段两端，或者该贴片 4 个顶点的颜色经线性插值而得。
- shading faceted　在 flat 用色基础上，再在贴片的四周勾画黑色网线，是系统默认的着色方式。

【例 4-12】绘制函数 peaks 的图形，并设置该图形的视角和颜色。

```
>> z = peaks (45);
>> surf (z)
>> view (25, 40)          % 设置视角，图形显示效果如图 4-15b 所示
>> colormap (cool)        % 调用 cool 色图，图形显示效果如图 4-15c 所示
>> shading flat           % 使用平滑方式着色，图形显示效果如图 4-15d 所示
```

peaks 是一个具有两个自变量的采样函数，通过对高斯分布进行转移和变标得到，其具体调用格式和含义请参见帮助文档。

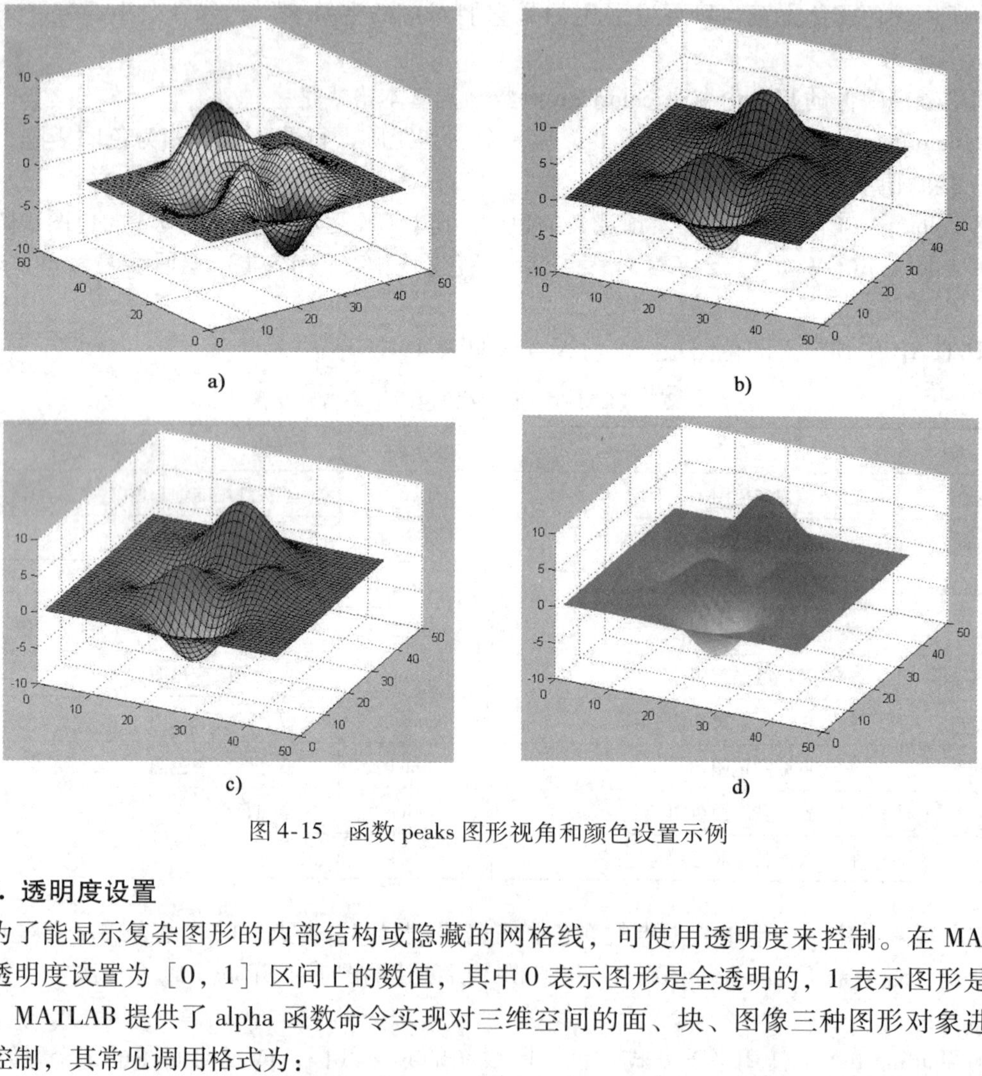

图 4-15　函数 peaks 图形视角和颜色设置示例

3. 透明度设置

为了能显示复杂图形的内部结构或隐藏的网格线，可使用透明度来控制。在 MATLAB 中，透明度设置为［0，1］区间上的数值，其中 0 表示图形是全透明的，1 表示图形是不透明的。MATLAB 提供了 alpha 函数命令实现对三维空间的面、块、图像三种图形对象进行透明度控制，其常见调用格式为：

- alpha（v）　若 v 是［0，1］区间上的一个标量数值，使所有的数据点都设置为相同的透明度；若 v 是线性数据向量，使数据点的透明度按照某个指定维度的方向线性变化。例如，alpha（x）的透明度值与 x 轴数据相同，alpha（y）的透明度值与 y 轴数据相同，alpha（z）的透明度值与 z 轴数据相同；若 v 是矩阵，使每个数据点选取不同的透明度，透明度值就是 v 矩阵。

【例 4-13】 显示 peaks 函数的不同透明度效果。

```
>> [x,y,z] = peaks(45);
>> subplot(2,2,1),surf(x,y,z)
>> shading interp
>> subplot(2,2,2),surf(x,y,z)
>> shading interp
>> alpha(0.5)                    % 透明度值取 0.5,所有数据点具有相同的透明度
>> title('scalar')
>> subplot(2,2,1),title('default alpha')
>> subplot(2,2,3),surf(x,y,z),shading interp
>> alpha(x),title('along x')     % 透明度沿 x 轴不断加强
>> subplot(2,2,4),surf(x,y,z),shading interp
>> alpha(y),title('along y')     % 透明度沿 y 轴不断加强
```

所创建的图形如图 4-16 所示。

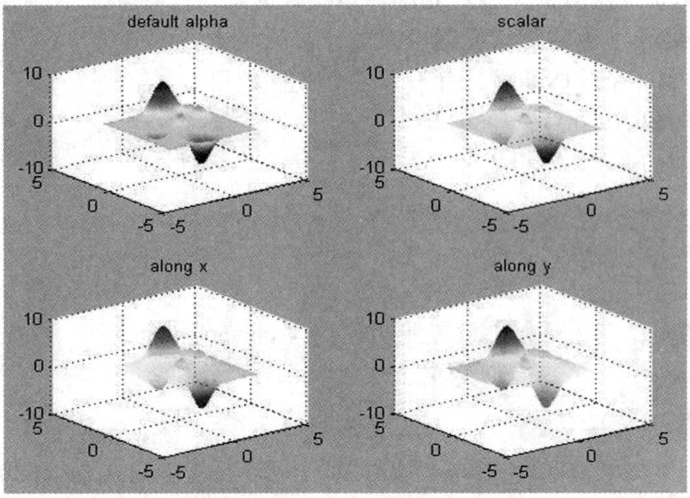

图 4-16　peaks 函数不同透明度效果

4. 照明设置

对三维图形进行恰当地灯光设置和照明模式处理，会使得图形显得更加美观、真实。

灯光设置是要设置光源的颜色、位置和类型。在 MATLAB 中，使用 light 命令进行灯光设置，其常见调用格式如下：

- light　采用默认的灯光设置，即灯光为白光、无限远、透过［1，0，1］射向坐标轴。
- light（‘PropertyName’，PropertyValue，…）　对灯光对象的属性进行设置，光源的颜色属性‘color’，其取值可采用 RGB 三元组或相应的色彩字符，如［1 0 0］或‘r’，都代表红光；光源的类型属性‘style’，其有两个取值，‘infinite’和‘local’，前者表示无限远光，后者为近光；光源的位置属性‘position’，其取值为直角坐标的三元数组形式，对于远光，它表示光线穿过该点射向原点，对于近光，它表示光源所在位置。

设定好光源后，可使用 lighting 命令进行照明模式设置。该命令的调用格式如下：

- lighting flat　入射光均匀照射在图形对象的每个面上，是默认模式，主要与 faceted 配合使用。
- lighting gouraud　先对顶点颜色进行插补，再对顶点勾画的面色进行插补。用于曲面表现。
- lighting phong　对顶点处法线进行插值，再计算像素的反光。表现效果最好，但比较耗时。
- lighting none　关闭所有的光源。

5. 材质设置

对图形对象的材质属性进行设置可以控制光照效果，也就是设置图形表面对光照反射的模式。在 MATLAB 中，可使用 material 命令来实现，适用于由 surf、mesh、pcolor、fill、和 fill2 函数绘制的曲面和贴片对象。Material 命令的调用格式如下：

- material shiny　使对象光亮。
- material dull　使对象暗淡。
- material metal　使对象呈金属光泽。该模式为默认设置。
- material default　返回默认设置模式。

【例 4-14】绘制一个球体曲面，并设置灯光光照效果。

```
>> [x,y,z] = sphere(40);
>> colormap(jet)
>> subplot(1,2,1),surf(x,y,z),shading interp
>> light('style','infinite','color','w','position',[-1,-10,2])        % 设置灯光为白
   色的远光,经(-1,-10,2)坐标
>> lighting phong               % 设置照明模式为 phong
>> material metal               % 设置材质为 metal
>> axis equal
>> subplot(1,2,2),surf(x,y,z),shading flat
>> light,lighting flat          % 采用默认灯光设置,照明模式为 flat
>> axis equal
```

绘制的图形如图 4-17 所示。

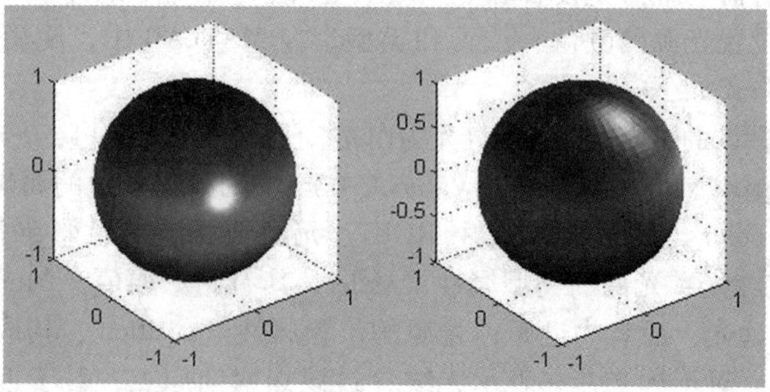

图 4-17　球体图形光照效果

4.4　特殊图形的绘制

MATLAB 为用户提供了不少用于绘制特殊图形的函数命令，使用这些函数命令可以很方便地绘制出所需要的特殊图形。例如，特殊坐标轴图形有对数坐标图、半对数坐标图、极坐标图和柱坐标图等；常见的特殊图形有面积图、直方图、条状图、饼图、杆图和矢量图等。

4.4.1　特殊坐标轴图形

1. 对数坐标图

在很多工程问题中，通过对数据进行对数转换可以更清晰地看出数据的某些特征。对数坐标轴采用对数刻度，其上的图形可以直观地表现出这种对数转换。对数坐标图有双对数坐标图和半对数坐标图两种。其中，双对数坐标图是使用 loglog 函数命令绘制的图形，其两个坐标轴都使用了对数刻度。半对数坐标图使用 semilogx 或者 semilogy 函数命令绘制的图形，semilogx 对应的 x 轴用对数刻度，y 轴用普通线性刻度；semilogy 对应的 y 轴用对数刻度，x 轴用普通线性刻度。

函数 loglog、semiogx 和 semilogy 的调用格式与绘图函数 plot 的调用格式相同，仅是坐标轴的刻度不同而已。

2. 极坐标图

在 MATLAB 中，使用 polar 函数命令绘制极坐标图，其常用的调用格式如下：

- polar（theta，rho）　用角度 theta 和半径 rho 绘制极坐标图形，角度 theta 的单位为弧度。
- polar（theta，rho，s）　字符串 s 用于设置线型、标记和颜色，参见 plot 函数。

【例 4-15】绘制极坐标图形。

```
>> t=0:0.01:2*pi;
>> polar(t,sin(2*t).*cos(2*t),'--r')
```

所绘制的图形如图 4-18 所示。

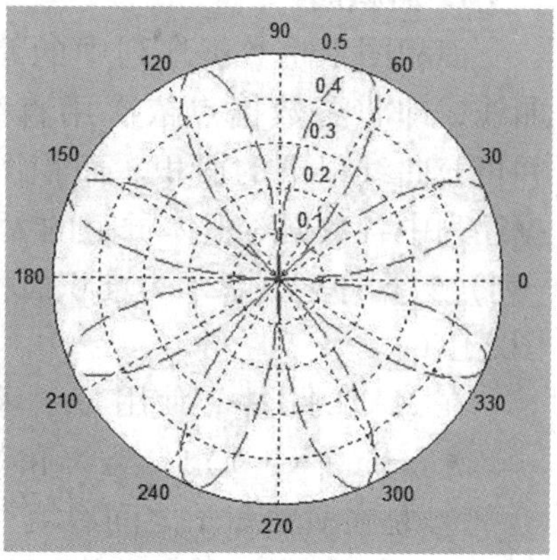

图 4-18　极坐标图

3. 双坐标轴图

当需要在同一个图中绘制具有同一自变量，但标度单位不同或者数量相差较大的函数曲线图形时，采用双坐标轴绘制可以使图形表达更加清楚和简练，有利于数据对比。所谓双坐标轴是指有两个纵轴，一个在左侧，另一个在右侧，它们的坐标刻度可以不同。

在 MATLAB 中，可使用 plotyy 函数命令来绘制双坐标轴图形。该函数的调用格式如下：

- plotyy(x1,y1,x2,y2)　以左纵轴绘制（x1，y1）的图形，以右纵轴绘制（x2，y2）的图形。
- plotyy(x1,y1,x2,y2,'Fun')　用字符串 Fun 指定的函数绘制每个图形。Fun 可以是 plot、loglog、semilogx、semilogy、stem、bar 等 MATLAB 中所有可以接受的二维绘图

命令。

- plotyy(x1,y1,x2,y2,'Fun1','Fun2')　图形左侧坐标轴用 Fun1(x1, y1) 绘制图形，右侧坐标轴用 Fun2（x2, y2）绘制图形。
- [AX, H1, H2] =plotyy（…）　输入参数格式同上，返回的 AX 是两个坐标轴的句柄，AX（1）是左侧轴，AX(2) 是右侧轴；H1 是左侧轴图形对象的句柄，H2 是右侧轴图形对象的句柄。

【例 4-16】 在同一图中绘制以下两个函数的图形。

$$y_1 = 200e^{-0.05t}\sin t\ ,\ y_2 = 2e^{-0.5t}\sin 4t$$

```
>> t=0:0.01:20;
>> y1=200*exp(-0.05*t).*sin(t);
>> y2=2*exp(-0.5*t).*sin(4*t);
>> subplot(1,2,1),plot(t,y1,t,y2)
>>title('plot graph')
>> subplot(1,2,2),plotyy(t,y1,t,y2,'plot')
>> title('plotyy graph')
```

绘制的结果如图 4-19 所示。由图 4-19 可见，在单轴曲线图中，由于 y_1 和 y_2 的数量级不同，在图 4-19a 中，无法清楚地表现 y_2 函数的变化规律，而在图 4-19b 中，由于采用了双坐标轴，左右纵轴刻度不同，清楚地表现出 y_1 和 y_2 两个函数的变化情况。

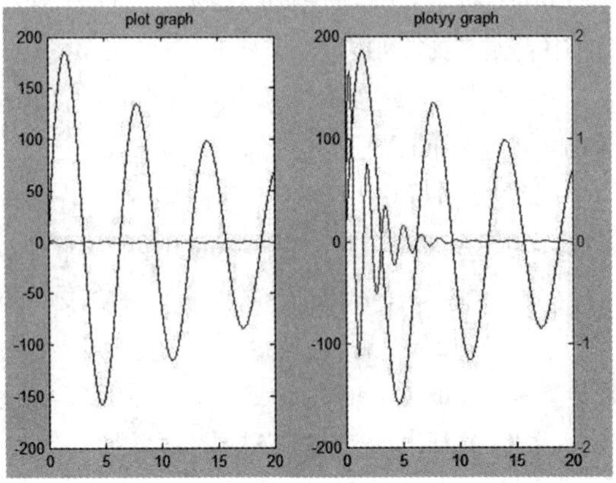

a)　b)

图 4-19　单轴和双轴图形

4.4.2　常用的特殊图形

1. 面积图

面积图是将数据序列中的元素显示为一条曲线，即将各数据点依次用直线连接而形成，并填充曲线以下的面积。面积图适合于表现数据序列中各数据对整体贡献的大小，或者表现数据随时间或类别变化的趋势线。对于多组（列）数据序列，显示为堆积面积图，即后一数据序列的面积图是堆积在前一数据序列面积图之上的。

在 MATLAB 中，使用 area 函数命令绘制二维面积图，其调用格式如下：

- area（X, Y）　当 X 和 Y 是向量时，这个命令绘图的结果和 plot（X, Y）相同，只是在横轴和 Y 之间有填充；当 X 是向量，Y 是矩阵时，则以向量 X 为横轴，以矩阵的列元素的累积数值为纵坐标数值绘制填充图形。
- area（Y）　当 Y 为向量时，以向量 Y 的下标值为横轴坐标，以向量 Y 的元素数值为纵轴坐标来绘制面积图；当 Y 为矩阵时，以矩阵 Y 的行下标为横轴坐标，以矩阵 Y 的每一列的值绘制面积图。

【例 4-17】 面积图绘制示例。

```
>> y= [2 4 1
```

```
      3 2 5
      2 1 2
      2 3 1];
>> area (y)
>> title ('area graph')
```

所绘制的图形如图 4-20 所示。由图 4-20 可见，数组 y 第 1 行 [2 4 1] 对应图形中横坐标为 1 的纵坐标分别为 2、6、7，即后者是在前者基础上的累积，其他行也是如此。

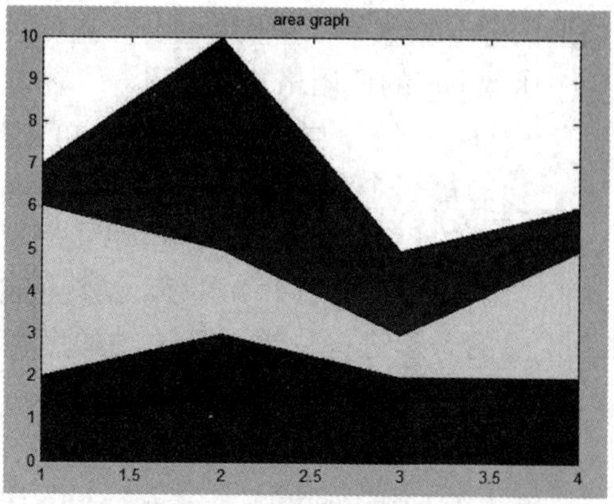

图 4-20　面积图

2. 饼图

饼图主要用于显示各项目与其总和的比例关系。饼图有二维饼图和三维饼图两种，pie 函数用于绘制二维饼图，pie3 函数用于绘制三维饼图。它们的调用格式如下：

- pie (X)　　使用向量 X 中的数据绘制二维饼图，X 中的每一个元素用饼图的一个扇区表示。
- pie (X, explode)　　将由 explode 指定的扇区从饼图中分离。向量 explode 必须与向量 X 具有相同的大小，explode 中非零所对应的扇区从中心分离。
- pie (…, Labels)　　用元胞数组 Labels 标注每个扇区，Labels 必须与 X 具有相同大小，且只能包含字符串。
- pie3 (X)　　使用向量 X 中的数据绘制三维饼图，X 中的每一个元素用饼图的一个扇区表示。
- pie3 (X, explode)　　将由 explode 指定的扇区从饼图中分离。向量 explode 必须与向量 X 具有相同的大小，explode 中非零所对应的扇区从中心分离。
- pie3 (…, Labels)　　用元胞数组 Labels 标注每个扇区，Labels 必须与 X 具有相同大小，且只能包含字符串。

【例 4-18】饼图绘制示例。

```
>> x = [1 2.6 1.6 3.4 2.2];
>> subplot(2,2,1),pie(x)
>> title('pie plot')
>> subplot(2,2,2),pie(x,[0 0 0 1 0],{'p1','p2','p3','p4','p5'})
>> title('pie plot with explode')
>> subplot(2,2,3),pie3(x)
>> title('pie3 plot')
>> subplot(2,2,4),pie3(x,[0 0 0 1 0])
>> title('pie3 plot with explode')
```

绘制的图形如图 4-21 所示。在多子图中，绘制了二维饼图和三维饼图。

3. 条形图

条形图是用水平条形或垂直条形来表示数组中元素的数值。在 MATLAB 中，分别用函数 bar 和函数 barh 绘制二维垂直条形图和二维水平条形图，分别用函数 bar3 和函数 bar3h 绘制三维垂直条形图和三维水平条形图。

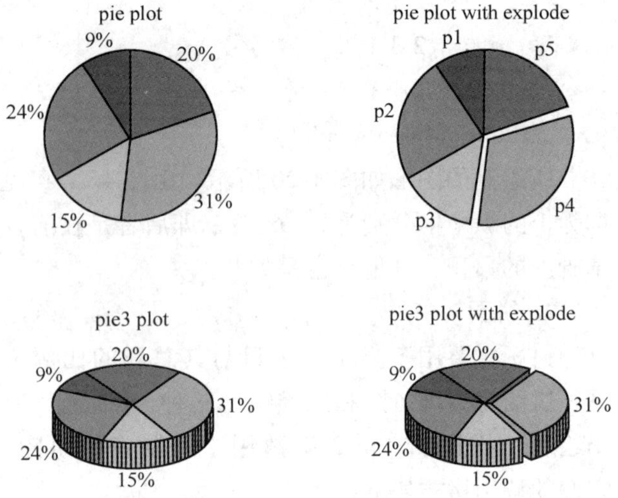

图 4-21　二维饼图和三维饼图

函数 bar 的调用格式如下：

- bar（Y）　当 Y 是向量时，Y 中的每一个元素绘制一个条形，x 轴的度量为 1：length（Y）；当 Y 是矩阵时，对每一行元素生成的条形进行分组，且 x 轴的度量为 1：size（Y，1）。
- bar（x，Y）　在 x 指定的位置上绘制 Y 中每个元素的条形。
- bar（…，width）　参数 width 用来设置条形的相对宽度和条形之间的间距，其默认值是 0.8。如果 width = 1，则条形之间没有间距；如果 width > 1，条形之间将有重叠。
- bar（…，'style'）　参数 style 用来设置条形的形状类型，可以选择“group”和“stack”。其中，“group”是默认值，设定为垂直的分组条形图模式；如果选择“stack”，设定为垂直堆积条形图模式。

函数 barh 的调用格式与 bar 相同，只是所绘制图形为水平条形图。函数 bar3 和函数 bar3h 的调用格式与函数 bar 基本相同，只是由于绘制的是三维条形图，函数调用中的参数 style 的取值为“detached”、“grouped”或者“stacked”，默认值是“detached”。

【例 4-19】 绘制二维条形图。

```
>> y_data = [8 3 4;6 8 5;9 4 3;4 7 8;5 6 4];
>> subplot(2,2,1),bar(y_data)
>> title('分组垂直条形图')
>> subplot(2,2,2),bar(y_data,'stack')
>> title('堆积垂直条形图')
>> subplot(2,2,3),barh(y_data,0.9)
>> title('分组水平条形图')
>> subplot(2,2,4),barh(y_data,'stack')
>> title('堆积水平条形图')
```

绘制的图形如图 4-22 所示。

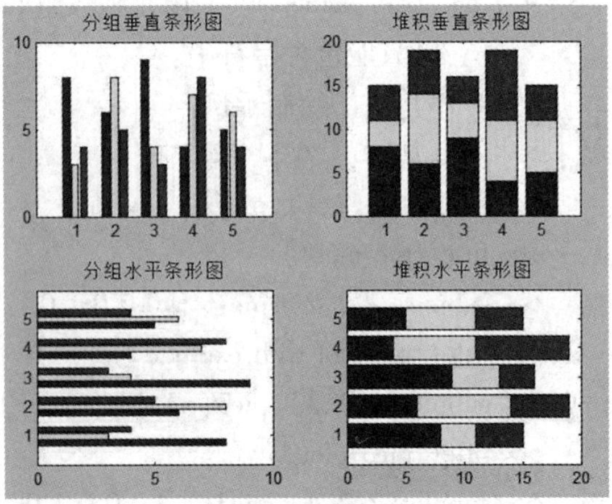

图 4-22　二维条形图

【例 4-20】 绘制三维条形图。

```
>> clf
>> y_data = [8 3 4;6 8 5;9 4 3;4 7 8;5 6 4];
```

```
>> subplot(2,2,1),bar3(y_data,'detached'),title('Detached')
>> subplot(2,2,2),bar3(y_data,'grouped'),title('Grouped')
>> subplot(2,2,3),bar3(y_data,'stacked'),title('Stacked')
>> subplot(2,2,4),bar3(y_data,0.4,'stacked'),title('Width =0.4')
```

绘制的图形如图 4-23 所示。仔细观察图中所绘图形的各自表现风格，体会 style 的设置。

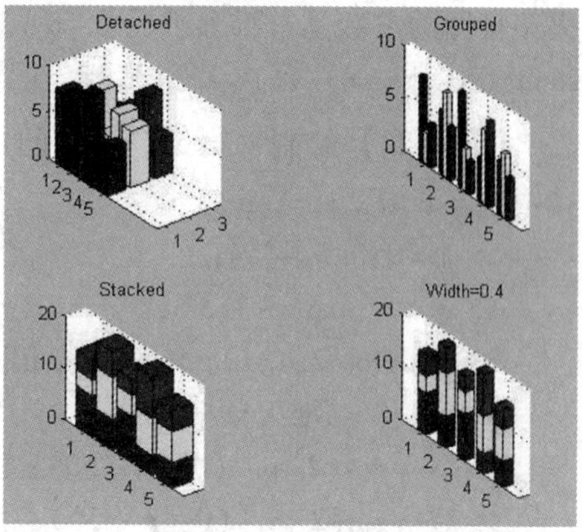

图 4-23　三维条形图

4. 直方图

直方图又称柱状图，是用来显示数据的分布情况的一种图，比如显示一组数据的概率分布。直方图是由一系列高度不等的纵向条纹或线段表示数据分布的情况，一般用横轴表示数据类型，纵轴表示分布情况。在 MATLAB 中，使用 hist 函数命令来绘制直方图，该函数会计算输入向量中数据落入某一范围的数量，而绘制的条纹高度或者长度则表示落入该范围的数据的个数。

函数 hist 的调用格式如下：

- hist(Y)　当 Y 是向量时，将 Y 中的元素分到 10 个间隔相同的条形中，并返回每个条形中元素的个数；当 Y 是矩阵时，对每一列生成直方图。
- hist(Y, X)　X 是向量，返回以 X 元素为中心的各条形中 Y 的分布，第一个条形包含了 inf 和第一个中心之间的数据，最后一个条形包含了最后一个条形中心与 inf 之间的数据。
- hist(Y, nbin)　nbin 是一个标量，生成 nbin 组条形。

【例 4-21】绘制直方图。

```
>> x = -3:0.1:3; y1 = randn(1000,1); y2 = rand(1000,1);
>> subplot(1,2,1),hist(y1,x), title('正态分布')        % 绘制结果如图 4-24a 所示
>> subplot(1,2,2),hist(y2), title('均匀分布')          % 绘制结果如图 4-24b 所示
```

5. 火柴杆图

火柴杆图可用于表现离散数据，由火柴杆图可以很直观地看出每个数据点的函数数值的大小情况。在 MATLAB 中，提供有函数 stem 和 stem3。其中，stem 函数用于绘制二维火柴杆图，stem3 函数用于绘制三维火柴杆图。

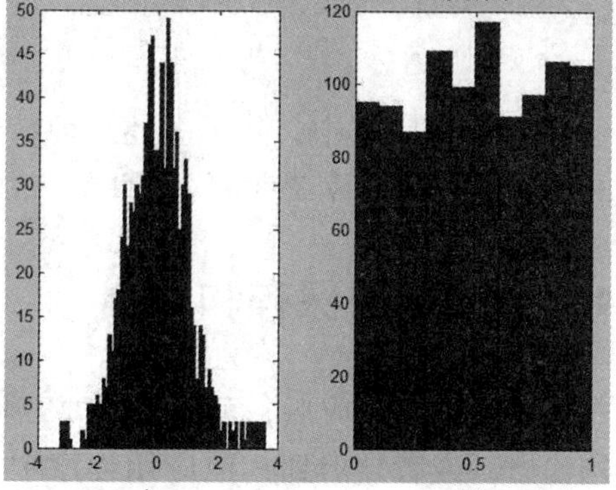

a)　　b)

图 4-24　直方图

绘图函数 stem 的常见调用格式如下：

- stem（Y）　当 Y 是向量时，将数据序列 Y 绘成沿 x 轴等间距排列的火柴杆图，即将数据显示为从 x 轴垂直向外延伸的直线，直线末端有一个小圆点（默认设置）或其他标记，纵坐标代表每个火柴杆终点的数据值；当 Y 是矩阵时，用行中的所有元素对相同的 x 值绘制图形。

- stem(X,Y)　在 X 中指定的数值处绘制数据序列 Y。
- stem(…,'fill')　指定对火柴杆末端的数据点标记进行颜色填充。
- stem(…,LineSpec)　参数 LineSpec 指定火柴杆图的线型、颜色和数据点形。

绘图函数 stem3 的调用格式与函数 stem 基本相同，只不过是绘制在三维空间中，且绘制火柴杆图的参数是三维参数，如 stem3(Z) 是将数据序列 Z 表示为垂直于 xy 平面的火柴杆，stem3(X, Y, Z) 是在 X 和 Y 指定的点处绘制数据序列 Z 的火柴杆图。

【例 4-22】绘制 $y = 5e^{-\frac{1}{3}t}\sin t$ 的二维火柴杆图，并绘制 $z = |x| + |y|$ 的三维火柴杆图，其中 $x = \cos t$，$y = \sin t$。

```
>> t=0:0.5:4*pi;
>> y=5*exp(-1/3*t).*sin(t);
>> subplot(2,1,1),stem(t,y,'fill')
>> title('二维火柴杆图')
>> X=cos(2*pi*(0:49)/50);
>> Y=sin(2*pi*(0:49)/50);
>> Z=abs(X)+abs(Y);
>> subplot(2,1,2),stem3(X,Y,Z,'fill')
>> title('三维火柴杆图')
```

绘制的结果如图 4-25 所示。

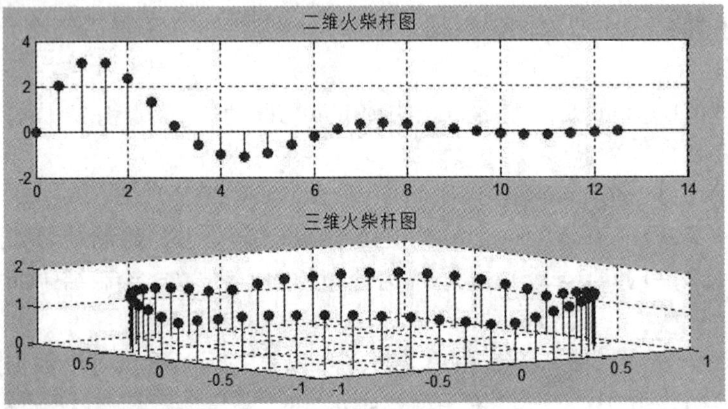

图 4-25　火柴杆图

在 MATLAB 中，除了上述 5 种特殊图形绘制函数外，MATLAB 还提供了其他特殊图形的绘制函数，请读者参阅 MATLAB 帮助文档或其他参考文献。

4.5 图形的保存和输出

图形绘制完成后，可根据需要，将图形保存为相应的图形文件，以便今后使用，或者打印输出，或者导出到其他应用程序中使用等。下面将介绍有关图形的保存、导出、复制等方法。

4.5.1　图形文件的保存和打开

在 MATLAB 中，可将绘制好的图形以图形文件的形式进行保存。MATLAB 支持将图形文件保存成为二进制格式的文件，这种文件的扩展名为 . fig，它只能够在 MATLAB 中打开和使用。该图形文件保存了整个图形窗体内容，包括图形、图形数据、标注、菜单和其他控件等。

若需要将图形保存为 fig 格式的图形文件，可按以下步骤进行：

（1）选择“File”菜单→“Save”命令或“Save As”命令，或者直接单击工具栏上的保存按钮，如果是第一次保存文件，弹出“Save As”对话框。

（2）在弹出的对话框中选择保存类型为 fig。

（3）并在“保存在（I）”处选定保存的目录，在“文件名（N）”处给定文件名。

（4）单击“保存”按钮。

在 MATLAB 中，若需要打开 . fig 格式的图形文件，可以通过“File”菜单→“Open”命令或者工具栏的打开按钮，选择所需打开的图形文件，按“OK”按钮即可打开。也可以通过直接双击该图形文件打开。

除了上述方法外，MATLAB 还提供了保存和打开图形文件的相应命令，Save As 命令用于保存图形文件，Open 命令用于打开图形文件，有关这些命令的具体使用请参见帮助文档。

4.5.2　图形文件的导出

除了 fig 格式图形文件外，MATLAB 还支持将所绘制图形保存成其他类型的图形文件，例如，* . ai，* . bmp，* . eps，* . emf，* . jpg，* . pcx，* . pbm，* . pdf，* . pgm，* . png，* . ppm，* . pkm，* . tif 格式文件。这些图形文件仅包含所绘制的图形，而不包含图形窗体中的菜单、工具栏、控件等内容。

若需要将所绘制图形保存为以上类型的图形文件，可以选择“File”菜单→“Save”命令或“Save As”命令，或者工具栏上的保存按钮，弹出“Save As”对话框，在“保存类型（T）”下拉列表中选择所需文件类型，并给定文件名，再按保存按钮即可。

还可以选择“File”菜单→“Export Setup…”，弹出“Export Setup”对话框。可在该对话框中设置一些导出属性和导出风格等，如图形尺寸、字体、线型、线宽和输出格式等。设置好后按“Export”按钮，弹出“Save As”对话框，随后操作与上面相同。

将绘制的图形保存为这些类型的图形文件后，就可应用于其他应用程序中。例如，将图形保存为 . jpg 的图形文件，在 Word 中通过插入图片的操作，可将该图形插入到 Word 文档中。

4.5.3　图形的复制

在 Windows 操作系统中，可以将图形窗体中的内容复制到任何一个 Windows 应用程序中。它是将图形窗体中的内容先复制到剪贴板上，再将剪贴板上的内容复制到 Windows 应用程序中。

若需要复制图形窗体中的图形，可通过选择“Edit”菜单→“Copy Figure”命令，将图形复制到剪贴板上。

为了控制复制的图形效果，可以通过选择“Edit”菜单→“Copy Options…”，或者“File”菜单→“Preferences”，在弹出的“Preferences”对话框中进行设置，以获得满意的图形效果。MATLAB 提供了两种 Windows 应用程序的复制模板：Word 和 Powerpoint，用户可以设置相应的模板选项。更加精细的设置需要在复制选项“Copy Options”中进行。

4.6　小结

MATLAB 具有强大的数据可视化功能，不仅能方便地绘制各种二维曲线图、三维曲线图、三维曲面图、三维网线图和特殊图形，还有很强的图形编辑功能。

绘制图形首先需要进行数据准备，对于连续函数的可视化，通常采用线性步长生成法来生成自变量的数据点，再用函数关系式计算函数值的数据点。

绘制二维曲线的基本函数是 plot，它有多种调用格式，可以一次绘制一条曲线，也可一次同时绘制出多条曲线，并可在调用格式中设定曲线的颜色、线型和数据点形，还可指定曲线宽度等曲线的属性。在绘制中，调用相应函数可进行坐标轴设置，如坐标范围、坐标轴显示方式、添加网格线、设置坐标间隔等；也可调用函数为图形添加标识，如标题、坐标轴名、图例和文本注释等。在绘制二维图形中，可以激活函数 hold 实现叠绘，调用函数 subplot 实现多子图绘制。对于已绘制的图形，在图形窗口中，可以对图形做进一步的编辑和修饰等。

三维曲线的绘制使用函数 plot3，其调用格式与 plot 基本相似。

绘制三维曲面图和网线图，需要调用函数 meshgrid 生成 x、y 轴的网格点矩阵，再利用函数关系生成 z 轴的网格点矩阵。曲面图采用函数 surf 绘制，网线图采用函数 mesh 绘制，还可采用 surfl 绘制带有阴影效果的曲面，采用 surfc 绘制带有等高线的曲面图，采用 meshc 绘制带有等高线的网线图，采用 meshz 绘制有边界线的网线图。三维图形的编辑功能很强，除了像二维图形那样的编辑功能外，还可以调用 MATLAB 提供的相应函数编辑视角、着色、明暗、光照、材质和透视等效果。

MATLAB 中提供了绘制多种坐标图形的函数，如对数坐标图、半对数坐标图、极坐标图、柱坐标图等，也提供了绘制多种特殊图形的函数，如面积图、饼图、直方图、条状图、杆图和矢量图等。

第 5 章　MATLAB 编程基础

MATLAB 可以像 C、C + +、Fortran 等高级语言一样进行程序设计，编写扩展名为 . m 的程序文件——M 文件。利用 MATLAB 强大的程序设计功能，可以非常灵活、高效地解决各种实际问题。本章将介绍 M 文件编辑调试环境和用 M 语言进行编程的方法。

5.1　概述

M 文件是一种程序文件，它是利用 MATLAB 提供的 M 语言来编写实现的。这种编程语言是一种高级编程语言，是一种解释性编程语言，利用该语言编写的程序代码仅能被 MATLAB 接收、解释和执行。

由于 MATLAB 是用 C 语言开发而成的，因此，M 语言文件的语法规则与 C 语言几乎一样。M 语言文件也是纯文本格式的文件，其文件的扩展名为 . m。利用任何一种纯文本编辑软件都可以编写 M 语言文件，例如 Windows 系统下的记事本、UltraEdit 等软件。为了方便程序的编辑、调试、编译，MATLAB 提供了一个 M 文件编辑器，它是系统默认的 M 文件编辑器。该编辑器是一个集成了编辑、调试、编译、运行等功能的编程开发环境，用户可在该集成环境中进行程序设计与开发。

M 文件有两种格式，即脚本和函数。脚本式 M 文件不接收输入参数，也不返回输出参数，它只是命令语句的简单叠加，与批处理文件很相似，它仅对工作空间的数据变量进行操作，所产生的新数据变量也是存放在工作空间中。函数式 M 文件可以接收输入参数，也可以返回输出参数，函数中的变量是局部变量。在 MATLAB 中的 M 文件绝大多数是函数式 M 文件。

MATLAB 的函数主要有两类：一类被称为内建函数，是由 MATLAB 的内核提供的，能够完成大量的基本运算，例如三角函数、指数函数、对数函数、矩阵运算函数等；另一类函数就是利用高级语言编写的函数文件，既包含 M 函数文件，也包含用 C 语言开发的 MEX 函数文件。有关 MEX 函数文件的内容已超出了本书的内容，请读者参阅相关文献。实际上，MATLAB 产品族中包含的工具箱是由世界上在相应专业领域内的专家、学者，利用 M 语言开发的算法函数文件库。

MATLAB 提供了几种不同的函数形式，可供用户在程序设计中使用，例如匿名函数、主函数与子函数、私有函数、嵌套函数等。

在 MATLAB 程序设计中，既可进行结构化的程序设计，也可进行面向对象的程序设计。结构化程序设计是采用自顶向下、逐步求精的程序设计思想，它使用三种基本控制结构来进行编写程序，即顺序结构、选择结构、循环结构，M 语言为结构化程序设计提供了相关指令和语法规则。面向对象程序设计是使用对象、类、继承、封装、消息等基本概念来进行程序设计，利用 M 语言也可以进行面向对象编程。有关面向对象编程的内容，请读者参阅 MATLAB 帮助文档或有关参考文献，本章只介绍有关结构化程序设计的相关内容。

5.2　编程环境

MATLAB 提供的 M 文件编辑器，是一个集成的开发环境。在该环境中，用户可以进行程序编写（编辑）、调试、编译和运行。

启动该编辑器有多种方法。当创建一个新的 M 文件，或者打开一个已有 M 文件时，编辑器将自动启动。进入编辑器环境后，用户可根据自己的需要定制编辑器风格。

创建一个新的 M 文件有以下几种方法：

1）创建一个空白文件时，可选择菜单命令 "File" → "New" → "Blank M-File"，或者按工具栏中的 "New M-File" 按钮，或者在命令窗键入并执行 Edit 命令。这些方法创建一个未命名的、空白的 M 文件，并且进入编辑器环境。当在命令窗口中键入并执行 edit filename. ext 时，若文件 filename. ext 在当前目录或者搜索路径上已存在，则打开该文件；若文件 filename. ext 在当前目录或者搜索路径上不存在，则弹出一个确定对话框，确定是否创建一个命名的文件。

2）创建一个带有预设函数文件结构的函数文件时，选择菜单命令 "File" → "New" → "Function M-File"。

打开一个已有的 M 文件有以下几种方法：

1）选择菜单命令 "File" → "Open"，弹出 Open 界面，选择所需打开的文件，按打开按钮，或者双击所选文件。

2）按工具栏中的 "Open file" 按钮，弹出 Open 界面，选择所需打开的文件，按打开按钮，或者双击所选文件。

3）在命令窗使用命令 Open 打开已有 M 文件，命令 Open 后应给出路径和文件名。

启动编辑器后，就进入到了编程和调试环境，图 5-1 给出了编辑器的一个界面示例。该环境是标准的窗口界面，从上到下依次包含有标题栏、菜单栏、工具栏、代码编辑区和状态栏等。界面大部分区域为代码或文本的编写区域，其左边的数字表示语句行的行号，其中数字右侧不带 " - " 的表示是非执行语句行，如注释行、空行等，右侧带 " - " 的为可执行语句。右下角为状态栏，显示光标所处的行号和列号。

用户可根据需要对编辑器环境进行个性化定制，选择菜单 "File" → "Preferences…"，弹出 Preferences 界面，展开 "Editor/Debugger"，有 "Display"、"Tab"、"Language"、"Code Folding"、"Autosave" 等项。用户可在这些页面中进行需要的设置和选项，具体请参阅帮助文档。

在编辑区中，为了使得代码更加具有可读性和高效编写，一方面采用语法突显，即对代码中不同的条目采用不同颜色显示，有助于发现匹配项元素，例如 if/else 语句颜色，还有未结束字符串（缺少一个单引号）与完整字符串用不同颜色显示等；另一方面，采用语句缩进，例如 if/else/end 中的语句体，较对应的 if/else/end 关键词间的内容进行缩进，这样使得编写的代码层次分明，也能避免编写过程中发生错误，如图 5-1 所示。语句缩进既可通过 "File" → "Preferences…" 设置实现自动缩进，也可通过空格键插入空格实现人工缩进。

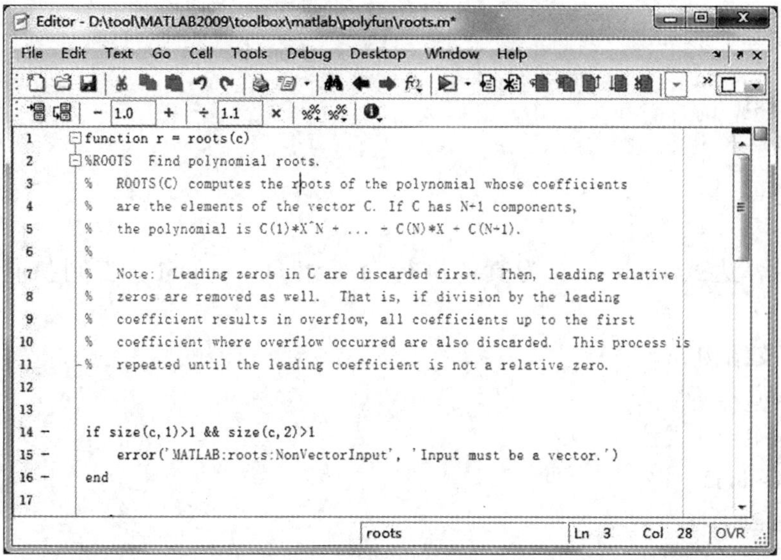

图 5-1　编辑器界面

5.3　程序结构与控制语句

程序结构一般可分为顺序结构、选择结构、循环结构三种。每种程序结构都有各自的流程控制机制，相互配合使用可以实现功能强大的程序。

5.3.1　顺序结构

顺序结构是指组成程序的所有语句按照由上至下的顺序依次执行的一种结构，它不需要任何流程控制语句，只是程序语句的简单罗列。顺序结构是最基本的程序结构，也是其他程序机构中的重要组成部分。前面章节各示例中的程序段都是典型的顺序结构。

5.3.2　选择结构

选择结构也称为分支结构，是根据一定条件选择执行不同的操作、实现不同功能的一种程序结构。选择结构的条件判断需要使用条件语句，在 MATLAB 中提供了 if 语句和 switch 语句。

1. if 语句结构

if 语句的选择结构有三种形式，其格式如下。

（1）单分支结构。

```
if expression
   statements
end
```

如果条件表达式 expression 为真，执行 if 与 end 之间的命令组 statements；如果条件表达式为假，则跳过该命令组。一般，条件表达式由关系表达式或者逻辑表达式组成，这些表达式返回的都是逻辑值 0 或者 1，作为条件判断的依据。

（2）双分支结构。

```
if expression
   statements1
else
   statements2
end
```

如果条件表达式 expression 为真，执行命令组 statements1，否则执行命令组 statements2。

（3）多分支结构。

```
if expression1
   statements1
elseif expression2
   statements2
elseif expression3
   statements3
…
else
   statementsk
end
```

如果条件表达式 expression1 为真，执行命令组 statements1，否则判断条件表达式 expression2；如果 expression2 为真，执行命令组 statements2，否则判断条件表达式 expression3，依次类推。如果所有条件表达式都为假，则执行 else 与 end 之间的命令组 statementsk。

if 语句可以相互嵌套，即根据实际需要在一个 if 语句中再嵌套一个或多个 if 语句，以实现比较复杂的功能。在编写时，为了增强程序的可读性，应使对应的 if-else-end 配对对齐，并逐层进行缩进。

【例 5-1】 用 if 语句编写计算某物品的一次销售金额，购买 10 件及以上，按 9.5 折计。

打开 m 文件编辑器以新建一个 m 文件，在编辑区中，输入以下语句：

```
unit_price = input('单价:');
item_num = input('购买数量:');
if item_num > =10
      total_price =0.95*unit_price*item_num;
else
      total_price = unit_price*item_num;
end
display(['总额:',num2str(total_price),'元'])
```

以 if_example1. m 为文件名保存。注意，文件 if_example1. m 必须保存在当前目录中或者在 MATLAB 搜索路径中的目录中，若目录不在搜索路径中，必须将该目录添加到搜索路径中。在命令窗口中，键入文件名 if_example，注意不要带“. m”，如下所示：

```
>> if_example1
```

运行，根据提示由键盘分别键入 29，20，运行结果显示如下：

单价：29

购买数量：20

总额：551 元

程序中，input 函数在运行时将给出输入字符串的提示信息，并等待用户从键盘输入，将输入赋值给变量。

【例 5-2】 用 if 语句编写将百分制转换为五级制（A、B、C、D、E）的程序。其对应关系为 A：90 ~ 100，B:80 ~ 89,C:70 ~ 79,D:60 ~ 69,E:60 以下。

```
% if_example2
hundred_score = input('please input test_score:');
if hundred_score > =90
    grade_score = 'A';
elseif hundred_score > =80 && hundred_score <90
    grade_score = 'B';
elseif hundred_score > =70 && hundred_score <80
    grade_score = 'C';
elseif hundred_score > =60 && hundred_score <70
    grade_score = 'D';
else
    grade_score = 'E';
end
disp(['corresponding grade_score:',grade_score])
```

以 if_example2. m 为文件名保存。在命令窗口中键入 if_example2，根据提示由键盘输入 86，运行显示结果为

```
>> if_ example2
please input test_ score: 86
corresponding grade_ score: B
```

2. switch 语句

对于多分支选择结构，正如上面所介绍，可以采用 if 语句来实现。如果多分支选择结构是基于值为整型或字符型量的表达式，或者是基于整型变量或字符型变量，则可使用 switch 语句来实现。

switch 语句结构的形式如下：

```
switch switch-expr
case case-expr1,
    statements1
case case-expr2
    statements2
case case-expr3
    statements3
```

```
…
otherwise
    statements
end
```

switch-expr 表达式的值是一个标量或者字符串。MATLAB 将 switch-expr 表达式的值依次与 case 后面的 case-expr 的值进行比较。如果相等，则执行该 case 后面的语句，然后跳出分支结构，执行 end 后面的语句；如果不相等，则与下一个 case 后面的 case-expr 的值进行比较。如果没有一个 case-expr 与之匹配相等，就执行 otherwise 后面的语句。

如果需要针对多个条件而使用同一个 case 分支的时候，需要使用元胞数组，即对应 case 命令后的 case-expr 为元胞数组。MATLAB 会将 switch-expr 的值与该元胞数组中的所有元素进行比较。如果元胞数组中某个元素与之相等，则比较结果为真，执行该 case 分支的语句。

【例 5-3】 switch 语句结构示例。

```
% switch_example.m
var = input('input a number:');
switch var
    case 0
        fvar = 10;
    case 1
        fvar = 20;
    case {2,3,4}
        fvar = 50;
    case 5
        fvar = 60;
    otherwise
        fvar = 80;
end
disp(['favr = ',int2str(fvar)])
```

保存文件 switch_ example.m。在命令窗口中运行 switch_ example，可验证程序的运行分支。在程序的 case 分支中，使用了元胞数组 {2，3，4}，如果 var 的值为 2、3 或者 4，则执行 fvar = 50。

5.3.3 循环结构

在解决许多问题的时候往往需要进行有规律的重复计算，直至指定任务完成为止，这时就要使用循环结构。在循环结构中，被重复执行的语句块称为循环体，控制循环流程的语句称为循环条件。

在 MATLAB 中，有两种循环结构，一种是循环次数确定的 for 循环，另一种是循环次数不确定的 while 循环。

1. for 循环

for 循环是用于循环次数已知或者预定的一种循环结构，其常用的调用格式如下：

```
for var = expr
  statements
end
```

其中，statements 是需重复执行的语句块，即循环体；var 是循环变量；expr 是表达式，其值是数组（矩阵）。

循环时，循环变量 var 首先取数组 expr 的第一列，执行循环体，再取数组 expr 的第二列，执行循环体，再取数组 expr 的第三列，执行循环体，依此方式进行循环，直至循环变量取数组 expr 的最后一列，并执行循环体后，循环结束。由上可知，循环次数就为数组 expr 的列数。

在实际应用中，表达式 expr 通常采用 start：inc：end 形式，这时它是一个行向量，每列仅为一个标量，其循环次数为该向量的长度。

【例 5-4】 for 循环示例：编写程序计算 $\sum_{n=1}^{100} n^2$ 。

```
% for_example1. m
nsum =0;
for n =1:100
     nsum = nsum + n^2;
end
disp(['result:',num2str(nsum)])
```

保存文件，并在命令窗口中运行，运行结果为

```
>> for_example1
result:338350
```

有必要说明，在使用 for 循环时，不能在循环体内重新对循环变量赋值来终止循环的执行，也不会因为在循环体内对循环变量重新赋值而终止循环。另外，for 循环也可以循环嵌套，但要注意每一对 for-end 的配对对齐和缩进书写。

【例 5-5】 for 循环嵌套示例。

```
% for_example2. m
N = input('enter order of matrix A:');
A = zeros(N);
for m =1:N
     for n =1:N
          A(m,n) =1/(m + n + 1);
     end
end
```

上面程序中，在循环结构之前，对要形成的数组 A 进行了预分配，这样可以提高程序的运算性能，具体将在 5.3.5 节中加以说明。

由于 i 和 j 是预定义变量，作“虚数单位”使用，建议不要把它们用做循环变量。

2. while 循环

while 循环是用于循环次数未知或者不确定，而由循环条件控制的一种循环结构，其常用的调用格式如下：

```
while expression
    statements
end
```

其中，statements 是循环体语句；expression 是循环条件表达式。

当 MATLAB 执行到 while 语句时，首先检测表达式 expression，如果其值为逻辑真（非0），则执行循环体中的语句，然后再返回检测表达式 expression，若仍为真，则循环执行循环体中的语句；一旦表达式 expression 为假，不执行循环体语句，结束循环，直接转到 end 后的语句执行。

通常，表达式 expression 的值是一个标量值，但也可以是数组或者矩阵。若为数组（或矩阵），则要求所有的元素都必须为真才执行循环体中的语句，否则结束循环。如果表达式 expression 为空数组，MATLAB 认为表达式值为假，不执行循环体。

【例 5-6】while 循环示例：生成元素小于 500 的 Fibonacci 数组，该数组的元素满足$a_k = a_{k-1} + a_{k-2}$，且 $a_1 = a_2 = 1$。

```
% while_example. m
a(1) =1;a(2) =1;k =2;
while a(k -1) +a(k) <500
    a(k +1) =a(k -1) +a(k);
    k =k +1;
end
disp(['element number of Fibonacci array:',int2str(k)])
disp(['end element of this array:',num2str(a(k))])
```

保存文件 while_ example. m，在命令窗口中运行该文件，运行结果显示为

```
>> while_ example
element number of Fibonacci array: 14
end element of this array: 377
```

在上面程序中，如果 a（k -1） +a（k）小于 500，则执行循环体；如果大于等于 500，则不执行循环体，结束循环。

5.3.4 控制语句

在程序设计中，经常会遇到需要提前终止循环、跳出子程序、显示错误信息并终止程序、显示警告信息、暂停程序执行等情况，这些功能需要使用控制语句来实现。

1. break 语句和 continue 语句

break 语句、continue 语句经常与 for 循环或 while 循环等语句一起使用，这两条控制语句的基本功能如下：

1）当 break 语句使用在循环体中的时候，其作用是强制终止循环，直接退出循环；当在嵌套循环体中的时候，其作用是强制退出所在层和该层之内的循环。

2）当 continue 语句使用在循环体中的时候，其作用是中断本次循环，即跳过循环体中 continue 之后尚未执行的语句，程序跳转到判断循环条件的语句处，继续进行下一次的循环。

【例 5-7】 break 语句示例。

```
% break_example1. m
for k = 1:8
    if k = =4
      break
    end
    fprintf('k = %d\n',k);
end
disp('The end of loop')
```

运行结果显示如下：

```
>> break_example1
k =1
k =2
k =3
The end of loop
```

在上面程序中，利用 if 语句和 break 语句配合，当 k =4 时，执行 break，以终止 for 循环。程序中的 fprintf 是将格式化数据输出的函数，请参见帮助文档。

【例 5-8】 continue 语句示例。

```
%continue_example. m
for k = 1:8
    if k = =4
        continue
    end
    fprintf('k = %d\n',k);
end
disp('The end of loop')
```

运行结果显示如下：

```
>> continue_example
k =1
k =2
k =3
k =5
k =6
k =7
k =8
The end of loop
```

在上面程序中，当 k =4 时，中断本次循环，直接转入下次循环。所以，在输出显示中没有 k =4 这一项。

【例 5-9】循环嵌套中 break 语句使用示例。

```
% break_example2. m
for k = 1:3
    for m = 1:3
        if k = = 2 | | m = = 2
            break
        end
        str = sprintf('k = %d, m = %d', k, m);
        disp(str)
    end
end
```

运行结果显示如下：

```
>> break_example2
k = 1, m = 1
k = 3, m = 1
```

在上面程序中，当 k =2 和 m =2 时，中断内层循环，这由运行结果的显示中可以得到验证。

2. return 语句

在函数中，return 语句能使得所在函数退出，并返回到调用它的函数继续运行。return 语句经常用于函数的末尾，用来正常结束函数的运行。如果用于函数的其他地方，将提前结束函数运行，并返回调用它的函数或环境。例如，下面这个函数程序代码：

```
function d = det(A)
    if isempty(A)
        d = 1;
        return
    else
        …
    end
```

当函数 det 的输入参数为空数组时，直接返回 d =1，并强迫结束该函数的运行。

3. error 语句和 warning 语句

error 语句的常用调用格式为 error（'message'），用来显示出错信息 message，并终止程序运行。其中，message 是出错时需要显示的字符串。例如，error（'Not enough input data'）。

warning 语句的常用调用格式为 warning（'message'），用来显示警告信息 message 后，程序继续运行。

4. pause 语句

pause 语句是用来暂停程序执行，等待用户响应，它的常用调用格式如下：

- pause　使程序暂停执行，等待用户按任意键继续。

- pause（n）　使程序暂停 n 秒后，再继续执行。
- pause off　使随后的 pause 或 pause（n）不暂停程序执行，即关闭 pause 功能。
- pause on　使随后的 pause 命令暂停程序执行，即开启 pause 功能。

5.3.5 提高运算性能的方法

在程序设计和编写过程中，应进行代码优化，以减少代码数量和提高代码的执行效率。下面介绍两种提高代码执行效率的方法。

1. 向量化运算

MATLAB 的数据是以数组或矩阵进行组织和表示的，并提供了便利的数组和矩阵数据的操作运算能力。所谓向量化运算，是将 for 和 while 循环结构转换为等值的向量、数组或者矩阵运算。用 for 或者 while 结构常常是对向量、数组、矩阵中的元素循环逐个地进行操作，而采用向量化运算后是对向量、数组和矩阵整体进行操作，这样不仅能够提高代码的执行效率，而且还能提高程序的可读性。所以，在实际应用程序中，只要有可能，应尽量将循环结构改写成数组或者矩阵的运算。

【例 5-10】 向量化运算示例。

```
% loop_vec_example.m
tic
n=0;
for t=0:0.01:10
    n=n+1;
    u1(n)=10*exp(-0.5*t).*sin(2*t);
end
toc

tic
t=0:0.01:10;
u2=10*exp(-0.5*t).*sin(2*t);
toc
```

程序的运行结果如下：

```
>> loop_ vec_ example
Elapsed time is 0.057503 seconds.
Elapsed time is 0.003433 seconds.
```

上面程序中，tic 命令用来启动计时器，toc 命令用来读取计时器读数，并显示自 tic 开始程序的执行时间。读者可以验证，采用循环结构所产生的数组 u1 和采用数组运算所产生的数组 u2 相等。由运行结果可以看出，采用数组运算（即向量化运算）所用的运算时间要短得多，计算效率高。特别是在循环层次较多的时候，数组（矩阵）运算的速度优势就更加明显。

2. 预分配存储空间

在创建和生成内存变量时，先给内存变量预先分配足够的存储空间，然后再依次赋值，这样一次性预分配一块足够的连续内存空间用于存储数据是另一种提高运算效率的方法。通过下面例子比较采用预分配存储空间和不采用预分配空间两者的运算效率。

【例 5-11】 预分配存储空间示例。

```
% pre_ alloc. m
%使用预分配存储空间
x = zeros(1,1000);
tic
for k = 2:1000
      x(k) = x(k - 1) + 5;
end
toc

% 不使用预分配存储空间
y = 0;
tic
for k = 2:1000
      y(k) = y(k - 1) + 5;
end
toc
```

程序的运行结果如下：

```
>> pre_alloc
Elapsed time is 0.000044 seconds.
Elapsed time is 0.004754 seconds.
```

上面示例程序中，使用预分配存储空间时，程序的执行时间为 0.000044s，而不使用预分配存储空间时，程序的执行时间为 0.004754s，这说明使用预分配存储空间能够极大地提高运算效率。不使用预分配存储空间，而是循环重复地自动扩充数组大小，MATLAB 每次将花费时间寻找更大的连续存储空间块，并将数组元素移到这个空间块中，这样不仅造成存储空间的浪费，而且降低了程序的执行效率。所以，在编写程序的时候，应尽量使用内存的预分配，而少使用或者不使用数组内存空间的自动扩充方式。

MATLAB 针对不同的数据类型有不同的内存空间预分配函数。对于数值数组，有函数 zeros，例如，x = zeros(1,1000)；对于元胞数组，有函数 cell，例如，y = cell(3,4),y{2,3} = zeros(1,100)。

对于非双精度类型的数据，例如整数类型或者单精度类型，进行内存的预分配时，避免使用如下方法：

```
A = int16(zeros(100));
```

该语句先通过创建一个双精度矩阵来预分配 100 × 100 的 int16 矩阵，然后再将每个元素转换为 int16 类型，这样既费时又浪费内存空间。建议使用下面方法：

```
A = zeros(100,'int16');
```

该语句的执行效率更高。

5.4　脚本文件

正如前面所介绍的，在 MATLAB 中所编写的程序类型（M 语言文件）包括脚本文件和函数文件。所谓脚本文件，就是由一系列的 MATLAB 指令和命令组成的 M 文件，与批处理文件类似。脚本文件没有输入参数，也没有输出参数，调用和执行时只需输入该文件的文件名（不包括扩展名）。脚本文件是按文件代码的程序结构顺序执行，文件中所使用和生成的变量都是存放在基础工作空间（base workspace），除非使用 clear 命令清除变量或者退出 MATLAB，否则这些变量将一直保存在基础工作空间中，可供其他程序文件或者命令窗的操作调用。

【例 5-12】 脚本文件示例，文件名为 script_example. m。

```
% script_example is a script program
% Comment lines
% "flower petal" plots
theta = -pi:0.01:pi;                % Computations
rho(1,:) =2 * sin(5 * theta) .^2;
rho(2,:) =cos(10 * theta) .^3;
rho(3,:) =sin(theta) .^2;
rho(4,:) =5 * cos(3.5 * theta) .^3;
for k =1:4
    subplot(2,2,k)                  % Graphics output
    polar(theta, rho(k,:))
end
```

在上面脚本文件中，主要由注释行和代码行组成。注释行是以定义符% 开头，在% 之后的所有文本都是注释文本，是非执行语句。注释定义符% 仅能影响一行，即% 之后到本行结束的内容。脚本文件的在线帮助是文件起始的连续几行注释，直到空行或代码行为止，例如上面程序中的前 3 行内容。在线帮助是当在命令窗键入运行 help filename 是所显示的内容，例如对上面的脚本文件，在命令窗键入并运行

```
>> help script_example
```

显示的结果为

```
  script_example is a script program
  Comment lines
  "flower petal" plots
```

在脚本文件中，代码行都是一些简单的 MATLAB 指令或命令，这些命令可以用来完成相应的操作，也可以在脚本文件中调用其他的函数来完成复杂的运算。

对于比较简单的问题，在命令窗口中直接输入命令进行计算或操作可以方便地解决。但是，当命令行数增加，或者控制流的复杂度增加，或者需要重复计算和调用时，直接在命令窗口中输入命令就显得比较烦琐，这时采用脚本文件最为适宜。

5.5 函数文件

函数文件与脚本文件不同，函数文件能够接收用户的输入参数，并将计算结果作为函数的返回值返回给调用者。函数文件有自己特殊的文件格式和结构，不同的函数还分别具有自己的工作空间，即函数空间，这些函数空间与基础空间相独立，随函数的调用而产生，随调用结束而删除释放。在 MATLAB 中有多种函数类型，例如，主函数、子函数、嵌套函数、匿名函数和私有函数等。本节将详细介绍函数文件的结构、输入/输出参数和函数文件的编写方法等内容。

5.5.1 函数文件的基本结构

典型 M 函数文件的结构包括函数定义行、H1 帮助行、在线帮助、注释行和函数体（M 语言代码）。

（1）函数定义行。函数定义行位于函数文件的首行，以关键字 function 开头，其后跟的是函数输出参数、函数名和函数输入参数，例如，function y = average（x），其中 y 是函数的输出参数，x 是函数的输入参数，average 是函数名。

函数名要求必须以字符开头，后面可以用字符、数字和下画线的组合构成。函数名的长度限定可通过执行 namelengthmax 函数来获知。建议函数名用小写的英文字符表示，且函数的文件名和函数名保持一致。若文件名和函数名不一致，在调用函数的时候，需要使用文件名，而非函数名，MATLAB 将忽略函数名，而以保存文件的名称为准。

（2）H1 帮助行。H1 帮助行是紧随行数定义行之后以% 开头的第一注释行，是对函数进行简明、扼要的说明或者解释。按 MATLAB 自身文件的规则，H1 行包括大写体的函数文件名和函数功能的简要描述。H1 行是供 lookfor 函数查询和 help 在线帮助使用的。

（3）在线帮助。H1 行及其之后的连续以% 开头的所有注释行构成函数的在线帮助文本，它通常包括函数输入/输出参数的含义、调用格式说明等。当需要帮助时，可在命令窗口中执行 help filename，运行显示该文本，其中 filename 是所调用的函数名。建议在线帮助使用英文进行书写，这将有利于不同国家和地区人员彼此进行技术交流。

（4）注释行。除在线帮助外，为了程序具有可读性，适当配置以% 开头的行或与执行语句同行但处于后面以% 起始的内容，这些为注释内容，是非执行语句。

（5）函数体（M 语言代码）。函数体是由实现 M 函数文件功能的指令组成，它接收输入参数，执行流程控制，得到输出参数，完成具体的算法，实现函数的具体功能。这部分内容是函数的核心内容。

仅从函数的执行运算角度看，函数定义行和函数体是构成 M 函数文件所不可少的。

【例 5-13】 函数文件示例：average. m。

```
function y = average(x)
% AVERAGE Mean of vector elements
% y = average(x)
% Where x is a vector, y is the mean of vector elements
% Nonvector intput results in an error
```

```
[m,n] = size(x);
if( ~((m == 1) | (n == 1)) | (m == 1 & n == 1))
    error('Input must be a vector')
end
y = sum(x)/length(x);   % Actual computation
```

以文件名 average. m 保存上面程序代码，下面在命令窗口中调用执行该函数，其操作与运行结果显示如下：

```
>> z = 1:99;
>> z_mean = average(z)
z_mean =
    50
```

调用函数时，向量 z 作为实际输入参数，被传递给函数中的形式输入参数 x，并将计算结果赋值给变量 z_mean。

5.5.2 输入、输出参数

上面所列举的 M 语言的函数文件中，仅有一个输入参数和一个输出参数，M 语言函数文件也可定义多个输入参数和多个输出参数。此时，在函数文件定义行中应采用如下格式：

```
function [argout1,argout2,…,argoutm] = function_name(argin1,argin2,…,arginn)
```

其中，argin1，argin2，…，arginn 是函数定义的输入参数列表；argout1，argout2，…，argoutm 是函数定义的输出参数列表，用中括号括起来，各输出参数可用逗号或者空格分隔。用户应清楚各输入参数、输出参数的含义和列表顺序。

使用这些函数时，需要将必要的实际输入参数、输出参数按个数、顺序写入。若实际输出参数的个数与函数定义的输出参数个数不一致，将计算得到的前几个输出参数作为返回值，个数等于用户调用时指定的输出参数个数。若实际输入参数个数多于定义的输入参数，将给出错误信息 'Too many input arguments'。

【例 5-14】 多输入、输出参数函数示例：marg_example. m。

```
function [a,b,c] = marg_example(x,y)
a = x.*y;
b = x.^2 + y.^2;
c = x + y;
```

上面函数文件为突出重点将 H1 行、在线帮助和注释等内容略去。为了演示，在命令窗口中，调用执行该函数结果如下：

```
>> x1 = [1 2 3];y1 = [2 3 4];z1 = [3 4 5];
>> [a1,b1,c1] = marg_example(x1,y1)
a1 =
     2     6    12
b1 =
     5    13    25
c1 =
```

```
    3     5     7
>> [a2,b2,c2] = marg_example(x1,y1,z1)
??? Error using = = > marg_example
Too many input arguments.
```

由显示结果可知，使用函数时如果输入参数多于定义的输入参数，将给出错误信息。

在 M 函数文件中，经常需要根据输入、输出参数个数，执行和完成不同的任务，此种情况可使用函数 nargin 和 nargout 来获取函数的输入、输出参数个数，并根据输入、输出个数，使用条件语句执行不同的任务代码。

【例 5-15】 nargin 和 nargout 示例：testarg. m。

```
function c = testarg(a,b)
if (nargout ~ =1)
    disp('An output argument must be specified ')
    return
end
switch nargin
    case 0
        disp('one or more input arguments must be specified ')
        c = [ ];
        return
    case 1
        c = a. ^2;
    case 2
        c = a + b;
end
```

该函数自动检测输入、输出参数个数，并能根据输入、输出参数个数实现不同的代码功能。

如果函数文件的输入、输出参数个数不确定，可以接收“任意多输入”，返回“任意多输出”。这种情况下，需要在函数定义中使用 varargin 和 varargout 函数，它们分别是“变长度”输入参数列表和“变长度”输出参数列表。当函数的定义行具有以下形式：

```
function y = function_name(varargin)
```

函数 function_ name 可以接收任意个数的输入参数，用户的输入参数构建成为一个元胞数组，该元胞数组中的元素为用户输入的参数，元胞数组长度为输入参数个数。其中，varargin {1} 为第 1 个输入参数，varargin {2} 为第 2 个输入参数，varargin {3} 为第 3 个输入参数，依次类推。

当函数的定义行具有以下形式：

```
function varargout = function_name(x)
```

函数 function_name 可以输出任意个数的输出参数，varargout {1} 返回给第 1 个输出参数，varargout {2} 返回给第 2 个输出参数，varargout {3} 返回给第 3 个输出参数，依次类推，元胞数组长度为输出参数个数。

varargin 函数和 varargout 函数也可以同时出现在 M 语言函数的定义行中，还可以和给定的输入输出参数组成参数列表，例如：

```
function [out1,out2] = example1(a,b,varargin)
function [vout1,vout2,varargout] = example2(x1,y1,x2,y2,flag)
```

varargin 和 varargout 在参数列表中，只能位于给定参数之后。

5.5.3　子函数和私有函数

1. 子函数

MATLAB 允许在同一个 M 函数文件中包含多个函数。其中，第一个出现的函数称为主函数（Primary function），其余的函数称为子函数（Subfunction）。M 函数文件的名称与主函数的名称相同。外部程序只能对主函数进行调用，而子函数只能被处于同一文件中的主函数或者其他子函数调用。子函数必须按函数的基本结构来书写，其首行是函数的定义行，以关键词 function 开头，紧跟输出参数、函数名和输入参数等，函数的结尾是另一个函数的定义行的开始或者整个 M 文件的结尾。不过，子函数不像主函数，一般子函数没有在线帮助，用 help 或者 lookfor 等帮助指令只能得到主函数的帮助信息。还应注意，同一文件中的主函数、子函数的工作空间都是彼此独立的。

【例 5-16】 子函数示例：newstats. m。

```
function [avg, med] = newstats(u)          % 主函数
% NEWSTATS 用内部函数计算均值和中间值
n = length(u);
avg = mean1(u, n);
med = median1(u, n);

function a = mean1(v, n)                   % 子函数
%计算均值.
a = sum(v)/n;

function m = median1(v, n)                 % 子函数
%计算中间值.
w = sort(v);
if rem(n, 2) = = 1
    m = w((n+1) / 2);
else
    m = (w(n/2) + w(n/2+1)) / 2;
end
```

上面的函数文件 newstats. m 中，newstats 是主函数，mean1 和 median1 是子函数。两个子函数被主函数调用。

2. 私有函数

私有函数是指位于 private 目录中的 M 文件函数，它们都是标准的 M 语言函数。但是，

这些函数只能被 private 目录的上一层目录（即父目录）中的函数调用，而不能被其他目录上的 M 函数、M 脚本文件或者命令窗口中的命令所调用，也不能被父目录中的脚本文件直接调用。由于私有函数对于父目录之外是不可见的，所以不同父路径下的私有函数可以使用相同的函数名。

如果要将某一函数设置为私有函数，只需要将该函数复制到一个 private 子目录中，该函数就只能被那些位于其父层目录中的 M 函数调用。

5.5.4 局部变量和全局变量

所谓局部变量是指那些在 M 函数内部产生并使用的变量。这些变量的影响范围也仅限于该函数本身，在函数调用执行期间被使用，一旦函数结束运行，这些变量占用的内存空间将自动被释放，变量也就不存在。MATLAB 为不同的函数创建不同的工作空间，函数彼此的工作空间相互独立，一旦函数执行结束，函数的工作空间就不存在了。

所谓全局变量是指能被几个不同的函数空间以及基本工作空间共享的变量。将变量声明为全局变量的方法是在使用该变量前，用关键字 globlal 声明。每个希望共享全局变量的函数或基本工作空间，必须逐个用 global 对具体变量加以声明。没有采用 global 声明的函数或基本工作空间，将不能享用全局变量。如果在某个函数中使全局变量的内容发生变化，那么其他函数空间以及基本工作空间中的同名变量（全局变量）也就随之变化，即可在相应函数中对全局变量进行读写。为了提高 M 文件的可读性，建议选用大写字符命名全局变量，并将全局变量的声明放在函数体的首行位置。由于全局变量损害了函数的封装性，因此不提倡使用全局变量。

5.6 函数句柄

函数句柄是 MATLAB 的一种数据类型，它记录了相应函数的路径、函数名、类型及可能存在的重载方法等详细信息。当使用一个函数的句柄调用该函数时，MATLAB 会立即执行，不再进行文件搜索。尤其是当反复调用一个函数文件时，可以节省大量的搜索和时间，从而提高函数的重复执行效率。当用户需要将一个函数的标识作为一个输入参数传递给另一个函数时，可使用函数句柄来传递，此时函数可以作为输入变量进行调用，非常灵活方便，提高了函数的可用性和独立性。另外，函数句柄也可以用来表示子函数、私有函数，以扩大这些函数的可调用范围，提高软件的重用性。

5.6.1 函数句柄的创建

为一个函数定义句柄必须要通过专门的定义来生成，其定义格式如下：

```
h_fun = @ functionname
```

其中，funcitonname 是函数名，符号@ 是句柄定义符，h_fun 是函数 functionname 的句柄。在定义符@ 后只能用函数名，不应包括路径信息，也不应包括扩展名。

下面两个语句是分别为内建函数 plot 和 sin 创建函数句柄：

```
hplot = @ plot
h1 = @ sin
```

若有一用户自建函数文件 myfun. m，其函数句柄创建如下：

fhandle = @ myfun

一旦为一个函数创建了句柄，用户就可以用该句柄来调用函数。因为，句柄包含了该函数的绝对路径，用户可从 MATLAB 所能达到的任一位置处来调用该函数，只要该函数文件仍然在原处。

函数句柄数组的创建，必须要使用元胞数组。例如，下面创建一个包含 3 个函数句柄的数组：

trifun = {@ sin,@ cos,@ tan}

5.6.2　函数句柄的查看

函数句柄的查看是用来查看句柄的结构，可用函数 functions，其语法格式为

functions(handle)

其中，handle 是要查看的函数句柄。

下面，使用该命令查看句柄 hplot 的结构，在 MATLAB 命令窗口输入如下代码：

```
>> cc = functions(hplot)
```

函数执行结果如下：

```
cc =
    function: 'plot'
        type: 'simple'
        file: 'MATLAB built-in function'
```

由运行结果可见，查看返回的是一个结构，包含有函数名、类型和文件信息。其中，类型（type）字段中显示的信息有：

- simple　无重载的内建函数，m、p 函数文件，或无法判断类型的函数。
- subfunction　子函数。
- private　私有函数。
- constructor　MATLAB 类的对象构造函数。
- overloaded　有重载的函数。

文件（file）字段中显示的信息是有关非重载数据类型所对应的源代码及路径。

5.6.3　函数句柄的使用

1. 函数调用

使用函数句柄调用函数的语法格式与直接调用函数相同。例如，调用函数 myfun 的语法格式为

[argout1,argout2,…,argoutm] = myfun(argin1,argin2,…,arginn)

假设已创建函数 myfun 的句柄为 f_handle，使用该函数句柄实现函数运算的调用格式为

[argout1,argout2,…,argoutm] = f_handle(argin1,argin2,…,arginn)

2. 函数传递

函数句柄可作为另一函数调用时的输入参数，以实现函数对函数的调用。这种方法常常在泛函指令中使用。例如，在［0.3，1］间求 humps 函数的极小值点的位置，可用下面指

令来实现:

```
>> h_humps = @ humps;
>> x = fminbnd(h_humps,0.3,1)
```

执行结果为

```
x =
    0.6370
```

上面例子中，humps 是 MATLAB 提供的一个在 0.3 和 0.9 附近有极大值点的函数，fminbnd 是在指定区间求单参数有界非线性函数极小值的一个函数。函数 fminbnd 调用中，使用了函数句柄作为 fminbnd 的输入参数。

【例 5-17】 求不同函数的定积分。

```
>> a = 0;b = 5;
>> qsin = quad(@ sin,a,b)
qsin =
    0.7163
>> qlog = quad(@ log,a,b)
qlog =
    3.0472
>> qhumps = quad(@ humps,a,b)
qhumps =
   12.3566
```

3. 子函数的调用

正如前面对子函数的介绍，当使用函数名调用子函数时，子函数只能被处于同一函数文件中的主函数和其他子函数所调用，对于该函数文件外的调用者是“隐藏”的。如果在主函数中创建子函数的句柄，并将其作为主函数的输出参数，该子函数就可被函数文件外的调用者所调用。例如，下面函数文件 gethandle（只给出函数文件的结构示意）:

```
function [fhandle,z] = gethandle(x,y)
% GETHANDLE   get subfunction handle and data processing
% help text
fhandle = @ subfun;
z = sqrt(x.^2 + y.^2);

function res = subfun(t1,t2,varargin)
  ⋮
```

调用函数 gethandle 将返回子函数的句柄，使用该句柄就可在本函数文件外调用该子函数，如

```
[f1, z1] =gethandle (5, 6);
result = f1 (startime, endtime, procedure)
```

f1 就是返回的子函数句柄。

5.7　匿名函数与串演算函数

5.7.1　匿名函数

匿名函数是 MATLAB 中的一种函数类型，它是构建简单函数的一种快速方法。匿名函数可以在 MATLAB 的命令行或者函数、脚本中直接构建，不需要用专门的函数文件保存。由表达式创建匿名函数的语法格式为

fhandle = @ (arglist) expr

其中，expr 是函数体，用有效的 MATLAB 表达式表示；arglist 是传递给函数体的输入参数列表，参数间用逗号分隔；符号@是创建函数句柄的定义符；fhandle 是匿名函数的句柄。

在创建匿名函数时，同时为匿名函数创建了句柄，所以，匿名函数的调用需通过函数句柄进行调用，也可在泛函等情况下进行匿名函数传递。

【例 5-18】 匿名函数创建与使用示例。

(1) 单参数匿名函数

```
>> fpoly = @ (x)2 * x. ^2 + 3 * x + 1;          % 创建单参数匿名函数
>> a1 = fploy(5)                                % 调用匿名函数运算
a1 =
    66
```

(2)多参数匿名函数

```
>> a = [3 2 1];b = [7 6 5];
>> sumaxby = @ (x,y) a. * x + b. * y;           % 创建双参数匿名函数
>> result = sumaxby(5,7)                        % 调用匿名函数进行运算
result =
    64    52    40
```

为了在一个数组中保存多个匿名函数，需要使用元胞数组。例如，用元胞数组 Ac 保存所创建的 3 个匿名函数如下：

```
>> Ac = {@ (x)x. ^2,@ (y)y + 10,@ (x,y)x. ^2 + y. ^2};
```

寻调其中的匿名函数，在语法上与元胞数组相同。例如，执行第一和第三个函数的运算如下：

```
>> Ac{1}(5) +2 * Ac{3}(4,2)
ans =
    65
```

5.7.2　串演算函数

为了提高计算的灵活性，MATLAB 提供两种演算函数：一种是字符串演算函数 eval，它具有对字符串表达式进行计算的能力；另一种是函数句柄演算函数 feval，它具有对函数句柄进行操作的能力。

1. 函数 eval

字符串演算函数 eval 有如下两种调用格式：

- eval（s）　执行对字符串 s 指定的计算，构成字符串的内容可以是 MATLAB 任何合法的指令、表达式、语句或 M 文件名。
- [x,y,z,…] = eval(s)　执行对字符串代表的函数文件调用，并输出计算结果，此时字符串只能是 M 函数文件名。

【例 5-19】 eval 使用示例。

（1）计算“语句”串，并创建变量。

```
>> t = pi;eval('theta = t/3,y = 10 * exp( -0.5 * t). * sin(theta)')
theta =
    1.0472
y =
    1.8003
```

（2）计算“表达式”串。

```
>> x =2.5;p = eval('2 * x^2 +3 * x +1 ')
p =
    21
```

（3）计算“合成”串。

```
ss = {'cos ','sin ','tan '};
for k =1:3
theta = pi * k/12;
aa(1,k) = eval([ss{k},'(',num2str(theta),')']);
end
aa
aa =
    0.9659    0.5000    1.0000
```

2. 函数 feval

函数句柄演算函数 feval 的常见调用格式如下：

- feval(FH,x1,x2,…,xn)　执行函数句柄 FH 指定函数的计算，x1，x2，…，xn 是传递给函数的参数。
- [y1,y2,…,ym] = feval(FH,x1,x2,…,xn)　执行函数句柄 FH 指定函数的计算，并返回多输出参数，x1，x2，…，xn 是传递给函数的参数。

【例 5-20】 feval 使用示例。

```
>> fsin = @ sin;
>> y = feval(fsin,pi/3)
y =
    0.8660
```

5.8　小结

在 MATLAB 中，可以采用 M 语言进行程序设计，编写的程序扩展名为 .m，称为 M 文件。

M 文件的编写可以在 MATLAB 提供的 M 文件编辑器中进行，该环境是一个集编辑、调试和运行的集成交互环境。

对于结构化程序设计，通常可以采用三种结构，即顺序结构、选择结构和循环结构来实现。在选择结构中，常用的是 if-else-end 结构和 switch 结构；循环结构常用的是 for 结构和 while 结构。为了编写一些更为复杂的程序，往往还需要一些控制语句来配合，例如 break 语句、continue 语句、return 语句、error 语句、warning 语句和 pause 语句等。为了提供所编写程序的运行性能，尽可能采用向量化运算和预分配存储空间等技术。

M 程序文件分为脚本文件和函数文件。其中，脚本文件就是由一系列的 MATLAB 指令和命令组成的程序，它没有输入参数和输出参数，调用时只需输入文件名，脚本文件中的变量存放在 MATLAB 的基本工作空间中。而函数文件是具有输入参数和输出参数的程序，函数中的变量存放在函数的临时工作空间中，随函数的调用生成，随函数的结束释放。函数的定义有特定格式和要求，编写时必须满足函数定义要求。函数调用时，要按要求赋予输入参数和输出参数。函数有多种类型，有主函数、子函数、私有函数、匿名函数和串演算函数等。

函数句柄是一种 MATLAB 的数据类型，它记录了相应函数的路径、函数名、类型等信息。函数句柄采用句柄定义符@来创建，可利用函数句柄进行函数调用和函数传递，也可以实现子函数的调用。

第 6 章　Simulink 仿真

在 MATLAB 中，组件 Simulink 是用来对动态系统建模、仿真和综合分析的交互工具，它提供了一个动态系统建模、仿真和综合分析的集成环境。用户可以使用 Simulink 提供的标准模型库或者自行创建模型库，通过简单的鼠标操作来构造出所需的仿真模型，并进行仿真和仿真结果分析。通过 Simulink 可以对电气、机械、通信等的线性、非线性、连续、离散或是混合系统进行系统建模、仿真和分析研究。本章将主要介绍仿真集成环境、仿真模型创建方法、仿真参数设置和仿真结果分析等内容。

6.1　Simulink 集成环境

Simulink 软件与 MATLAB 密切相关，它是以 MATLAB 为运行基础和运行环境。为此，需要先运行 MATLAB，在 MATLAB 环境中，才能启动和使用 Simulink。用户可以使用以下方法之一来启动 Simulink：

1）单击命令窗口中工具栏上的 Simulink 按钮图标 ，便打开 Simulink 模块库浏览器，如图 6-1 所示。在模块库浏览器中，单击工具栏上的新建模型（New model）按钮图标，或者选择“File”菜单→“New”→“Model”命令，便打开名为 untitled 的空白模型窗口，如图 6-2 所示。

2）在命令窗口中输入命令“simulink”，便打开 Simulink 模块库浏览器。

3）在命令窗口中，选择菜单“File”→“New”→“Model”命令，便打开模型窗口。在模型窗口中，单击工具栏上的 Simulink 按钮，或选择菜单“View”→“Library Browser”命令，打开模块库浏览器。

启动 Simulink，便进入 Simulink 集成仿真环境，主要包括仿真模块库浏览器窗口和模型窗口。

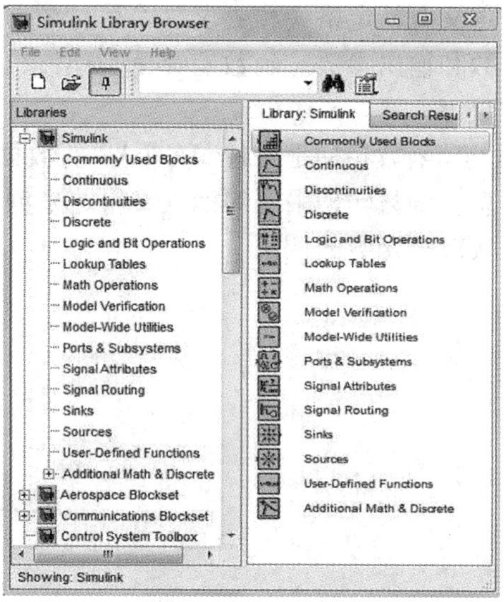

图 6-1　模块库浏览器

6.1.1　Simulink 模块库浏览器（Simulink Library Browser）

模块库浏览器是 Simulink 的主要工作环境，它除了窗口常见的标题栏、菜单栏和工具栏外，还包含有模块库分类目录、选中库或子库内容列表、选中模块描述。其中，模块库分类目录位于窗口左侧，选中库或子库内容列表位于窗口右侧，选中模块描述位于窗口下方（图 6-1 中未显示）。

模块是系统建模的“积木块”，有了所需模块，系统建模就像搭积木式的简单方便。模块库向用户提供了建模所需要的各类通用和专用的模块，是用户创建动态系统仿真模型的基

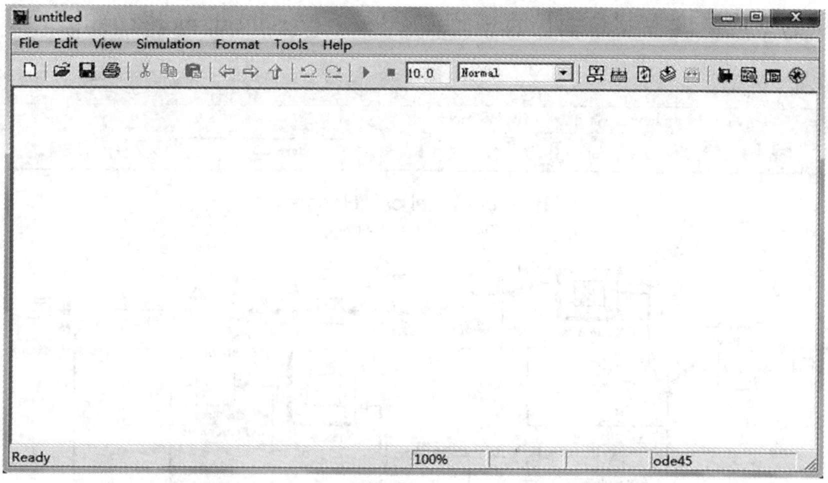

图 6-2　模型窗口

础。打开模块库浏览器，将在窗口中显示出所有安装的模块库，用户可以查看模块库、搜索模块和复制模块到模型中。在模块库浏览器中，模块库是以分层结构按类来组织和管理的，在第一层中包含有 Simulink 库和其他专用模块库，例如，Communication Blockset（通信模块组）、Control System Toolbox（控制系统工具箱）、Fuzzy Logic Toolbox（模糊逻辑工具箱）、Signal Processing Blockset（信号处理模块组）、SimPowerSystem（电力系统仿真库）等。单击 Simulink 前的“+”标记，展开 Simulink 模块库，显示出其中所包含的模块子库，共有 16 个，有 Commonly Used Blocks、Continuous、Discontinuities、Discrete、Math Operations、Sinks、Sources 等模块子库。

在模块库浏览器中查看模块，可选择库浏览器左侧的模块库名或者双击右侧模块库图标，并在右侧选择模块。当选中一个模块时，该模块的描述显示在浏览器的底部 Block Description（可通过选择菜单“View”→“Show Block Descriptions”打开）。有关模块的更多信息，可选中模块，再选择“Help”→“Help on the Selected Block”，显示该模块的帮助文档。若要查看模块的参数，可用鼠标右击模块，再选择“Block Parameters”。若要搜索特定模块，在模块搜索区输入模块名，再点击查找模块图标 。

如果 MATLAB 所提供的模块库不能满足用户需求，用户也可以创建自己所需的模块及模块库。

6.1.2　仿真模型窗口

新建模型时，Simulink 提供一个空白模型窗口，如图 6-2 所示。用户在空白模型窗口中，可用鼠标将模块库中所需模块拖拽到模型窗口中，并进行模块操作和布局，设定模块参数，用信号线连接模块，从而创建所需的仿真模型，其表现形式是一种框图。用户在模型窗口中，可以配置仿真参数，包括启停时间、所有积分解法、数据导入/导出设置等。配置好仿真参数后，可以启动和停止模型仿真，并对仿真结果进行分析，进而可开展仿真后的数据处理。用户在该环境下，还可保存所建立的模型，并打印模型方块图。

用户也可在命令窗口、模块库浏览器或者模型窗口中打开一个已有模型。例如，打开

MATLAB 提供的室内温度控制系统仿真模型“sldemo_househeat. mdl”，如图 6-3 所示。

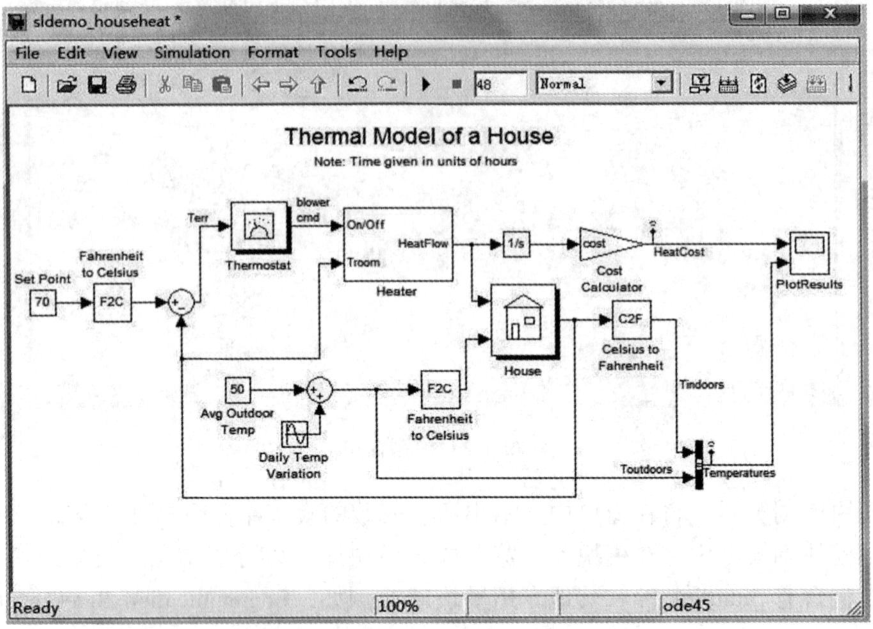

图 6-3　室内温度控制系统仿真模型

图 6-2 和图 6-3 仅是模型窗口的“单窗口”表现形式。单击工具栏中的按钮，可切换到如图 6-4 所示的“双窗口”形式。它的左窗为“模型浏览器”，用来展示该模型的分层子系统名称目录；而右窗仍是相应系统的连接框图。整个模型窗口是一个标准的窗口形式，其组成是菜单栏、工具栏、编辑窗和状态栏。有关菜单命令、按钮命令的功能和使用，请用户参见帮助文档，后面结合具体内容再作介绍。

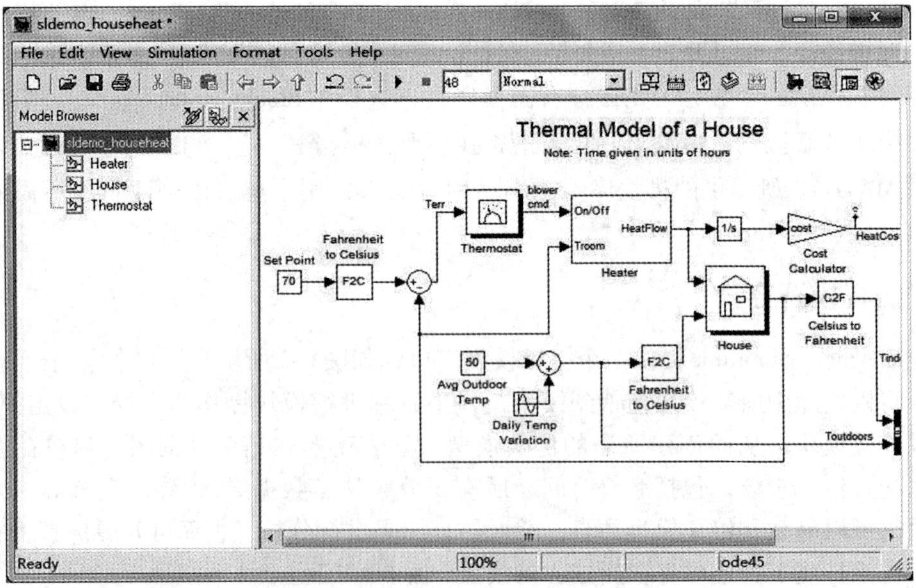

图 6-4　“双窗口”形式的模型窗口

6.2　仿真模型的创建

模型是系统的一种抽象描述，是通过反复对系统进行分析研究而得到的系统内在联系及其与外界关系的一种描述。在进行系统仿真时用到的模型主要是实体模型和数学模型。实体模型是指根据相似性建立起来的系统的物理模型；数学模型是指用数学结构表达式描述系统的本质特征、内在联系和运动规律的一种模型形式。由于数学模型具有形成简单、应用方便、经济、便于使用计算机技术等优点，所以在系统仿真中一般都采用数学模型。

Simulink 模型在窗口视图上表现为直观的框图，它是由模块和信号线组成的系统仿真模型；在数学上体现了描述系统状态和动态特性的一组数学方程，例如微分方程组或差分方程组；在行为上模拟了系统的动态行为和动态现象。

Simulink 模型通常包括三种组件：信源（Source）、系统（System）和信宿（Sink）。其中，信源可以是常数、正弦波、阶梯波等信号源；系统就是被研究系统的 Simulink 框图；信宿可以是示波器、图形记录仪等信号接收器。这三种组件可以直接从 Simulink 的模块库中直接获得，或用模块库中模块搭建而成。当然，对于具体的 Simulink 模型，不一定完全地包含这三个组件。

创建一个系统仿真模型就像搭积木块一样，在模型窗口，首先从相应的模块库中选择所需要的仿真模块，用鼠标把它们依次拖到模型窗口中，并调整好模块大小和位置，然后用信号线把各模块按照系统要求连接起来，组成所需要的系统仿真模型。

6.2.1　模块操作

模块是创建 Simulink 仿真模型的基本单元，是 Simulink 进行动态系统仿真的基础。在创建系统模型过程中可能需要对模块进行一系列的操作。只有熟悉模块的操作方法，才能灵活高效地创建各种仿真系统模型。

1. 模块的添加

打开模型窗口，在模块库浏览器页面中选中所需添加的模块后，可以通过以下两种方法之一来向模型窗口添加模块：

1）用鼠标左键选中所需要的模块，将其拖到模型窗口，松开鼠标，这时所选模块出现在模型窗口中。

2）用鼠标指向所需要的模块，按下鼠标右键，在弹出的快捷菜单中选择 Add to file_name（其中 file_name 是模型窗文件名，若未命名，则为 untitled）。

例如，添加 Simulink 模块库的 Source 子库中的 Sine Wave 模块，Sink 子库中的示波器 Scope 模块，Continuous 子库中的积分器 Integrator 模块，Signal Routing 子库中的 Mux 模块，添加后的模型窗如图 6-5 所示。

2. 模块的选定

操作模块首先需要选定模块。被选定的模块 4 个角处会出现小黑块，这种小黑块称为方块的手柄（handle）。

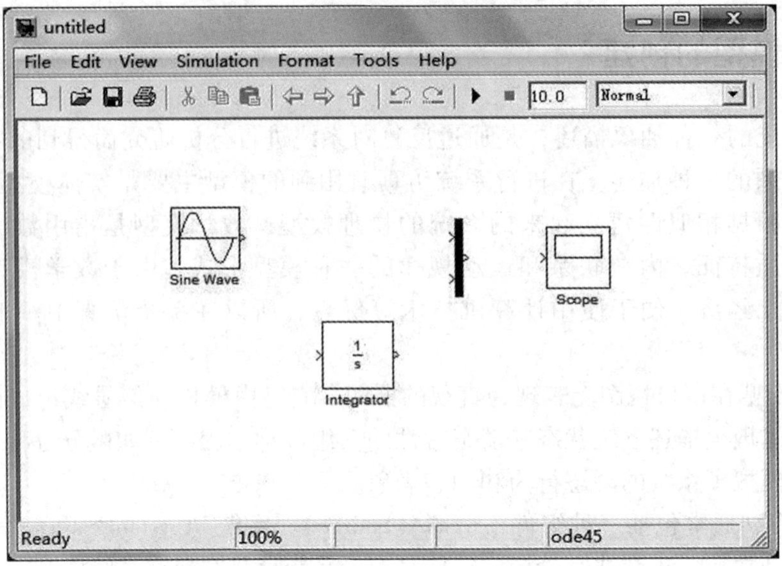

图 6-5　添加模块后的模型窗

当需要选定单个模块时，可直接用鼠标指向待选模块，单击鼠标左键即可。当需要选定多个模块时，可采用以下两种方法之一：

1）按下 Shift 键，依次单击所需选定的模块。

2）按住鼠标任一键，拉出矩形虚线框，将所有待选模块包在其中，然后松开按键，于是矩形框中的所有模块被选中。

3. 模块的复制

选定需要复制的模块，通过以下方法之一来实现：

1）按下 Ctrl 键，再按下鼠标左键，将模块拖动到目标位置后释放鼠标。

2）执行菜单"Edit"→"Copy"命令，再执行"Edit"→"Paste"命令。

3）单击鼠标右键，在弹出的快捷菜单中选择"Copy"命令，再在目标位置单击鼠标右键，在弹出的快捷菜单中选择"Paste"命令。

4. 模块的删除

选定需要删除的模块，通过以下方法之一来实现：

1）按键盘上的 Delete 键。

2）执行菜单"Edit"→"Delete"命令。

3）单击鼠标右键，在弹出的快捷菜单中选择"Delete"命令。

5. 模块的移动

选定需要移动的模块或模块组，按下鼠标左键将模块拖到目标位置，释放鼠标。模块移动时，与之相连的连线也随之移动。

6. 模块大小的调整

为了满足特殊需要，有时候需要调整模块的大小。为调整模块大小，首先选定该模块，这时候模块的 4 个对角点出现黑色的控制柄，将光标指向适当的控制柄，此时鼠标的指针形状将发生变化。按下鼠标左键向内或向外拖动，实现对模块大小的调整。

7. 模块的旋转

默认状态下的模块总是输入端在左，输出端在右，即信号是从左端到右端。有时为了模块间连线方便，需要对模块进行旋转操作。要对模块进行旋转操作，首先选定待旋转的模块，再采用以下任一种方法实现：

1）执行菜单“Format”→“Rotate Block”命令→“Clockwise”或“Counterclockwise”，即可实现顺时针旋转 90°或逆时针旋转 90°。

2）单击鼠标右键，在弹出的快捷菜单中选择“Format”→“Rotate Block”→“Clockwise”或“Counterclockwise”。

3）执行菜单“Format”→“Flip Block”命令，模块旋转 180°。

4）单击鼠标右键，在弹出的快捷菜单中选择“Format”→“Flip Block”，模块旋转 180°。

8. 模块名的操作

在 Simulink 中，可以修改模块名、编辑模块名字体、改变模块名的位置或者隐藏模块名等各种操作。

1）修改模块名。单击模块名，在原名字的四周出现一个编辑框，可以在编辑框中输入新的模块名；当修改完毕后，将鼠标移出编辑框单击一下，即可完成修改。

2）设置模块名字体。选定模块，执行菜单“Format”→“Font”命令，或者单击鼠标右键，在弹出的快捷菜单中选择“Format”→“Font”，打开字体对话框，根据需要设置。

3）改变模块名的位置。单击模块名，直接用鼠标将模块名拖到新的位置；或者选定模块，执行菜单“Format”→“Flip Name”命令；或者选定模块，单击鼠标右键，在弹出的快捷菜单中，选择“Format”→“Flip Name”。注意，若模块名在模块下方，则只能被拖到模块上方；若模块名在模块左侧，则只能被拖到模块右侧。

4）隐藏模块名。选定模块，执行菜单“Format”→“Hide Name”命令，或者单击鼠标右键，在弹出的快捷菜单中，选择“Format”→“Hide Name”，就可隐藏模块的名称。同时，该菜单选项对应变为“Show Name”，执行它可显示模块名。

9. 模块阴影效果的添加

为了突出模块外观表现，可以为模块添加阴影效果。首先选定需要添加阴影的模块，再用以下任一种方法来实现：

1）执行菜单“Format”→“Show Drop Shadow”。

2）单击鼠标右键，在弹出的快捷菜单中选择“Format”→“Show Drop Shadow”。

添加了模块阴影效果后，对应的菜单选项变为“Hide Drop Shadow”，执行它可去除阴影效果。

10. 模块参数的设置

由模块库添加到模型窗的各模块，其参数是默认值。为了满足用户仿真的具体需要，有时还需要对模块参数进行具体的设置。要对模块进行参数设置，首先双击相应模块，打开此模块的参数设置对话框。在参数设置对话框中，有模块功能和参数定义的简短描述，用户可查看模块的各项参数的默认值，也可以根据需要修改各项参数的设置。图 6-6 为信源正弦波的参数设置对话框。

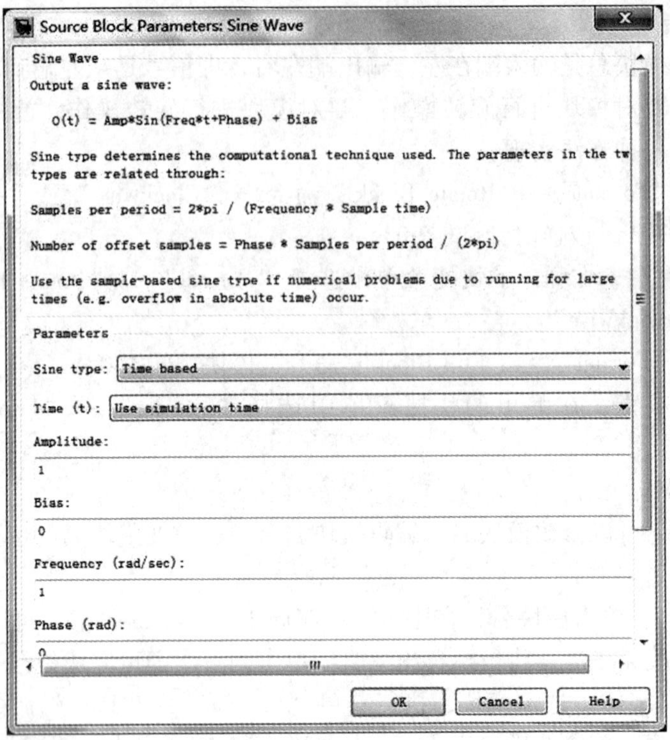

图 6-6　正弦波信源的参数设置对话框

6.2.2　信号线操作

在 Simulink 模型中，模块间的信号传输是通过连线来完成的，因此模块间的连线被称为信号线。信号线上传输的信号可以是标量信号也可以是向量信号。在连接模块的时候，要特别注意模块的输入、输出端和各模块间的信号流向。模块总是由输入口接收信号，由输出口发送信号。Simulink 用一条带箭头的连线将模块连接起来，箭头方向表示信号的传输方向。

1. 模块间信号线的连接

模块之间信号线的连接可以通过以下方法来实现：

1）方法一：将鼠标指向连线的起点（即源模块的输出端），待鼠标指针形状变为十字形，按下鼠标左键，拖动至连线的终点（即目标模块的输入端），释放鼠标。

2）方法二：首先用鼠标选定源模块，然后在按下 Ctrl 键的同时，用鼠标左键单击目标模块完成模块间信号线的连接。

通过以上两种方法画出的信号线是垂直的或者是水平的。

2. 信号线的移动和删除

为了改善模型的布局和效果，通常会对信号线进行移动操作。移动信号线的步骤是：选定待移动的信号线，将鼠标指向该信号线并按下鼠标左键，此时鼠标指针形状变为 4 个方向都有箭头的十字形，拖动鼠标至所希望的位置处，释放鼠标。

要删除信号线，首先选定待删除的信号线，再按键盘上的 Delete 键。

3. 分支信号线的添加

分支信号线是从已经存在的信号线上引出，将信号传输到另一个模块输入端的信号线。使用分支信号线可以将同一个信号传输给多个模块的输入端。分支信号线的绘制可以采用以下方法之一：

1）将鼠标指向分支信号线的起点（该起点是某条已存在的信号线上的某个点），按下鼠标右键，待光标变为十字形，拖动鼠标至分支线的终点处（目标模块的输入端），释放鼠标。

2）将鼠标指向分支信号线的起点，按住 Ctrl 键，再按下鼠标左键，拖动鼠标至分支线终点，释放鼠标。

3）将鼠标指向目标模块的输入端，按下鼠标左键，光标变为十字形，拖出信号线至分支信号线的引出点，待光标由十字形变为双十字形，释放鼠标。

图 6-7 是对图 6-5 所示模型窗模块进行信号线绘制后的模型图。图中，信源 Sine Wave 的信号同时输出给 Integrator 模块和 Mux 模块。

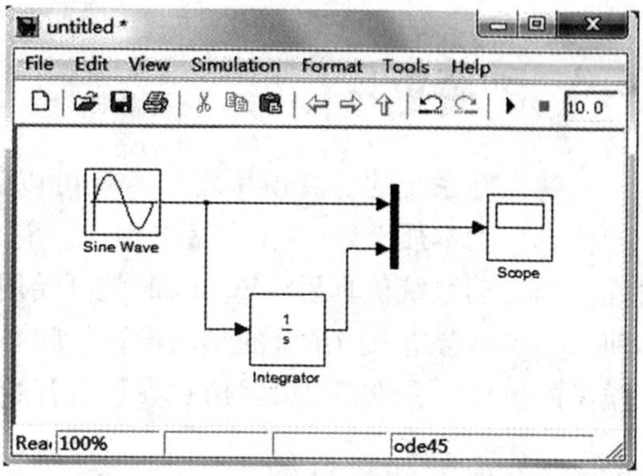

图 6-7　绘制有信号线的模型图

4. 信号线的折曲

信号线的折曲操作是将直线表示的信号线变成折线。其具体操作为：选定待折曲的信号线，将鼠标移至折点处（即分隔点），按下 Shift 键和鼠标左键，此时信号线上出现一个小圆圈即折点，拖动鼠标至所要求的位置，释放鼠标。

5. 在信号线间插入模块

有时候根据仿真模型的需要，需在已经存在的信号线上插入一个新的模块。如果模块只有一个输入端和一个输出端，那么该模块可以直接插入到一条信号线中去。其具体操作步骤是：选定需要插入的模块，按下鼠标左键，将模块拖至所希望插入的信号线上，释放鼠标。

6. 信号线标识的设置

为了让其他用户更容易理解信号线的信息，可以为信号线添加标识。要添加标识，只需要双击需要添加标识的信号线，在弹出的空白编辑框中输入标识文本，输入结束后将光标移出编辑框，单击鼠标即可。

对于信号线的标识还可以进行移动、修改、复制和删除等操作，具体方法如下：

1）移动标识。点击标识，待编辑框出现后，将光标指向编辑框，按下鼠标左键拖动至所需位置即可。

2）修改标识。点击标识，待编辑框出现后，即可修改标识。

3）复制标识。点击标识，待编辑框出现后，将光标指向编辑框，按下 Ctrl 键，再按下鼠标左键，移至到所需位置，释放鼠标和 Ctrl 键。也可以采用鼠标右键的快捷菜单方式来操作。

4）删除标识。单击标识，待编辑框出现后，双击标识选中整个标识内容，按键盘上的 Delete 键，将光标移出编辑框后单击鼠标。

6.2.3　对模型的注释

为了更好地理解仿真模型，用户可以在模型窗中添加模型的注释。要添加注释，首先选定作为注释区的中心位置，双击鼠标左键，待出现编辑框后，在框中输入作为注释的文字。输入完成后，将鼠标移出编辑框，单击鼠标左键即可。

对已有的注释，也可以根据需要移动位置。其方法是：用鼠标左键单击注释文字处，待出现编辑框后，按下鼠标左键，拖动至所希望的位置。

6.3　动态仿真

建立好系统的仿真模型之后，就可以运行该模型进行仿真，并获得仿真结果。Simulink 的仿真模型本质上是一组计算机程序，它定义了描述被仿真系统的一组微分方程或差分方程。当启动系统仿真后，Simulink 就开始用一种数值解算方法来求解方程。在进行系统仿真之前，如果不希望采用系统的默认设置，就必须在进行仿真之前设置仿真参数。要完成一个系统模型的仿真，一般需要设置仿真参数、开始运行仿真、查看与分析仿真结果三个步骤。

6.3.1　设置仿真参数

需要设置的仿真参数主要包括：仿真起始时间和终止时间、仿真步长、数值积分解法、仿真容差、仿真数据的输入和输出等。

在模型窗中，执行菜单“Simulink”→“Configuration Parameters”命令，打开“Configuration Parameters”对话框，如图 6-8 所示。在该对话框中可以完成对各项仿真参数的设置。从图 6-8 左侧页面可以看出，仿真参数设置对话框包括“Solver”（解算器设置）、“Data Import/Export”（数据导入/导出设置）、“Optimization”（优化）和“Diagnostics”（诊断）等选项。下面将介绍其中主要的选项设置。

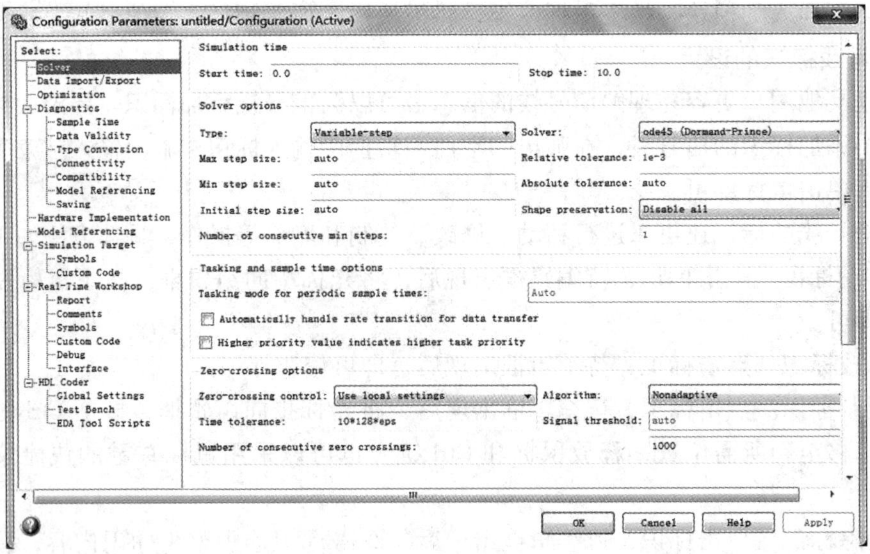

图 6-8　仿真参数设置对话框

1. 设置解算器 Solver 的参数

在“Configuration Parameters”对话框的左侧选择“Solver”选项，右侧显示出对应的 Solver 面板，如图 6-8 所示。

（1）仿真时间 Simulation time 的设置。在“Simulation time”选项区包括仿真起始时间“Start time”和终止时间“Stop time”两个文本框。通过修改 Start time 和 Stop time 文本框中的数值可以设置仿真的起始时间和终止时间。默认情况下，系统的起始时间为 0s，终止时间为 10s。

（2）解算器 Solver options 的设置。解算器类型 Type 下拉列表包括两大类：变步长（Variable-step）解算器和固定步长（Fixed-step）解算器。变步长解算是指在仿真过程中根据模型的动态特征改变积分步长，这类解算需提供误差控制和过零检测。固定步长解算是指在仿真过程中不改变积分步长，这类解算不需提供误差控制和过零检测。

在 Solver 中可通过选择下拉列表中的选项来设置具体的解法，表 6-1 列出了这些常见的解法。

表 6-1　Simulink 中的解算器解法

变步长		固定步长	
解法指令	使用方法	解法指令	使用方法
ode45	Dormand-Prince 法，采用显式 Runge-kutta（4，5）	ode5	ode45 的定步长计算
ode23	Bogacki-Shampine 法，采用显式 Runge-Kutta（2，3）	ode4	采用定步长的经典 4 阶 Runge-Kutta 计算
ode113	Adams 法，使用变阶 Adams-Bashforth PECE 数值积分法	ode3	ode23 的定步长计算
ode15s	采用变阶数值微分计算，适合于刚性微分方程解算	ode2	定步长的 2 阶 Runge-Kutta 计算
ode23s	采用二阶改进型 Rosenbrock 式计算，适合于刚性微分方程解算	ode1	定步长的 Euler 法
ode23t	采用梯形算法计算，适合于中等刚性微分方程解算	ode14x	采用牛顿法和外插组合计算
ode23tb	采用多步 TR-BDF2 法计算，适合于刚性微分方程解算	Discrete	纯离散系统的特殊计算方法
Discrete	纯离散系统的特殊计算方法		

解算器的默认设置是变步长的 ode45。这种解法能在保证计算精度的前提下，使用尽可能大的步长，对于大多数有连续状态量的模型解算是非常有效的。但是当模型中存在刚性方程问题并且 ode45 解法不能求出仿真真实解时，可以采用 ode15s 等适合于刚性方程的解法。若仿真模型中没有连续状态量，则选择离散解法 Discrete。

当解算器为变步长类别时，需要设置最大步长、最小步长、初始步长，以及相对容差和绝对容差。这些选项，通常取默认值，例如最大步长、最小步长、初始步长和绝对容差取默认 auto。

有关该面板其他的属性设置，请参阅 Simulink 帮助文档。

2. 仿真数据的输入/输出（Data Import/Export）**设置**

在“Configuration Parameters”对话框的左侧选择“Data Import/Export”选项，右侧显示出对应的“Data Import/Export”面板，如图 6-9 所示。该面板是用于管理模型的仿真数据从 MATLAB 工作空间的输入和输出，它有三个选项区域：从工作空间加载（Load from workspace）、保存到工作空间（Save to workspace）和保存选项（Save options）。

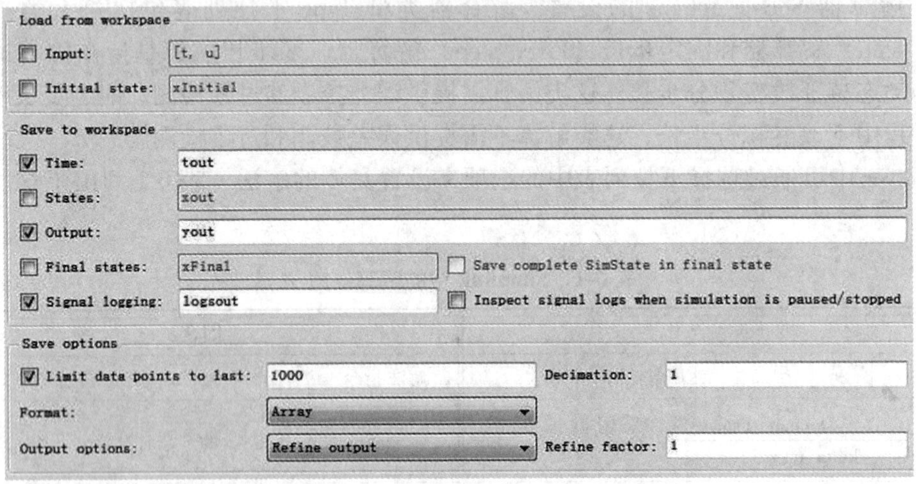

图 6-9　数据输入/输出设置页

（1）Load from workspace 选项区设置。

Input 选项框：如果 Simulink 模型中选用了输入模块 In，那么就必须勾选“Input”选项框，并填写 MATLAB 工作空间中的输入数据变量名（即工作空间中存在的变量），例如［t，u］或者 TU，如果输入模块有 n 个，则 u 的第 1、2、3、…、n 列（或 TU 的第 2、3、…、n+1 列）分别送往输入模块 In1、In2、…、Inn。注意，由工作空间变量组成的输入矩阵，第 1 列必须是时间向量且按升序排列，例如［t，u］中的 t 或者 TU 中的第1 列。

Initial state 选项框：如果勾选该选项框，则强迫模型从工作空间中获取模型所有内部状态变量的初始值。在选项框中填入工作空间中存储有状态量初始值的变量名，默认名为 xInitial。

（2）Save to workspace 选项区设置。

Time 选项框：如果勾选该选项框，则模型将仿真时间以指定的变量名存放在工作空间，默认变量名为 tout。

States 选项框：如果勾选该选项框，则模型将把其状态量以指定的变量名存放在工作空间，默认变量名为 xout。

Output 选项框：如果 Simulink 模型中选用了输出模块 Out，那么就必须勾选该选项框，并填写输出数据变量名，将在 MATLAB 工作空间中创建该变量，默认变量名为 yout。

Final state 选项框：如果勾选该选项框，则模型将其最终状态量以指定的变量名存放在工作空间，默认变量名为 xFinal。

（3） Save options 选项区设置。

Limit data points to last 选项框：如果勾选该选项框，需要设定保存到工作空间变量的数据长度，默认值为 1000。如果输入数据长度超过设定值，那么最早的数据会被清除。如果该选项不勾选，则对数据长度不做限制。

Decimation 选项框：用于设定仿真输出数据的抽取比率。如果设定为整数 n，则每隔 $n-1$ 个数据点保存一个数据。默认值为 1，表示保存所有数据点。

Format 选项框：用于设定保存到工作空间的状态量和输出数据的格式。如果选择 "Array"，则数据格式是矩阵，每行对应一个仿真时步。如果选择 "Structure"，则数据格式为结构，该结构包含了每个端口的子结构，每个端口子结构包含着该端口的信号数据。如果选择 "Structure with time"，则数据格式是带有时间字段和信号字段的结构，时间字段包含模型仿真时间向量，信号字段包含每个模型输入端口（针对输入数据）或输出端口（针对输出数据）的子结构，每个端口子结构包含有对应端口的信号数据。

Output options 选项框：用于为变步长解算器设定产生附加输出信号的选项。如果选择 "Refine output"，则在仿真时步间和仿真时间处产生数据输出，用 "Refine factor" 中的数据设定需在仿真时步间产生的数据点数。如果选择 "Produce additional output"，则在指定时间处产生附加输出，用 "Output times" 设定 Simulink 应该产生附加输出的仿真时间。如果选择 "Produce specified output only"，则仅在指定时间产生输出，用 "Output times" 设定 "Simulink" 应产生输出的仿真时间。

除上面已介绍的 Simulink 仿真参数的设置外，在 "Configuration Parameters" 对话框中还有其他选项设置，请参阅 Simulink 帮助文档。

6.3.2 运行仿真

在完成仿真参数的设置后，就可以开始运行仿真了。运行仿真有命令方式和窗口交互界面方式两种。在此仅介绍窗口交互界面方式。

在模型窗环境下，可采用以下三种方法来运行仿真：

1）执行菜单 "Simulation" → "Start" 命令。

2）按工具栏上图标为▶的 "Start simulation" 按钮。

3）按下 Ctrl + T 组合键。

在仿真运行过程中，如果打算停止仿真运行，在模型窗环境下，可采用以下三种方法：

1）执行菜单 "Simulation" → "Stop" 命令。

2）按工具栏上图标为■的 "Stop simulation" 按钮。

3）按下 Ctrl + T 组合键。

仿真结束后，可以采用多种途径进行仿真结果分析，具体在下节介绍。下面通过一个简单实例，来说明仿真过程。

【例 6-1】 用示波器同时观测正弦波信源的信号及其积分后的信号。

仿真过程如下：

（1）打开一个空白仿真模型窗，如图 6-2 所示。

（2）向模型窗添加所需模块。本实例中需要的模块有：正弦波信源（Sine Wave）模块、积分器（Integrator）模块、信号组合器（Mux）模块、示波器（Scope）模块。为此，从相应模块库中将所需模块添加到模型窗中，并对模块进行排列布局，如图 6-3 所示。

（3）设置模块参数。双击正弦波信源模块，弹出正弦波信源模块参数对话框，如图 6-6 所示。在参数设置对话框中，将幅值（Amplitude）设置为 5，频率（Frequency）设置为 0.5，其他取默认值，按“OK”按钮生效。本例中的其他模块取默认值。

（4）用信号线连接模块生成仿真模型。通过信号线操作，将模块按需要连接成仿真模型，如图 6-7 所示。

（5）设置仿真参数。打开“Configuration Parameters”对话框，将“Simulation time”中的“Stop time”时间设置为 40，其他保持默认值，按“OK”按钮生效。

（6）运行仿真。单击模型窗中工具栏上的“Start simulation”按钮，开始运行仿真。

（7）观察仿真结果。双击示波器（Scope）模块，弹出 Scope 界面，可观察正弦波信号及其积分信号，如图 6-10 所示。由于，Scope 纵轴范围的默认值为 [-5，5]，示波器上未能显示出波形的全貌，通过单击工具栏上具有图标的“Autosave”按钮，示波器将根据波形幅值自动地调整纵轴范围，如图 6-11 所示，此时显示出波形全貌。也可以将光标指向示波器坐标框内右击鼠标，执行快捷菜单上的“Axes Properties…”命令，在弹出的“‘Scope’ Properites:”对话框中，人工设置纵轴坐标范围，例如 Y-min 设置为 -10，Y-max 设置为 30，单击“OK”按钮，显示效果如图 6-12 所示。

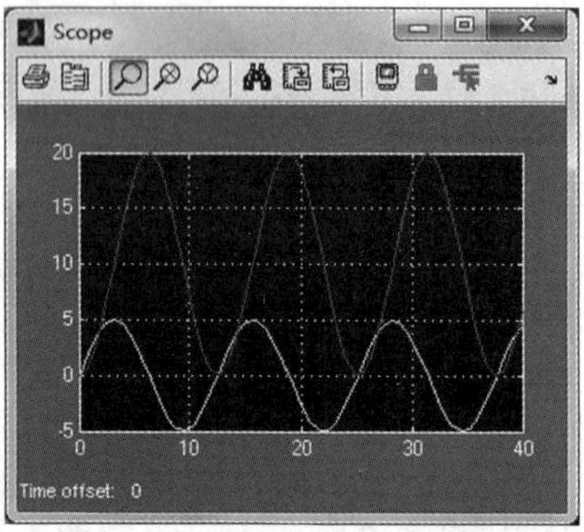

图 6-10　仿真运行结果波形

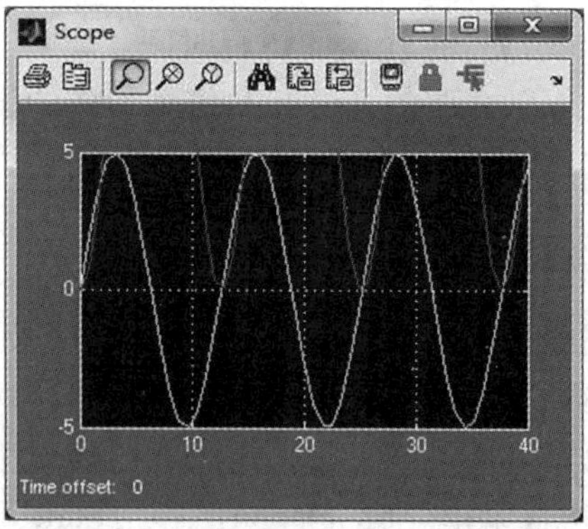

图 6-11　自动调整纵坐标范围后的显示

（8）保存仿真模型。为了今后再使用该仿真模型，需将模型保存为模型文件。在模型窗口，执行菜单“File”→“Save”或“Save As…”命令，或者按工具栏上具有图标的按钮，在弹出的“Save As”对话框中，设定文件名，文件类型为 .mdl，例如本例中文件名设定为 simple_model，单击“保存（S）”按钮。本例的模型文件为 simple_model.mdl。

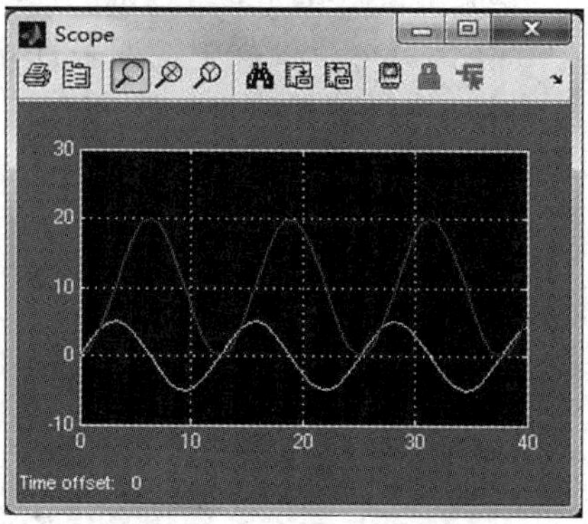

图 6-12　人工设置纵坐标范围后的显示

6.3.3　仿真结果分析

仿真结果分析是进行系统仿真的一个重要环节。通过仿真结果分析，有助于验证系统模型、改进系统模型以及完善系统性能。进行仿真结果分析，既可采用 Simulink 提供的输出模块来实现，也可采用 MATLAB 提供的一些函数或者命令来实现。

1. 观察输出轨迹

Simulink 提供多种观察输出轨迹的方法，有些方法直接显示仿真的输出轨迹，而有些方法是将仿真信号导出到工作空间，再用 MATLAB 绘图命令绘制输出轨迹。

（1）用 Scope 模块。Scope 模块可实时显示仿真所产生的标量或向量信号波形（轨迹），是时间曲线。Scope 模块可以有多个坐标轴，这些坐标轴具有相同的时间范围，但 y 轴是相互独立的。在示波器窗中，可调整显示的时间量和输入数值范围，可移动和调整示波器窗口，可设置示波器参数等。

无论示波器窗口是否打开，只要启动仿真，示波器数据缓冲区就接收送来的信号。该缓冲区接收数据长度的默认是 5000。如果数据长度超过设定值，那么最老的历史数据将被丢弃。

双击 Scope 模块，打开示波器窗口，再单击工具栏上图标为  的 Parameters 按钮，打开示波器参数设置窗，该窗有“General”和“Data History”两个设置页面，如图 6-13 所示。示波器相关参数设置说明如下：

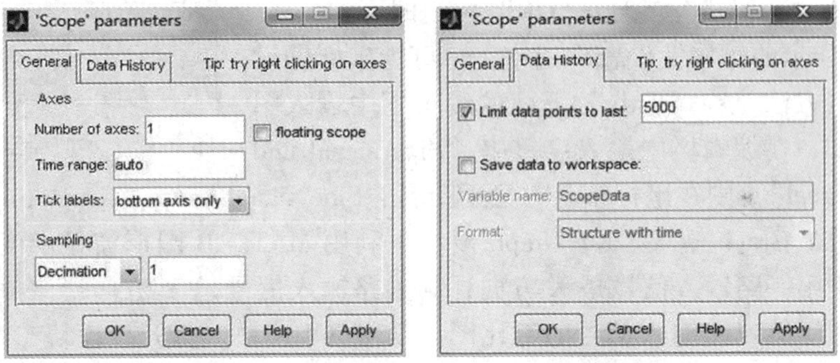

图 6-13　示波器参数设置对话框

1）坐标轴数目的设置。在“Number of axes”栏中设定坐标轴数目，示波器窗将有设定个数的信号显示区（坐标轴），Scope 模块将有设定个数的输入端。默认值为 1，即 Scope 模块只有 1 个输入端，示波器窗口只有 1 个坐标轴。如果将该栏设置为 2，则 Scope 模块将有 2 个输入端，示波器窗口有相应的 2 个坐标轴，如图 6-14 所示。

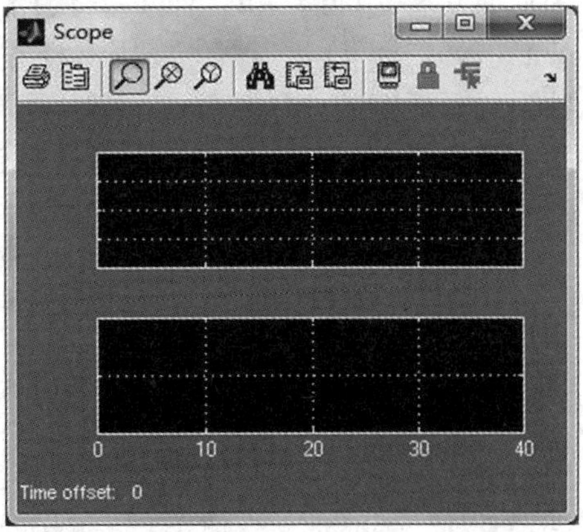

图 6-14　具有 2 个显示区的示波器窗口

2）时间范围的设置。在“Time range”栏中输入时间值，例如，输入 20，意味着显示在［0，20］区间的信号，单位为秒。默认值为“auto”，显示仿真时间内的信号。

3）坐标轴标记的设置。在“Tick labels”下拉列表框中选择设置坐标轴标记的显示方式。如果选择“all”，则将在所有坐标轴外侧标注坐标标记；如果选择“bottom axis only”，则只在最下方的坐标轴外侧标注时间标记；如果选择“none”，则所有坐标轴都不作标注。默认为“bottom axis only”。

4）信号抽取的设置。在“Sampling”中，有 2 个选项，即“Decimation”和“Sample time”。“Decimation”设置显示频度。若设置为整数 n，则每隔 $n-1$ 个数据点显示。默认值为 1。Sample time 设置显示点的时间步长，默认为 0，表示显示连续信号；取 -1，表示显示方式取决于输入信号；取任何大于 0 的数，则表示离散信号的时间间隔。

5）数据点数限制的设置。如果勾选“Limit data points to last”，可在右侧栏中设置要保存的数据点数（数据长度）。默认为勾选状态，其值为 5000。如果输入数据点数超过设定值，最早的历史数据被舍去。

6）将示波器数据存入工作空间的设置。如果勾选“Save data to workspace”，在“Variable name”栏中输入保存数据的变量名，在“Format”中选择数据格式，有“Structure with time”、“Structure”、“Array”三种。

在示波器窗口中，可根据信号显示需要手工设置纵坐标范围。首先在示波器“坐标轴区”内，单击鼠标右键，执行快捷菜单中的“Axes properties…”命令，弹出坐标轴设置对话框，如图 6-15 所示。在“Y-min”栏和“Y-max”栏设置纵坐标的下限和上限，设置好后按“Apply”按钮或“OK”按钮即可。

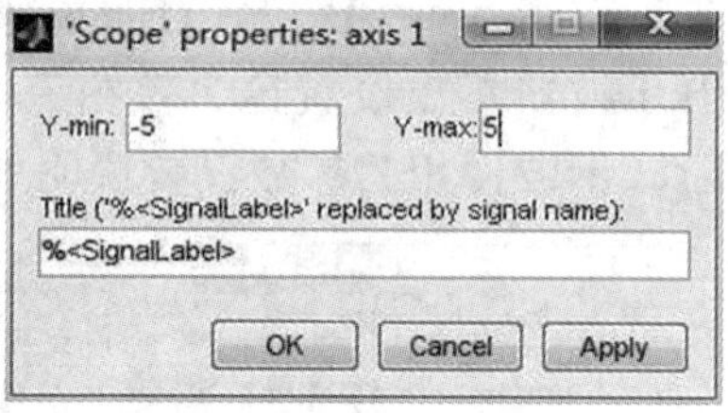

图 6-15　示波器坐标轴设置界面

在图 6-15 所示的轴属性设置界面中，还可为坐标轴设置图名。其设置方法是在“Title”下面的编辑框中输入图名字符串。例如，在编辑栏中输入字符串“Sine signal and it's integrating signal”，则在坐标轴上方显示图名“Sine signal and it's integrating signal”。

（2）使用 XY Graph 模块。XY Graph 模块是利用 MATLAB 图形窗显示两路输入信号的 X-Y 曲线，其中第一路输入信号是 X 方向，第二路输入信号是 Y 方向，该模块绘制出第二路输入信号相对于第一路输入信号的对比图。双击 XY 模块，打开该模块参数设置对话框，可设置纵横坐标范围。

（3）使用 Out 模块。在模型中，设置 Out 模块。仿真结束后，在 MATLAB 工作空间自动生成两个变量“tout”和“yout”，分别返回时间向量和各个输出端子的仿真结果。然后利用返回变量“tout”和“yout”，使用 MATLAB 的绘图函数绘制并标注仿真输出轨迹，例如 plot（tout，yout）。当然，使用这种方法之前首先需要在“Configuration Parameters”仿真参数设置对话框的“Data Import/Export”页面中，勾选“Time”和“Output”，并对相应的时间变量和保存输出变量进行设置，默认是“tout”和“yout”。

图 6-16 所示的模型中，使用了一个 Out 模块，在“Configuration Parameters”对话框的“Data Import/Export”页面中，勾选“Time”和“Output”，并取默认变量名。运行仿真后，在 MATLAB 命令窗口中，执行 plot（tout，yout）命令，可绘制输出轨迹，如图 6-17 所示。

（4）使用 To Workspace 模块。To Workspace 模块能够接收输入信号，并将信号数据写入 Matlab 工作空间的变量中，每一个输入信号数据都保存在一个列向量中。信号数据可写到一个数组变量或者一个结构变量中，其格式由模块参数中的“Save format”选项设置。双击“To Workspace”模块，打开模块参数设置对话框，可设置变量名、限制数据点数、抽取因子、采样时间和保存格式等参数。

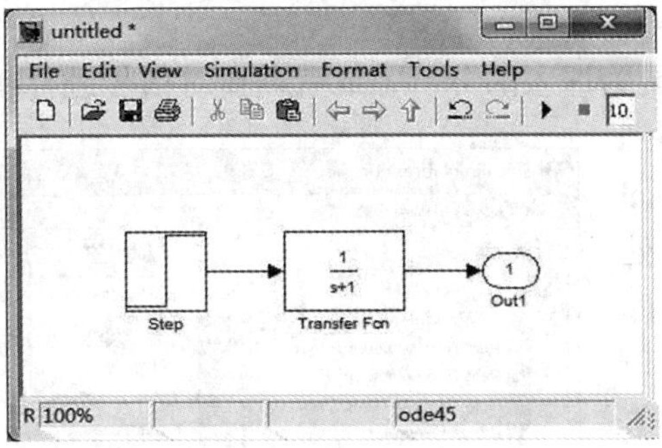

图 6-16　具有返回变量的模型

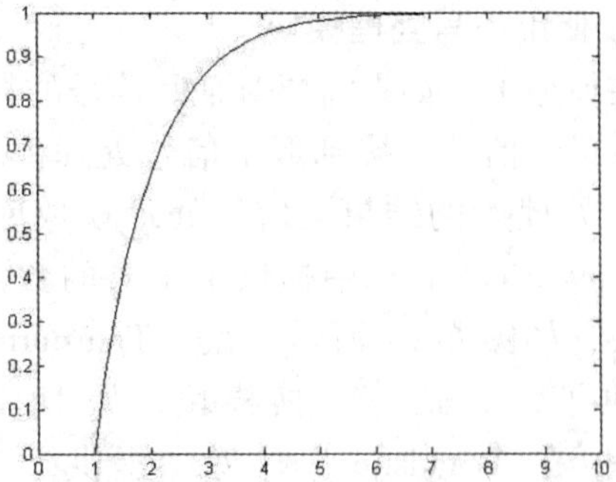

图 6-17　使用返回变量观察输出轨迹

图 6-18 所示的仿真模型，使用了一个 To Workspace 模块。双击 To Workspace 模块，设置变量名为 y，保存格式为 Structure，其他参数采用默认设置。运行仿真后，在工作空间中，产生了变量 tout 和变量 y。其中，y 是一个结构变量。在 MATLAB 命令窗口中，执行 plot（tout，y. signals. values）命令，绘制出与图 6-17 一样的图形。

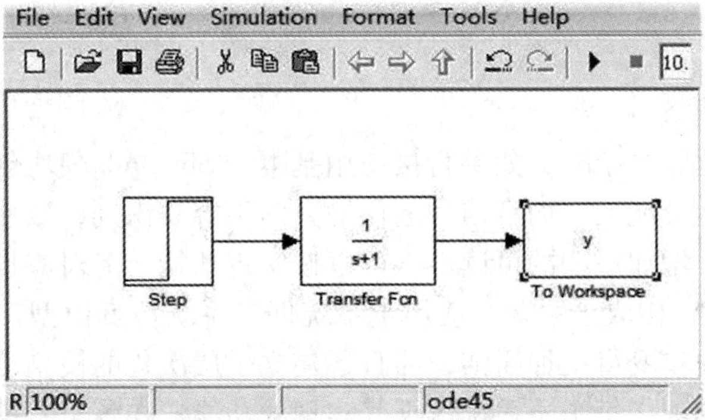

图 6-18　使用 To Workspace 模块的仿真模型

（5）使用仿真数据观察工具。仿真数据观察工具是用于观察和比较时间序列信号数据。要使用仿真数据观察工具，需在“Configuration Parameters”对话框的“Data Import/Export”页面中，选择参数：“Time”，“States”，“Output”，“Signal logging”，“Format”中选定“Structure with time”，“Signal logging format”中设定“ModelDataLogs”或“Dataset”。有关仿真数据观察工具的具体使用，请参阅 Simulink 的帮助文档。

2. 使用 To file 模块以文件形式输出仿真结果

使用 To file 模块将仿真结果以 Mat 文件的格式直接保存到数据文件中。双击 To file 模块，打开模块参数设置对话框，需要设置保存的文件名等参数。运行仿真，将仿真时间和仿真结果（To file 模块输入信号）以行格式保存到指定文件中，文件中的第一行是记录的仿真时间。

3. 使用 Display 模块直接显示信号数值

Display 模块用于直接显示输入信号的数值。双击 Display 模块，打开模块参数设置对话框，可设置显示的数值格式，有 short、long、short_e、long_e、bank、hex、binary、decimal、octal 等格式。Display 模块可以同时显示多路信号。

4. 使用信号处理模块

在模型中，如果需要对某些信号的特性作更为深入的分析，或者需要对信号进行相关的处理，可将信号连接到数字信号处理模块，得到分析和处理后的结果。信号处理模块库（Signal Processing Blockset）中提供了丰富的数字信号处理模块，如图 6-19 所示。在“Transforms”子库中提供了多种信号变换模块，如 DCT、DWT、FFT 等；在“Statistics”子库中提供了大量数值统计分析模块；在“Signal Processing Sinks”子库中提供了大量信号处理模块等。

对于仿真结果的分析，除了使用上述介绍的方法外，还可利用 MATLAB 中提供的各类分析、处理和操作函数，也可利用其他专业工具箱中提供的函数、命令或模块。

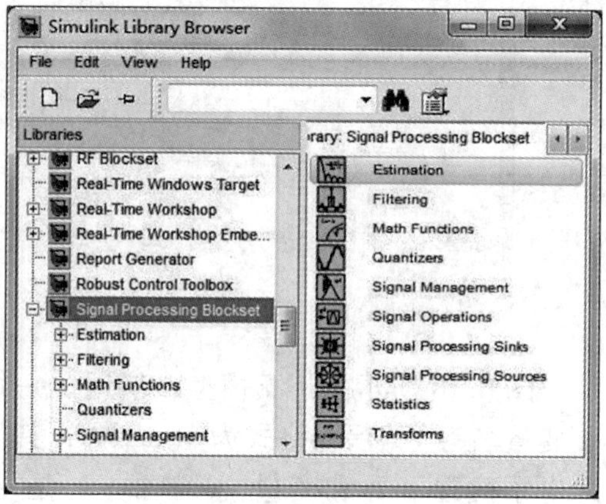

图 6-19　信号处理模块库

6.4　子系统

当被研究的系统比较复杂时，如果直接使用基本的 Simulink 模块创建系统模型，那么所创建的系统模型将会十分庞大，而且信号的传输方向不容易识别，致使模型的阅读变得十分艰难。为了简化模型，增加模型的可读性，可以按实现功能或者对应物理器件的存在将一些模块划分成一组（块），构成子系统。使用子系统创建系统仿真模型，不仅使模型窗口中的模块数量减少，模型窗口变得更加简洁，而且还建立了层次化的模型结构，即在系统仿真模型层是由若干子系统构成，每个子系统体现其实现的功能；在各子系统层是由一个个具体基本模块构成，体现了各子系统的实现细节。因此，在进行系统仿真模型设计中，应充分使用子系统来构建系统模型。本节将着重介绍子系统的创建和封装方法。

6.4.1　子系统的创建

在 Simulink 中，有两种方法创建子系统：一种是利用模型中已有模块组合创建子系统；另一种是通过向子系统模块（Subsystem 模块）添加基本模块创建子系统。

1. 使用已有模块组合创建子系统

这种创建方法首先是在模型窗中选定组成子系统的所有模块，然后执行模型窗菜单“Edit”→“Create subsystem”命令，或者单击鼠标右键，执行快捷菜单中“Create subsystem”命令即可。下面以创建 PID 控制器子系统为例，介绍子系统的创建过程和方法。

PID 控制器在生产过程自动控制系统中应用非常广泛，其控制规律为

$$u(t) = K_p\left[e(t) + \frac{1}{T_i}\int_0^t e(t)\mathrm{d}t + T_d\frac{\mathrm{d}e(t)}{\mathrm{d}t}\right]$$

或写成传递函数的形式

$$G(s) = \frac{U(s)}{E(s)} = K_p\left(1 + \frac{1}{T_i s} + T_d s\right)$$

式中，K_p为比例系数；T_i为积分时间常数；T_d为微分时间常数。

在模型窗口中，创建带有 PID 控制功能的仿真模型，如图 6-20 所示。

选中组成 PID 控制器的所有模块，即除了输入模块 In1 和输出模块 Out1 外的所有其他模块。执行菜单“Edit”→“Create subsystem”命令，或者单击鼠标右键，执行快捷菜单中“Create subsystem”命令，则把已经选中的模块装入一个名为 subsystem 的模块，如图 6-21 所示。接下来可以更改子系统模块的名称。用鼠标单击子系统模块名称处，将“Subsystem”改为“PID Controller”；双击子系统模块打开子系统，在打开子系统模块窗口中将输入、输出端口的名称改为“Input”和“Output”，修改后的模型如图 6-22 所示。

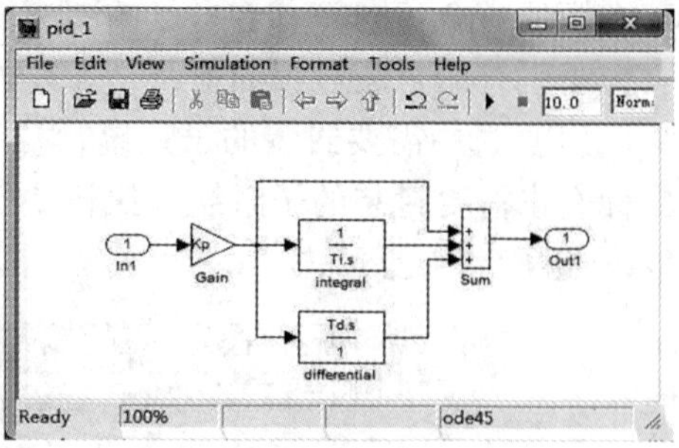

图 6-20　PID 控制器仿真模型

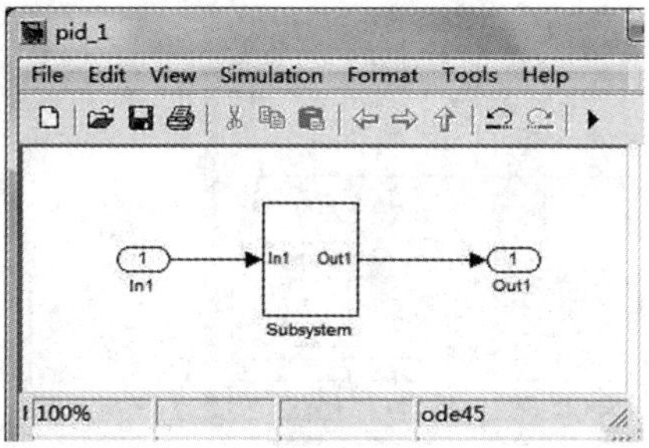

图 6-21　创建 PID 子系统之后的仿真模型

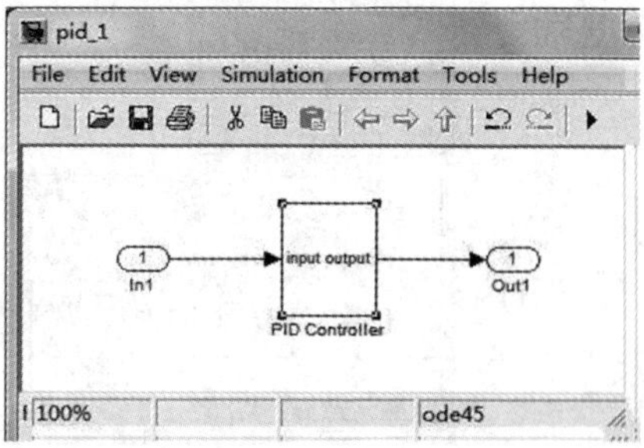

图 6-22　修改名称之后的 PID 子系统仿真模型

2. 向子系统模块添加基本模块创建子系统

使用这种方法创建子系统，首先是要新建一个仿真模型窗口，并将“Ports & Subsystems”模块库中的“Subsystem”模块复制到仿真模型窗口。在模型窗口中，双击子系统“Subsystem”模块，弹出子系统模型窗口，如图 6-23 所示。将子系统中的所有模块从模块库中复制到其中，并进行信号线连接。

采用上述方法创建 PID 控制器子系统后，单击“Subsystem”模块名称处，将子系统模块名修改为“PID Controller”，也可根据需要修改输入、输出端口的名称。

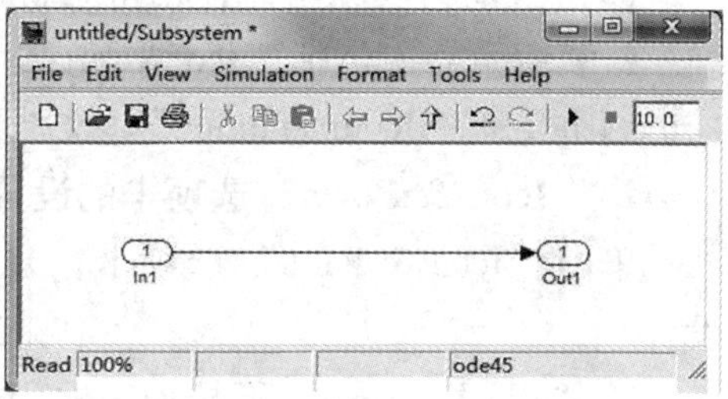

图 6-23　子系统模型窗口

6.4.2　子系统的封装

使用上面介绍方法创建的子系统，称为简装子系统，虽然简化了系统模型，提高了模型可读性。但是这种子系统要从 MATLAB 工作空间直接获取变量数值，容易发生变量冲突，且与 Simulink 模块库中的基本模块的结构不一致，规范化程度比较低。为此，可使用封装子系统来解决。所谓封装子系统是指对简装子系统进行封装之后的子系统，它将内部结构隐藏起来，具有自己的工作空间。双击封装子系统模块，它会弹出一个参数设置对话框，只要将所需要的变量参数输入到对话框中即可。从外表上来看，封装子系统和 Simulink 模块库中的基本模块完全相同，有着自己的图标、参数设置的对话框。

子系统的封装过程如下：

（1）选中需要封装的子系统，执行菜单“Edit”→“Mask Subsystem…”命令，或者用鼠标右击需要封装的子系统，执行快捷菜单中的“Mask Subsystem…”命令，打开封装编辑框，如图 6-24 所示；

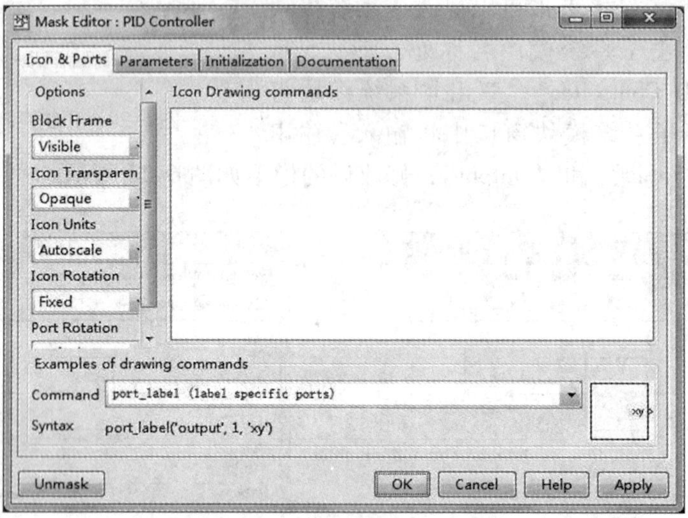

图 6-24　封装编辑器

（2）在封装编辑框中，设置封装子系统的参数属性、模块描述、帮助信息和图形标识等。

（3）关闭封装编辑器，则得到新建的封装子系统。

封装编辑器中包括“Icon&Ports”（图标与端口）、“Parameters”（参数）、“Initialization”（初始化）和“Documentation”（文档）4 个选项卡。

1. “Icon & Ports”选项卡的设置

单击“Icon & Ports”选项卡，显示“Icon & Ports”选项页面，可对图标和端口进行设置。

1）“Block Frame”下拉列表框用于设置图标边框是否可见，“visible”为可见，“invisible”为不可见。

2）“Icon Transparency”下拉列表框用于设置图标下的信息是否可见，例如端口标识。“Opaque”（不透明的）为不可见，“Transparent”（透明的）为可见。

3）“Icon Units”下拉列表框用于设置绘制图标的单位。

4）“Icon Rotation”下拉列表框用于设置图标是固定还是旋转。设置为“Fixed”，表示在旋转或翻转子系统模块时，图标不会随之旋转或是翻转；设置为“Ratates”，则表示在旋转或翻转子系统模块时，图标随之旋转或是翻转。

5）“Port Rotation”下拉列表框用于设置端口封装子系统端口旋转类型。

6）在“Icon Drawing Commands”选框中输入绘制命令，以绘制出封装子系统所需的图标。可以使用各种绘制命令，例如 disp、dpoly、fprintf、image、patch、plotport_label 和 text 等。

7）在“Examples of drawing commands”面板中，向用户解释如何使用各种绘制图标的命令，每种命令都在右下角显示对应的效果，用户可以按照该选框中的命令格式和右侧出现的示例图标效果来编写图标绘制命令。

2. “Parameters”选项卡的设置

选择“Parameters”选项卡，可在其中对封装子系统的参数进行设置，如图6-25所示。

单击“Add”按钮，添加子系统的参数。在“Prompt”选框填写参数对话框中显示的参数提示信息；在“Variable”选框中设置变量名，用户在对话框中输入的数值将会被传给该变量；在“Type”选框中设置编辑该参数数值的控件类型，它会出现在封装参数对话框上的参数提示信息后，有三种类型：“edit”、“checkbox”和“popup”；勾选“Evaluate”，则计算编辑字段中的表达式值，并将计算结果赋值给变量，否则仅是将编辑字段内容作为字符串赋值给变量；勾选“Tunable”，允许用户在仿真运行时修改封装参数数值。

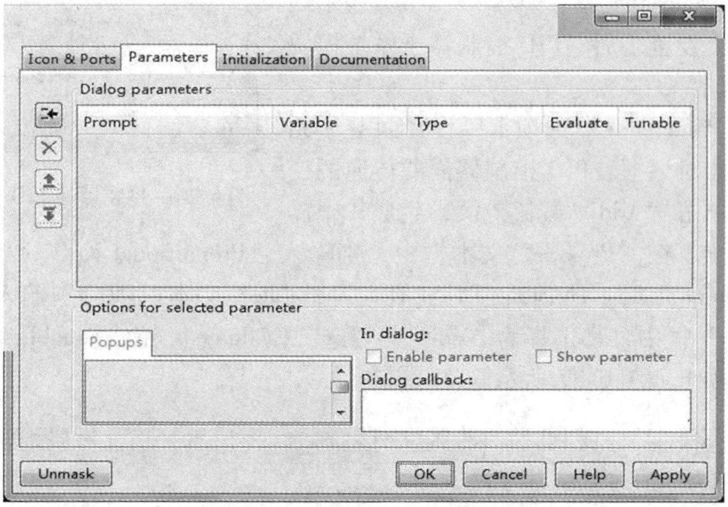

图6-25 封装子系统的参数选项卡

在“In dialog”中，勾选“Enable parameter”使参数生效，勾选“Show parameter”使参数在封装参数对话框中显示。若用户希望在封装参数对话框中选择“OK”或“Apply”使参数修改生效时执行相应的程序代码，则可将这个相应的 MATLAB 代码写入“Dialog callback”框中。

3. “Initialization”选项卡的设置

选择“Initialization”选项卡，在其中设置封装子系统的参数初始值。在该选项卡中，可以定义封装子系统的初始化命令。初始化的命令可以使用任何有效的 MATLAB 表达式、函数、运算符和“Parameters”选项卡定义的变量，但是初始化命令不能访问 MATLAB 工作空间中的变量。

4. “Documentation”选项卡的设置

选择“Documentation”选项卡，在其中设置封装子系统的性质说明和帮助信息。它包括

“Mask type”（封装类型）、“Mask description”（封装说明）和“Mask help”（封装帮助）3 个文本框。其中，“Mask description”文本框用于编写封装子系统的简要性质说明，它将显示在封装后子系统模块的参数设置对话框中，允许使用中、英文。“Mask help”文本框用于编写封装子系统的帮助信息，当单击封装子系统参数设置对话框中的“Help”按钮时，该文本框中的帮助信息就会显示出来，只允许使用英文。

【例 6-2】 PID 控制器子系统的封装。

假定 PID 控制器子系统已按前面介绍方法创建，其封装过程如下：

（1）在模型窗中，选中 PID 控制器子系统，执行菜单“Edit”→“Mask Subsystem”命令，打开封装编辑器。

（2）选择“Icon & Ports”选项卡，在“Block frame”框中选“visible”，在“Icon Transparency”框中选“Transparent”，在“Icon Units”框中选“Normalized”，在“Icon Rotation”框中选“Fixed”，在“Port Rotation”框中选“Default”，在“Icon drawing commands”文本框中输入“disp（‘PID\n\ncontroller’）”，其中“\n”表示回车换行。完成以上设置之后，PID 控制器子系统模块显示如图 6-26 所示。

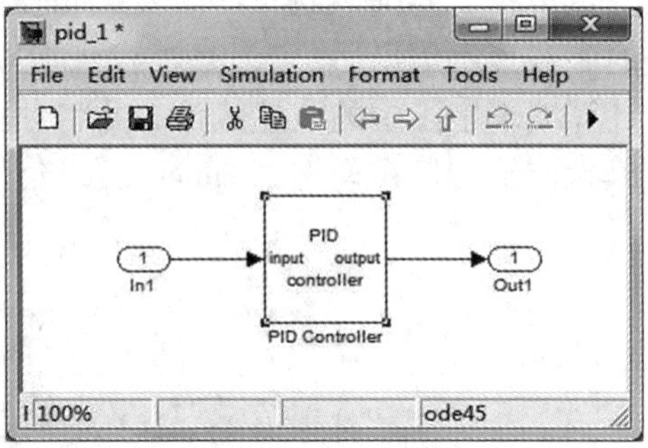

图 6-26　封装后的 PID 控制器子系统模块

（3）选择“Parameters”选项卡，设计封装子系统模块的参数设置对话框。PID 控制器需要传递的变量参数有 3 个，单击“Add”按钮 3 次，生成 3 个需要传递变量的位置。在“Prompt”文本框中分别输入“Proportional Kp”、“Integral time constant Ti”、“Differential time constant Td”；在“Variable”文本框中分别输入“Kp”、“Ti”、“Td”；在“Type”框中，都选择为“edit”；勾选“Evaluate”和“Tunable”。设置完成后的“Parameters”选项卡如图 6-27 所示。

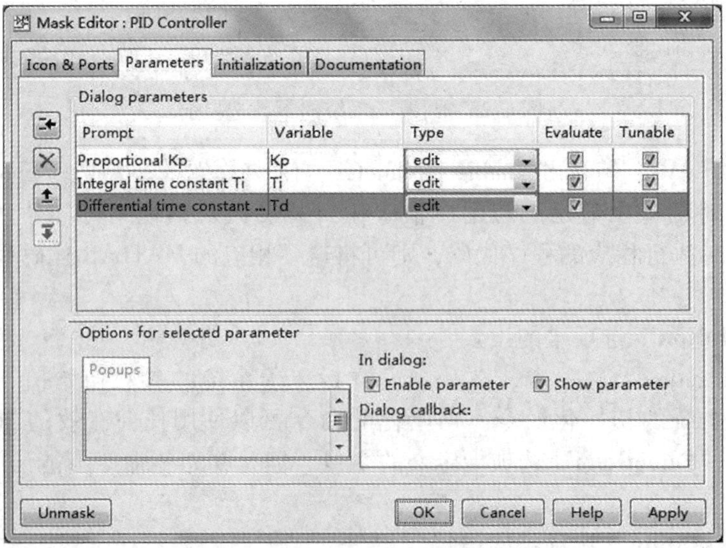

图 6-27　封装子系统模块参数设置对话框的设计

（4）选择“Initialization”选项卡，设置封装子系统中参数初始值。由于在生成封装 PID 控制子系统模块时暂不需要设置参数初始值（默认值），因此在“Initialization commands”文本框中不需要编写任何内容。

（5）选择“Documentation”选项卡，编写 PID 控制器模块的简要说明和帮助信息。在“Mask type”框中，写入“PID controller”；在“Mask description”框中，写入“This is a PID controller block, Kp is proportional coefficient, Ti is integral time constant, Td is differential time constant”；在“Mask help”框中，写入相应的帮助信息（在此，略去此部分内容）。

（6）完成以上各项设置之后，单击封装编辑器的“OK”按钮或“Apply”按钮，即完成了 PID 控制器子系统模块的整个封装过程。

双击上面封装之后的 PID 控制器模块，将弹出参数设置对话框，如图 6-28 所示。在此对话框中，输入 PID 控制器所需要的 3 个参数值，按“OK”按钮或“Apply”按钮完成设置。

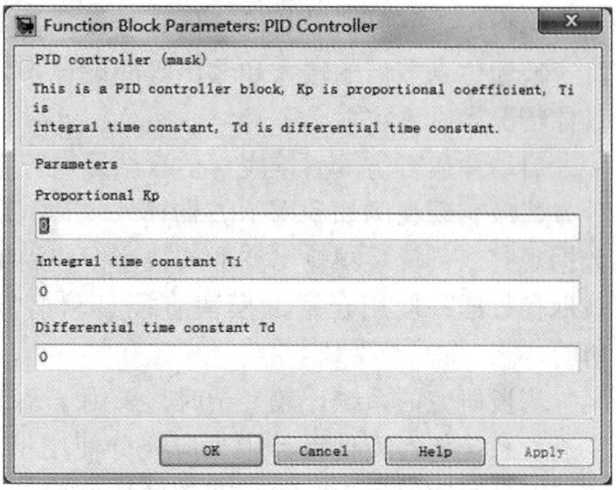

图 6-28　封装后 PID 控制器模块的参数设置对话框

对于封装之后的子系统模块，可在模型窗通过执行菜单“Edit”→“Edit mask”命令，或者执行快捷菜单中“Edit mask”命令，在弹出的封装编辑器对话框中进行子系统的再修改。如果需要修改封装后子系统模块的内部结构，可以在选中子系统模块后，执行菜单“Edit”→“Look under mask”命令，或者单击鼠标右键，执行快捷菜单“Look under mask”命令，在弹出的子系统模块仿真模型窗口中修改子系统模块的结构图。

如果把 Simulink 模块库中的“Enable”模块和/或“Trigger”模块放到某个子系统中，则该子系统只能在给定的控制信号的控制下执行，这样的子系统被称为条件执行子系统。Simulink 支持的条件执行子系统有使能子系统（Enabled subsystem）、触发子系统（Triggered subsystem）和触发使能子系统（Enabled and triggered subsystem）3 种。有关这 3 种条件执行子系统的创建和使用方法，请参考帮助文档和相关文献。

用户可以根据仿真建模的需要，建立自己的模块库，分门别类地存储相关的基本模块和子系统模块。创建自己的模块库的方法是：在 Simulink 库浏览器窗，执行菜单“File”→“New”→“Library”命令，将打开一个空白的模块库窗，将需要的模块和子系统模块复制到该模块库窗口即可。

6.5　小结

Simulink 是用于对动态系统建模、仿真和综合分析的交互工具与平台。在其集成的交互环境中，可以打开 Simulink 模块库和其他专用工具箱的模块库，在这些模块库中存放着用户建模所需要的各种模块，为用户建模提供了极大的方便。在仿真模型窗口，用户可以建立仿真模型，设置仿真参数和运行仿真，分析仿真结果。

在 Simulink 环境下，建立仿真模型就像用积木块搭建模型一样方便。从模块库中，将所需要的模块复制（拖拽）到模型窗内。在模型窗中，可对模块进行操作，如选定、复制、删除、移动、大小调整、旋转、命名、添加阴影效果和模块参数设置等，通过这些操作使模块合理布局，并按系统的连接关系使用连线将模块连接起来。信号线的操作涉及模块连接、信号线移动与删除、分支信号线的添加、信号线的折曲、信号线标识设置等，同时也可以对模型进行必要的注释。

模型建立好后，需要设置仿真参数，主要包括仿真时间设置、仿真解算法类型选择、仿真容差和仿真数据的输入和输出等的设置。尤其是仿真解法的选择，应根据仿真系统模型的具体情况加以确定。

启动并运行仿真后，应对仿真结果进行系统综合的分析。对仿真结果分析，可以采用多种方式来实现，例如利用示波器模块、XY 图形模块、输出模块、To Workspace 模块和仿真数据观察工具等观察输出波形或轨迹；使用 To file 模块以文件形式输出仿真结果，以文件形式保存数据；使用合适的模块直接显示信号数值；使用信号处理模块对信号进行深度分析等。

当被研究的系统比较复杂时，采用子系统，可以简化模型，增加模型的可读性。因此，在进行系统仿真模型设计中，应充分使用子系统来构建系统模型。子系统的创建有两种方法：一是利用模型中已经存在的模块创建子系统；另一种是通过向子系统模块（Subsystem 模块）添加基本模块创建子系统。子系统的封装非常重要，封装后的子系统和 Simulink 模块库中模块的使用完全相同，当双击系统时会弹出参数设置对话框，更具实用性。

第 7 章　MATLAB 在控制系统分析与设计中的应用

自动控制系统是指能够对被控对象的工作状态进行自动控制的系统，它一般由控制装置和被控对象组成。自动控制系统按照组成系统的元件特性，分为线性系统与非线性系统；按照系统内信号的传递形式，分为连续系统和离散系统；按照输入、输出量的数目，分为单输入单输出系统（SISO）和多输入多输出系统（MIMO）；按照参考输入形式，分为恒值系统和随动系统。对于自动控制系统的工作主要涉及系统建模、系统分析和系统设计（综合）三个过程。本章将应用 MATLAB/Simulink 进行线性控制系统的建模、分析和设计，主要介绍 MATLAB 在线性控制系统建模、分析和设计中应用的基本方法和技术。

7.1　线性控制系统的数学模型

控制系统的数学模型是描述系统内部各变量之间关系的数学表达式，是进行控制系统分析和设计的基础。数学模型的表示有多种，对于线性连续系统，常用的数学模型有传递函数、状态方程、零极点增益等；对于线性离散系统，常用的数学模型也有传递函数、状态方程、零极点增益等。这些模型之间都有内在的联系，可以相互进行转换。

控制系统的数学模型，在 MATLAB 中，可使用相应函数进行建模，而在 Simulink 中，可使用相应模块进行建模。

7.1.1　线性连续系统的数学模型

1. 传递函数模型

线性连续系统一般是以线性常微分方程来描述的，系统的微分方程可写成

$$a_0 \frac{\mathrm{d}^n y(t)}{\mathrm{d}t^n} + a_1 \frac{\mathrm{d}^{n-1} y(t)}{\mathrm{d}t^{n-1}} + \cdots + a_{n-1} \frac{\mathrm{d}y(t)}{\mathrm{d}t} + a_n y(t)$$

$$= b_0 \frac{\mathrm{d}^m u(t)}{\mathrm{d}t^m} + b_1 \frac{\mathrm{d}^{m-1} u(t)}{\mathrm{d}t^{m-1}} + \cdots + b_{m-1} \frac{\mathrm{d}u(t)}{\mathrm{d}t} + b_m u(t) \tag{7-1}$$

式中，$y(t)$ 为系统输出量；$u(t)$ 为系统输入量；n 为系统的阶次；$a_i(i=0,1,2,\cdots,n)$ 与 $b_i(i=0,1,2,\cdots,m)$ 为由系统结构和参数决定的常数。

线性定常系统，也称为线性时不变系统。在零初始条件下，传递函数定义为输出量的拉普拉斯变换与输入量的拉普拉斯变换之比。对式（7-1）取拉普拉斯变换得系统的传递函数为

$$G(s) = \frac{Y(s)}{U(s)} = \frac{b_0 s^m + b_1 s^{m-1} + \cdots + b_{m-1} s + b_m}{a_0 s^n + a_1 s^{n-1} + \cdots + a_{n-1} s + a_n} \tag{7-2}$$

（1）MATLAB 中的传递函数模型表示。由式（7-2）中可以看出，传递函数可以表示为两个多项式的比值。在 MATLAB 语言中，多项式可以用多项式系数按降幂排列组成的向量表示。假定传递函数的分子多项式和分母多项式分别用 num 和 den 两个向量表示为

$$\text{num} = [b_0, b_1, \cdots, b_m], \text{den} = [a_0, a_1, \cdots, a_n]$$

利用 MATLAB 提供的建立传递函数模型的函数 tf 来表示系统的传递函数，其常见的调用格式如下：

- G = tf（num，den）　G 代表了系统的传递函数模型。
- G = tf（num，den，'InputDelay'，tao）　这是建立带时间延迟的系统 $G_d(s) = G(s)e^{-\tau s}$的传递函数，其中 InputDelay 为属性名，也可写成 OutputDelay，tao 为系统延迟时间的 τ 数值。

对于已经建立的传递函数模型，MATLAB 提供了函数 tfdata，可以从传递函数模型中提取模型中的分子分母多项式系数，其常见的调用格式如下：

```
[num,den] = tfdata(G,'v')
```

【例 7-1】 已知某系统的传递函数为

$$G(s) = \frac{12s^3 + 24s^2 + 12s + 20}{2s^4 + 4s^3 + 6s^2 + 2s + 2}$$

试建立此系统的传递函数模型。

在 MATLAB 命令窗口中，执行

```
>> num = [12 24 12 20];den = [2 4 6 2 2];   % 建立分子多项式、分母多项式
>> G = tf(num,den);                         % 建立系统的传递函数模型
>> [nn,dd] = tfdata(G,'v')                  % 从模型对象中提取分子分母多项式系数
```

运行结果为：

```
nn =
     0    12    24    12    20
dd =
     2     4     6     2     2
```

（2）Simulink 中的传递函数模型表示。从 Simulink 模块库的 Continuous 子库中，将 “Transfer Fcn” 模块（传递函数模块）复制到模型窗中，双击该模块，打开其参数设置对话框，在 “Numerator coefficient” 框中输入传递函数分子多项式系数组成的向量，在 “Denominator coefficient” 框中输入传递函数分母多项式系数组成的向量，按 “OK” 或 “Apply” 按钮即建立起对应系统的传递函数模型。

2. 状态方程模型

状态方程是由系统状态变量构成的一阶微分方程组。对于一个具有 n 个状态，r 个输入和 m 个输出的线性定常系统的状态方程模型为

$$\begin{cases} \dot{\boldsymbol{x}} = \boldsymbol{Ax} + \boldsymbol{Bu} \\ \boldsymbol{y} = \boldsymbol{Cx} + \boldsymbol{Du} \end{cases} \tag{7-3}$$

式中，状态向量 $\boldsymbol{x}$ 是 n 维的，输入向量 $\boldsymbol{u}$ 是 r 维的，输出向量 $\boldsymbol{y}$ 是 m 维的，状态矩阵 $\boldsymbol{A}$ 是 $n \times n$ 维的，输入矩阵 $\boldsymbol{B}$ 是 $n \times r$ 维的，输出矩阵 $\boldsymbol{C}$ 是 $m \times n$ 的，前馈矩阵 $\boldsymbol{D}$ 是 $m \times r$ 维的，$\boldsymbol{A}$、$\boldsymbol{B}$、$\boldsymbol{C}$、$\boldsymbol{D}$ 都是常数矩阵。

（1）MATLAB 中的状态方程模型表示。在 MATLAB 中，首先建立 $\boldsymbol{A}$、$\boldsymbol{B}$、$\boldsymbol{C}$、$\boldsymbol{D}$ 4 个常数矩阵，再使用 MATLAB 提供的函数 ss 来建立系统状态方程模型。函数 ss 的常用调用格式

如下：

- sys = ss（A，B，C，D）　　sys 代表系统状态方程模型对象。
- sys = ss（A，B，C，D，'InputDelay'，taoi，'OutputDelay'，taoo）　　sys 代表带有时间延迟的系统状态方程模型对象，调用中的 taoi 是输入延迟时间数值，taoo 是输出延迟时间数值。

对于已有的状态方程模型对象，可采用函数 ssdata 获取状态方程系数矩阵，其调用格式如下：

[A，B，C，D] = ssdata（sys）

（2）Simulink 中的状态方程模型表示。从 Simulink 模块库的 Continuous 子库中，将 State-Space 模块（状态空间模块）复制到模型窗中，双击该模块，打开其参数设置对话框，在参数 A、B、C、D 框中输入状态方程对应的常数矩阵，按"OK"或"Apply"按钮即建立起对应系统的状态方程模型。

【例 7-2】已知某系统的状态方程和输出方程如下：

$$\dot{\boldsymbol{x}} = \begin{bmatrix} 1 & 6 & 9 & 10 \\ 3 & 12 & 6 & 8 \\ 4 & 7 & 9 & 11 \\ 5 & 12 & 13 & 14 \end{bmatrix}\boldsymbol{x} + \begin{bmatrix} 4 & 6 \\ 2 & 4 \\ 2 & 2 \\ 1 & 0 \end{bmatrix}\boldsymbol{u},\quad \boldsymbol{y} = \begin{bmatrix} 0 & 0 & 2 & 1 \\ 8 & 0 & 2 & 2 \end{bmatrix}\boldsymbol{x}$$

建立该系统的状态方程模型。

在命令窗口中，执行

```
>> A=[1 6 9 10;3 12 6 8;4 7 9 11;5 12 13 14]; B=[4 6;2 4;2 2;1 0];
                                                  %建立系统系数矩阵
>> C=[0 0 2 1;8 0 2 2]; D=zeros(2,2);             %建立系统系数矩阵
>> sys=ss(A,B,C,D);                               %建立系统状态方程模型
```

3. 零极点模型

零极点模型实际上是传递函数模型的另一种表现形式。系统的零极点模型表示为

$$G(s) = K\frac{(s-z_1)(s-z_2)\cdots(s-z_m)}{(s-p_1)(s-p_2)\cdots(s-p_n)} \tag{7-4}$$

式中，K 为系统的增益；$z_i(i=1,2,\cdots,m)$ 和 $p_i(i=1,2,\cdots,n)$ 分别为系统的零点和极点。

（1）MATLAB 中的零极点模型表示。在 MATLAB 中，首先建立零点向量、极点向量和增益向量，其中零点、极点向量采用列向量表示，例如：$\boldsymbol{Z}=[z_1;z_2;\cdots;z_m]$，$\boldsymbol{P}=[p_1;p_2;\cdots;p_n]$，再使用 MATLAB 提供的函数 zpk 来建立系统的零极点模型，其调用格式如下：

- sys = zpk（Z，P，K）　　sys 代表系统零极点模型对象。
- sys = zpk（Z，P. K，'InputDelay'，tao）　　sys 代表带有时间延迟的零极点模型对象，调用格式中的 tao 是延迟时间的数值。

对于已有的零极点模型对象，可采用函数 zpkdata 获取模型的零点、极点和增益向量，其调用格式如下：

[Z,P,K] = zpkdata(sys,'v')

（2）Simulink 中的零极点模型表示。从 Simulink 模块库的 Continuous 子库中，将 Zero-Pole 模块（零极点模块）复制到模型窗中，双击该模块，打开其参数设置对话框，在参数

“Zeros”、“Poles” 和 “Gain” 框中分别输入零点向量、极点向量和增益向量，按 “OK” 或 “Apply” 按钮即建立起对应系统的零极点模型。

【例 7-3】已知某四阶控制系统，其传递函数 $G(s)$ 的零点为 -2、-4，极点为 -1、-4 + j6、-4 - j6、-20，增益为 150，试建立此控制系统的传递函数模型。

输入以下语句：

```
>> Z=[-2;-4];                     %建立零点向量
>> P=[-1;-4+j6;-4-j6;-20];        %建立极点向量
>> K=150;                         %建立增益向量
>> G=zpk(Z,P,K);                  %建立系统的零极点模型对象
```

7.1.2 线性离散时间系统的数学模型

1. 离散传递函数模型

对于单变量线性定常离散系统，可以用差分方程来描述：

$$y(kT)+a_1y(kT-T)+a_2y(kT-2T)+\cdots+a_{n-1}y(kT-nT+T)+a_ny(kT-nT)$$
$$=b_0u(kT)+b_1u(kT-T)+b_2u(kT-2T)+\cdots+b_{m-1}u(kT-mT+T)+b_mu(kT-mT)$$

上式可表示为

$$y(kT)=\sum_{i=0}^{m}b_iu(kT-iT)-\sum_{i=0}^{n}a_iy(kT-iT) \tag{7-5}$$

式中，T 为离散系统的采样周期。

在零初始条件下，对差分方程进行 z 变换，可导出系统的离散传递函数模型：

$$H(z)=\frac{b_0z^m+b_1z^{m-1}+\cdots+b_{m-1}z+b_m}{z^n+a_1z^{n-1}+\cdots+a_{n-1}z+a_n}$$

（1）MATLAB 中的离散传递函数模型表示。在 MATLAB 中，首先建立分子多项式向量 num 和分母多项式向量 den，其语句格式为

$$num=[b_0,b_1,\cdots,b_{m-1},b_m],den=[1,a_1,\cdots,a_{n-1},a_n]$$

使用 MATLAB 提供的函数 tf 建立系统的离散传递函数模型，其调用格式如下：

- H = tf(num,den,'Ts',T)　H 代表系统的离散传递函数对象，调用中的 T 应为输入系统实际的采样周期数值。

对于已存在的离散传递函数模型，可采用函数 tfdata 来获取模型的分子多项式和分母多项式，调用格式与连续系统情况下的调用相同。

（2）Simulink 中的离散传递函数模型表示。从 Simulink 模块库的 Discrete 子库中，将 “Discrete Transfer Fcn” 模块（离散传递函数模块）复制到模型窗中，双击该模块，打开其参数设置对话框，在参数 “Numerator coefficient” 框中输入分子多项式系数组成的向量，在 “Denominator coefficient” 框中输入分母多项式系数组成的向量，在 “Sample time” 框中输入采样周期，按 “OK” 或 “Apply” 按钮即建立起对应系统的零极点模型。

【例 7-4】某离散系统的传递函数为

$$H(z)=\frac{6z^2-0.6z-0.12}{z^4-z^3+0.25z^2+0.25z-0.125}$$

且系统的采样周期为 0.1s。建立此系统的传递函数模型。

执行以下语句：

```
>> num = [6 -0.6 -0.12]; den = [1 -1 0.25 0.25 -0.125];
>> H = tf(num, den, 'Ts', 0.1)
```

2. 离散状态方程模型

离散系统状态方程模型可以表示为

$$\begin{cases} x[(k+1)T] = \boldsymbol{A}x(kT) + \boldsymbol{B}u(kT) \\ y(kT) = \boldsymbol{C}x(kT) + \boldsymbol{D}u(kT) \end{cases} \tag{7-6}$$

式中，$\boldsymbol{A}$、$\boldsymbol{B}$、$\boldsymbol{C}$、$\boldsymbol{D}$ 为常系数矩阵；T 为离散系统采样周期。

（1）MATLAB 中的离散状态方程模型表示。首先，建立离散状态方程的 4 个常系数矩阵 $\boldsymbol{A}$、$\boldsymbol{B}$、$\boldsymbol{C}$、$\boldsymbol{D}$，再使用 MATLAB 提供的函数 ss 建立离散系统的状态方程模型，其调用格式如下：

- sys = ss（A，B，C，D，'Ts'，T）　　sys 代表离散系统的状态方程模型，调用中的 T 应该输入系统实际的采样周期数值。

对于已存在的离散状态方程模型，可采用函数 ssdata 来获取模型的系数矩阵，调用格式与连续系统情况下的调用相同。

（2）Simulink 中的离散状态方程模型表示。从 Simulink 模块库的 Discrete 子库中，将“Discrete State-Space”模块（离散状态空间模块）复制到模型窗中，双击该模块，打开其参数设置对话框，在参数 A、B、C、D 框中输入状态方程对应的常数矩阵，按“OK”或“Apply”按钮即建立起对应离散系统的状态方程模型。

3. 离散零极点模型

在 MATLAB 中，离散系统的零极点模型建立与连续系统的零极点模型建立类似，首先建立零点向量、极点向量和增益向量，再使用函数 zpk 建立离散系统的零极点模型，函数的调用格式如下：

- sys = zpk（Z，P，K，'Ts'，T）　　在调用时，需要输入离散系统的采样周期数值。

在 Simulink 中，将 Discrete 子库中的“Discrete Zero-Pole”模块（离散模块）复制到模型窗中，双击该模块，打开其参数设置对话框，在参数“Zeros”、“Poles”、“Gain”、“Sample time”框中输入对应的零点向量、极点向量、增益向量和采样周期数值，按“OK”或“Apply”按钮即建立起对应离散系统的零极点模型。

7.1.3　系统模型的转换

同一系统可以采用多种模型来描述，它们之间存在某种内在的等效关系。在应用中，有些场合下需要用到其中一种模型，而另一场合下可能又需要另外一种模型。此时，就需要进行系统模型间的转换。

MATLAB 提供了丰富的模型转换函数，可以用于实现模型间的相互转换，见表 7-1。

表 7-1　模型转换函数

函 数 名	功 能 说 明	函 数 名	功 能 说 明
ss2tf	状态空间模型转换为传递函数模型	tf2ss	传递函数模型转换为状态空间模型
ss2zp	状态空间模型转换为零极点模型	zp2ss	零极点模型转换为状态空间模型
tf2zp	传递函数模型转换为零极点模型	zp2tf	零极点模型转换为传递函数模型

1. 传递函数模型与状态空间模型的转换

传递函数模型与状态空间模型间的转换，可使用以下格式来实现：

- sys = ss（G）　将传递函数模型 G 转换为状态空间模型 sys，输出状态空间模型的 4 个系数矩阵。
- [A,B,C,D] = tf2ss(num,den)　将传递函数模型转换为状态空间模型，num 和 den 分别为传递函数分子多项式系数向量和分母多项式系数向量，A、B、C 和 D 是状态空间的系数矩阵。
- G = tf（sys）　将状态空间模型 sys 转换为传递函数模型 G。
- [num, den] = ss2tf(A, B, C, D, iu)　将状态空间模型转换为传递函数模型，调用中的 iu 表示是对第 iu 个输入量求传递函数。

2. 传递函数模型与零极点模型的转换

传递函数模型与零极点模型间的转换，可使用以下格式来实现：

- G = tf(Gzp)　将零极点模型 Gzp 转换为传递函数模型 G。
- [num, den] = zp2tf(Z, P, K)　将零极点模型（Z, P, K）转换为传递函数模型（num, den），num 和 den 分别为传递函数分子多项式系数向量和分母多项式系数向量，Z、P、K 分别是零极点模型的零点向量、极点向量和增益向量。
- Gzp = zpk(G)　将传递函数模型 G 转换为零极点模型 Gzp。
- [Z, P, K] = tf2zp(num, den)　将传递函数模型（num, den）转换为零极点模型（Z, P, K）。

3. 状态空间模型与零极点模型的转换

状态空间模型与零极点模型间的转换，可使用以下格式来实现：

- sys = ss（Gzp）　将零极点模型 Gzp 转换为状态空间模型 sys。
- [A,B,C,D] = zp2ss(Z, P, K)　将零极点模型（Z, P, K）转换为状态空间模型（A, B, C, D）。
- Gzp = zpk（sys）　将状态空间模型 sys 转换为零极点模型 Gzp。
- [Z, P, K] = ss2zp(A, B, C, D, iu)　将状态空间模型（A, B, C, D）转换为零极点模型（Z, P, K），调用中的 iu 表示是对第 iu 个输入量求零极点模型传递函数。

4. 连续模型与离散模型的转换

连续模型与离散模型间的转换，可以使用以下格式来实现：

- sysd = c2d(sysc, T, method)　将连续模型转换为离散模型，sysd 为离散模型，sysc 为连续模型，T 为采样周期，method 为所采用的离散方法字符串：'zoh' 表示采用零阶保持器；'foh' 表示采用线性插值法；'imp' 表示冲激不变离散法；'tustin' 表示双线性近似等。
- sysc = d2c(sysd, method)　将离散模型转换为连续模型，sysc 为连续模型，sysd 为离散模型，method 为转换法字符串：'zoh' 表示零阶保持器；'tustin' 表示双线性（Tustin）近似等。

【例 7-5】 已知某一系统的零极点模型为

$$Gzp(s) = \frac{10(s+4)(s+1+j2)(s+1-j2)}{(s+4)(s+3)(s+2)(s+1)}$$

试求此系统的传递函数模型和状态方程模型。

MATLAB 程序代码如下：

```
Z=[-4, -1-2i, -1+2i]; P=[-4, -3, -2, -1]; K=10;
                                          %系统的零点向量、极点向量和增益向量
Gzp=zpk(Z,P,K)                            %建立系统的零极点模型
[num,den]=zp2tf(Z,P,K)                    %将零极点模型转换为传递函数模型
[A,B,C,D]=zp2ss(Z,P,K)                    %将零极点模型转换为状态空间模型
G=tf(Gzp)                                 %建立传递函数模型
G1=tf(num,den)                            %建立传递函数模型
SYS=ss(Gzp)                               %建立状态空间模型
SYS1=ss(A,B,C,D)                          %建立状态空间模型
```

7.1.4 模型的连接

一个实际的控制系统模型往往是由多个子模型互连而构成，结构较为复杂，但是模型的基本连接只有串联、并联和反馈三种。对于结构复杂的模型，为分析方便起见，时常需要对模型的一部分进行等效变换和化简。

1. 串联连接

两个模块（系统）$G_1(s)$ 和 $G_2(s)$ 串联连接的结构框图如图 7-1 所示。$G_1(s)$ 和 $G_2(s)$ 串联连接合成后的等效系统模型 $G(s)=G_1(s)G_2(s)$。

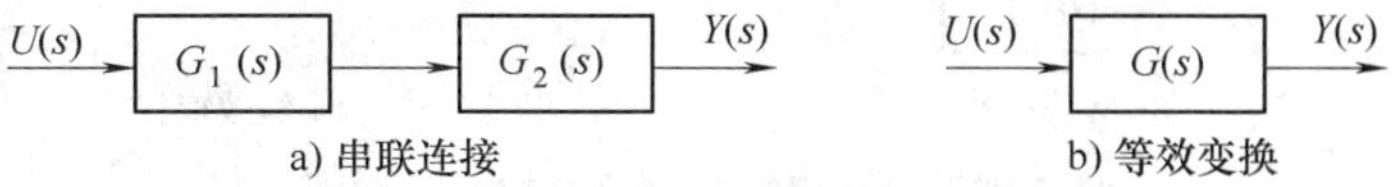

图 7-1　系统串联连接等效变换结构图

在 MATLAB 中，可以使用以下语句格式来确定模块 $G_1(s)$ 和 $G_2(s)$ 串联连接的等效系统模型 $G(s)$：

- G=G1*G2　G 为等效系统模型，G1 和 G2 分别为模块 $G_1(s)$ 和 $G_2(s)$ 的模型，G1 和 G2 可以都是传递函数模型，也可以一个是传递函数模型，另一个是状态空间模型。
- G=series(G1,G2)　G 为等效系统模型，G1 和 G2 分别为模块 $G_1(s)$ 和 $G_2(s)$ 的模型，G1 和 G2 可以都是传递函数模型，也可以一个是传递函数模型，另一个是状态空间模型。
- [num, den]=series(num1, den1, num2, den2)　num 和 den 分别为串联后等效系统 $G(s)$ 的传递函数的分子多项式和分母多项式，num1 和 den1 分别为系统 $G_1(s)$ 的传递函数的分子多项式和分母多项式，num2 和 den2 分别为系统 $G_2(s)$ 的传递函数的分子多项式和分母多项式。

2. 并联连接

两个模块（系统）$G_1(s)$ 和 $G_2(s)$ 并联连接的结构框图如图 7-2 所示。$G_1(s)$ 和 $G_2(s)$ 并联连接合成后的等效系统模型 $G(s)=G_1(s)+G_2(s)$。

在 MATLAB 中，可以使用以下语句格式来确定模块 $G_1(s)$ 和 $G_2(s)$ 并联连接的等效系统模型 $G(s)$：

- G=G1+G2　G 为等效系统模型，G1 和 G2 分别为模块 $G_1(s)$ 和 $G_2(s)$ 的模型。

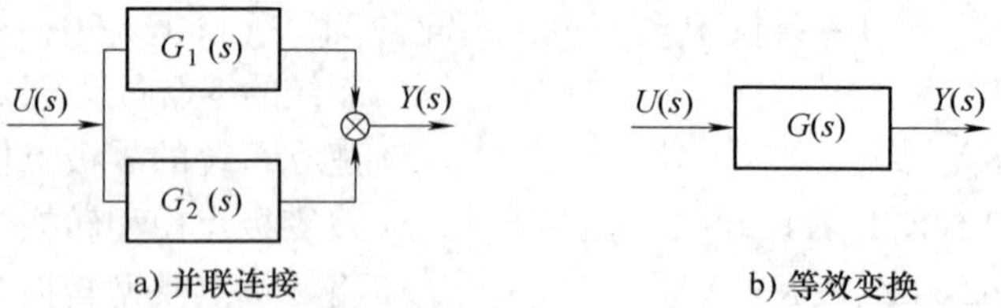

图 7-2 系统并联连接等效变换结构图

- G = parallel(G1,G2) G 为等效系统模型，G1 和 G2 分别为模块 $G_1(s)$ 和 $G_2(s)$ 的模型。
- [num, den] = parallel(num1, den1, num2, den2) num 和 den 分别为并联后等效系统 $G(s)$ 的传递函数的分子多项式和分母多项式，num1 和 den 分别为系统 $G_1(s)$ 的传递函数的分子多项式和分母多项式，num2 和 den2 分别为系统 $G_2(s)$ 的传递函数的分子多项式和分母多项式。

3. 反馈连接

两个模块（系统）$G(s)$ 和 $H(s)$ 反馈连接构成的反馈系统结构框图如图 7-3 所示。根据 $H(s)$ 输出与 $G(s)$ 输入信号之间是相加还是相减，系统分为正反馈和负反馈。

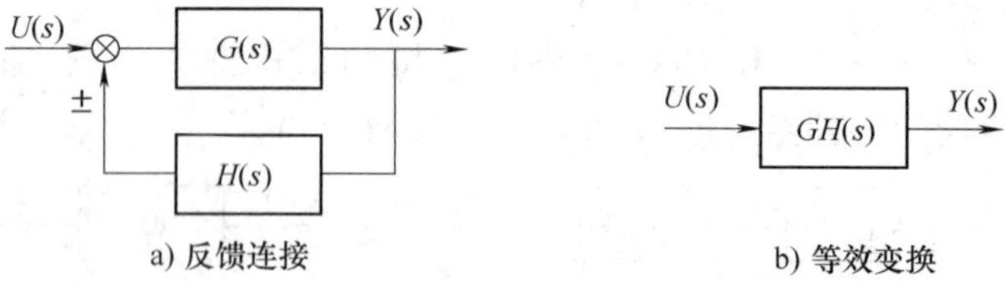

图 7-3 系统反馈连接等效变换结构图

当反馈系统为正反馈时，等效系统的传递函数 $GH(s)$ 为

$$GH(s)=\frac{G(s)H(s)}{1-G(s)H(s)} \tag{7-7}$$

当反馈系统为负反馈时，等效系统的传递函数 $GH(s)$ 为

$$GH(s)=\frac{G(s)H(s)}{1+G(s)H(s)} \tag{7-8}$$

在 MATLAB 中，可以使用 MATLAB 所提供的函数 feedback 来求取等效系统模型 GH，其常见的调用格式如下：

- GH = feedback(G, H) GH 为负反馈连接的等效系统模型，G 为前向模块模型，H 为反馈模块模型。
- GH = feedback(G, H, +1) GH 为正反馈连接的等效系统模型，G 为前向模块模型，H 为反馈模块模型。
- GH = feedback(G, H, sign) GH 为反馈连接的等效系统模型，G 为前向模块模型，H 为反馈模块模型，sign = −1 表示负反馈（默认情况）；sign = +1 表示正反馈。
- [num, den] = feedback(numg, deng, numh, denh, sign) num、den 分别为等效系统传递函数分子多项式和分母多项式，numg、deng 分别为前向模块传递函数分子多项式和分母多项式，numh、denh 分别为反馈模块传递函数分子多项式和分母多项式，sign = −1 表示负反馈（默认情况）；sign = +1 表示正反馈。

对于单位反馈连接，即 H（s）=1，MATLAB 提供了闭环连接的函数 cloop，其常用格式如下：

［num，den］ = cloop （numg，deng，sign）

对于复杂的系统，可以利用节点移动和前面所给出的等效变换方法进行系统的化简。节点移动包括引出点前移和后移、比较点前移和后移，应注意在移动前后保持信号的等效性。

7.2　线性控制系统分析

线性控制系统分析是指利用线性控制系统的数学模型，对系统的稳定性、稳态性能和动态性能等进行分析。本节主要介绍利用 MATLAB 实现控制系统的时域分析、根轨迹分析、频域分析和性质分析的方法。

7.2.1　线性控制系统的时域分析

时域分析根据系统的微分方程或传递函数，以拉普拉斯变换为数学工具，对给定输入信号求控制系统的时间响应，并分析和研究系统的性能。在时域分析中，经常采用的典型输入信号有脉冲输入信号、阶跃输入信号、斜坡输入信号、加速度输入信号和正弦输入信号等。在这些典型输入信号作用下，系统产生的时间响应，可用解析解表示，也可用数值解或时间响应曲线等表示。

通过系统的时间响应，可以进行系统的稳态性能指标和动态性能指标的分析与研究。系统稳态性能指标是稳态误差，反映控制系统复现或跟踪输入信号的能力。系统动态性能指标是以单位阶跃输入的瞬态响应形式给出的，主要有上升时间、峰值时间、调节时间、最大超调量（简称为超调量）和振荡次数等，其中上升时间、峰值时间和调节时间反映系统的快速性，而最大超调量和振荡次数则反映系统的平稳性。在系统分析和最优设计时还需要用到一种误差积分指标，常用的误差积分指标有：误差积分指标 IE，即 $IE = \int_0^\infty e(t)\mathrm{d}t$；误差绝对值积分指标 IAE，即 $IAE = \int_0^\infty |e(t)|\mathrm{d}t$；误差二次方积分指标 ISE，即 $ISE = \int_0^\infty e^2(t)\mathrm{d}t$；误差绝对值乘时间积分指标 ITAE，即 $ITAE = \int_0^\infty |e(t)|t\mathrm{d}t$。

1. 线性系统的阶跃响应

在 MATLAB 中，提供了求取线性时不变系统的单位阶跃响应的函数 step，其常见的调用格式如下：

- step（G）　不返回变量自动绘制模型 G 的单位阶跃响应曲线，系统模型 G 可以为任意的线性时不变系统模型，包括传递函数、零极点、状态空间方程模型、单变量和多变量模型、连续与离散模型、带有时间延迟的模型等。
- step（G，tf）　tf 是标量，表示系统的终止响应时间，进行［0，tf］时间范围内的单位阶跃响应仿真。
- step（G，t）　t 是用户设定的仿真时间向量。
- step(G1,G2,…,Gn,T)　在一个坐标轴上同时绘制出多个模型 G1、G2、…、Gn 的单位阶跃响应曲线，时间向量 T 是可选项。也可以仿照 plot 函数设置系统阶跃响应

曲线的属性，例如

step(G1，‘ - ’，G2，‘ -. g’，G3，‘:r’)

- y = step(G，t)　仅返回系统阶跃响应输出的矩阵，不绘制阶跃响应曲线，t 为选定的仿真时间向量。
- [y，t] = step(G)　返回系统阶跃响应输出的矩阵 y 和时间向量 t。
- [y，t] = step(G，tf)　返回系统阶跃响应输出的矩阵 y 和时间向量 t，设置系统的终止响应时间 tf。

【例 7-6】已知系统的传递函数为 $G(s)=\dfrac{s+2}{s^4+2.3s^3+2.6s^2+2.3s+1}$，绘制阶跃响应曲线。

MATLAB 程序代码如下：

```
num = [1 2]; den = [1 2.3 2.6 2.3 1];
G = tf(num, den);
step(G);
```

运行结果如图 7-4 所示。用鼠标左键单击响应曲线某点，可以显示出该点对应的时间信息和响应的幅值信息，如图 7-5 所示。

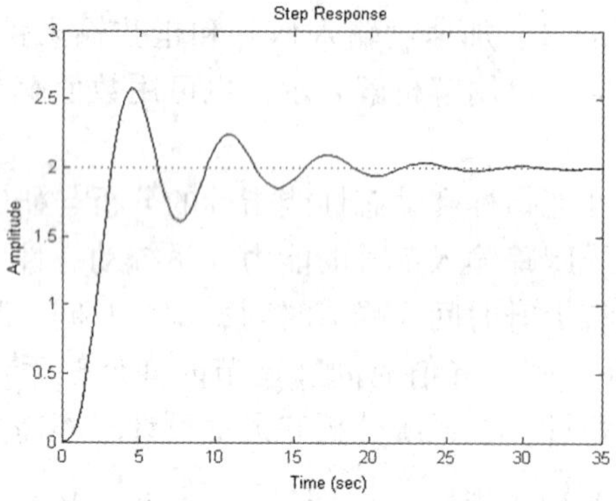

图 7-4　自动绘制的单位阶跃响应曲线

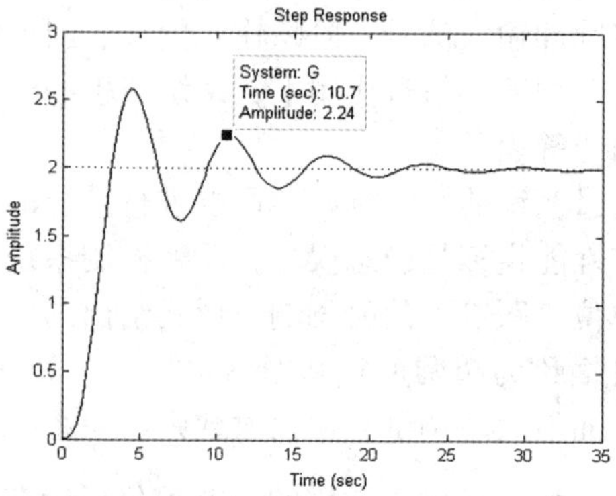

图 7-5　获得某点的响应值

在图形区域右击鼠标键，弹出快捷菜单，选择“Characteristics”菜单项，显示出下一级菜单，包括有“Peak Response”、“Setting Time”、“Rise Time”、“Steady State”指标，选择合适的内容，即可在图形上绘制出系统的阶跃响应指标对应的点。若想获得某个指标的具体值，将鼠标移动到该点上即可。

2. 线性系统的脉冲响应

MATLAB 提供了求取线性时不变系统的单位脉冲响应的函数 impulse，其调用格式与函数 step 完全一致，在此就不再一一列出了。

3. 任意输入下系统的响应

MATLAB 提供了求取线性时不变系统在任意输入作用下时域响应的函数 lsim，其常见的调用格式如下：

- lsim(sys，u，t)　绘制模型 sys 对输入信号的时域响应曲线，sys 是传递函数模型或零极点模型，t 是等间隔时间向量，u 是输入信号，可以为多列矩阵，每列表示对应输入，第 i 行是 ti 时间的输入。
- lsim(sys，u，t，x0)　绘制模型 sys 对输入信号的时域响应曲线，sys 是状态空间模型，x0 是初始状态向量，若默认则为零初始。

- lsim(sys1, sys2, …, u, t, x0)　在一幅图中绘制多个系统模型 sys1、sys2、…、sysn 的时域响应曲线，x0 是可选项。也可指定每条曲线的颜色、线型和数据点形，例如：lsim（sys1, 'r', sys2, 'y：', u, t）。
- Y = lsim(sys, u, t)　返回响应的输出数据 Y，而不直接绘制出曲线。矩阵 Y 有 length（t）行，列数与 sys 输出相一致。
- [Y, T, X] = lsim(sys, u, t, x0)　返回响应的输出数据 Y、仿真的时间 T 和状态向量数据 X，sys 是状态空间模型。

【例 7-7】 反馈系统如图 7-6a 所示，系统输入信号为图 7-6b 所示的三角波，求系统的输出响应。

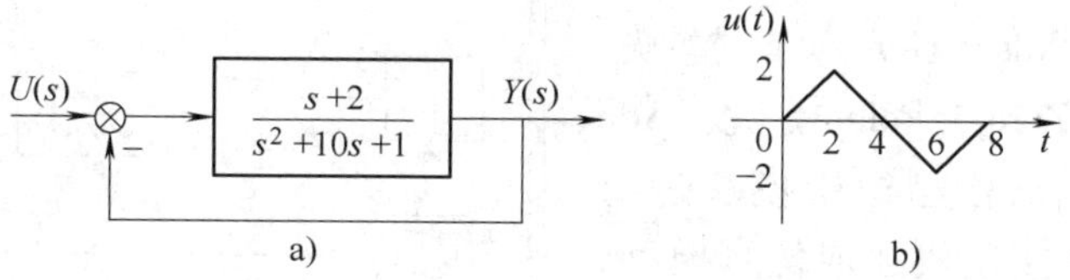

图 7-6　反馈系统及其输入信号

MATLAB 程序代码如下：

```
numg = [1 2]; deng = [1 10 1];              % 开环传递函数分子、分母多项式
[num, den] = cloop(numg, deng, -1);         % 求取单位反馈传递函数分子、分母多项式
GH = tf(num, den);                          % 建立反馈传递函数模型
v1 = [0:0.1:2]; v2 = [1.9:-0.1:-2]; v3 = [-1.9:0.1:0];
u = [v1, v2, v3];                           % 产生三角波输入信号
t = [0:0.1:8];                              % 仿真时间
y = lsim(GH, u, t);                         % 求取系统在三角波输入作用下的响应
plot(t, y, t, u)
grid on
xlabel('time/s'; ylabel('y');
title('三角波输入和响应曲线')
```

程序运行后的响应曲线如图 7-7 所示。

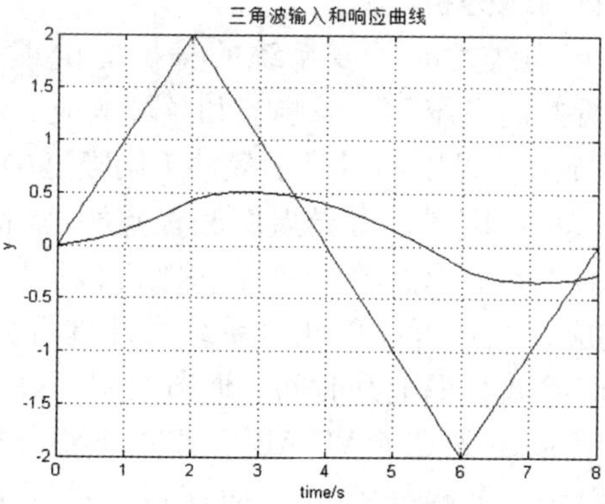

图 7-7　例 7-7 系统的响应曲线

4. 在 Simulink 下的时域仿真分析

在 Simulink 环境下，利用模块库中所提供的相关模块，可以很方便地搭建所研究系统的仿真模型。执行仿真，通过示波器也可直接观察时域响应曲线并对响应进行分析，也可通过输出模块将仿真响应数据导出到 MATLAB 工作空间，再利用 MATLAB 相关的函数或命令进行分析。

【例 7-8】 已知单位负反馈系统，其开环传递函数为 $G_1(s)$ 和 $G_2(s)$ 的串联，其中，$G_1(S)=\dfrac{s+5}{(s+1)\ (s+3)}$，$G_2(S)=\dfrac{s^2+1}{s^2+4s+4}$，试求取系统的单位阶跃响应和单位脉冲响应。

新建仿真模型，打开一个空白模型窗，将所需模块复制到模型窗中，本例所需模块有 Step 模块、Pulse Generator 模块、Transfer Fcn 模块、Zero - Pole 模块、Add 模块和 Scope 模块。对模型窗中模块进行布局和参数设置，连接模块建成仿真模型，如图 7-8 所示。仿真参数取默认值，运行仿真，示波器上显示出系统时域响应波形，图 7-9a 为单位阶跃响应波形，图 7-9b 为单位脉冲响应波形。

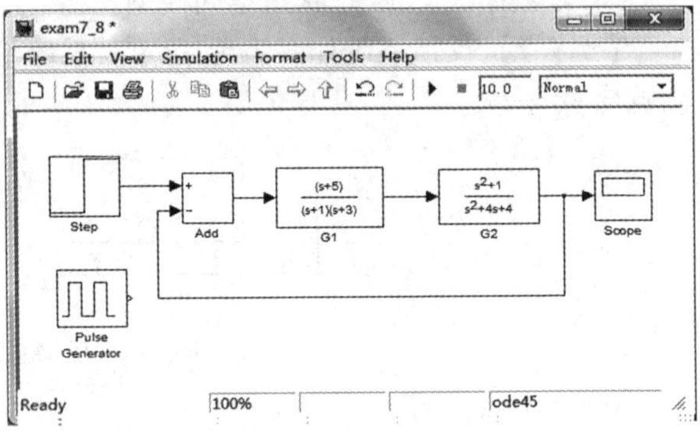

图 7-8　例 7-8 的 Simulink 仿真模型

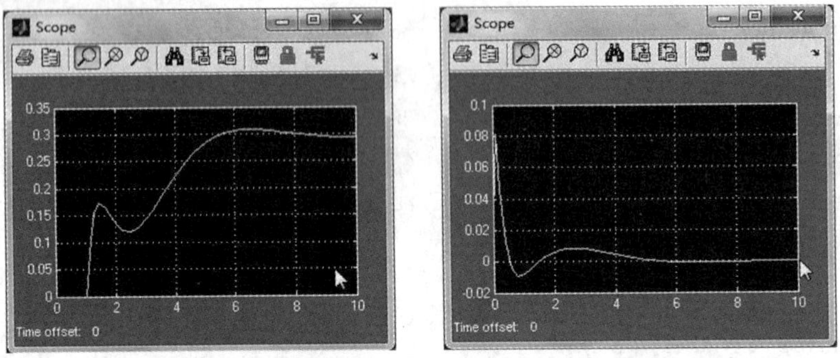

a）单位阶跃响应　　　　b）单位脉冲响应

图 7-9　例 7-8 系统的时域响应

5. 利用 LTI Viewer 进行时域分析

MATLAB 控制系统工具箱为线性时不变系统的分析提供了一个图形用户交互界面 LTI Viewer，可以非常直观地分析控制系统的时域响应和频域响应。

在 LTI Viewer 图形化界面上，可以同时显示多种不同类型的图形，包括阶跃响应、脉冲响应、Bode 图、Nyquist 图、Nichols 图、奇异点图和极点/零点图等，便于用户从多个方面对系统特性进行分析。在 LTI Viewer 图形化界面上，既可显示一个系统模型的响应，也可以同时显示多个系统模型的响应，用户可以借此对系统特性进行分析和比较。而且，LTI Viewer 可标识出一些重要的响应参数，如上升时间、调节时间、最大超调量和稳定边界等。

使用 LTI Viewer 之前，需要首先在 MATLAB 中建立所要分析的系统模型，再在命令窗口中执行 ltiview 命令，调出 LTI Viewer 交互界面窗口，进入 LTI Viewer 环境。执行菜单“File”→“Import”命令，导入需要分析的模型。LTI Viewer 会自动绘制出系统的阶跃响应曲线，在此窗口内单击鼠标右键，将弹出快捷菜单。用户可以执行相应快捷菜单命令，进行控制系统的分析。快捷菜单的主要功能有：

- Plot Types　选择图形类型。
- Characteristics　可对不同类型响应曲线标出相关特征值。
- Properties　对图形窗口进行编辑，对显示性能参数进行设置。

在菜单“Edit”中的主要子菜单有：

- Plot Configurations　配置图形窗口，可实现多图形窗口显示。
- Linestyle　可对曲线的线型、颜色、标记等进行设置。
- Viewer Preferences　LTI Viewer 属性设置。

有关 LTI Viewer 的详细内容可参阅控制系统工具箱的帮助文档，并通过动手多加练习来熟悉。

7.2.2　控制系统的根轨迹分析

控制系统的稳定性和动态品质都是由系统闭环传递函数的极点（即闭环特征根）决定的。从设计的观点来看，可以通过调整和增加开环零极点使闭环极点位于期望的位置，以满足性能指标要求。因此，当系统某一参数变化时，知道闭环极点在 s 平面内的移动轨迹，对于系统分析和设计具有很大意义。

根轨迹是开环系统某一参数由零变化到无穷大时，闭环系统特征方程的根在 s 平面上变化的轨迹。所谓根轨迹法，就是根据系统的开环传递函数给出系统的根轨迹图，并利用根轨迹对系统进行分析和设计的方法。这种分析方法的关键是绘制系统的根轨迹图。

1. 根轨迹的绘制

MATLAB 中提供了绘制根轨迹的函数 rlocus，可以直接利用它来绘制所需分析系统的根轨迹，非常方便简单。函数 rlocus 常用的调用格式如下：

- rlocus(sys)　计算并绘制 SISO 线性时不变系统的根轨迹图，sys 是系统的开环模型，给出反馈增益 K 从零变化到无穷大时系统闭环极点的移动轨迹，它是针对负反馈的情况。
- rlocus(sys, K)　绘制增益为 K 的闭环极点，K 是用户设定的增益向量。
- rlocus(sys1, sys2, …)　在同一复平面中绘制多个 SISO 线性时不变系统的根轨迹，对每个根轨迹可以设置颜色、线型和数据点形，如 rlocus(sys1,'r',sys2,'y:',sys3,'gx')。
- [R, K] = rlocus(sys)　K 是自动生成的反馈增益向量，R 是增益 K 对应的闭环极点位置矩阵，R 有 length(K) 列，其第 j 列是增益为 K(j) 时的闭环极点。
- R = rlocus(sys, K)　返回增益为 K 的闭环极点位置的矩阵，R 有 length(K) 列，其第 j 列是增益为 K(j) 时的闭环极点。

【例 7-9】 已知系统的开环传递函数为 $G(s)H(s)=\dfrac{5}{s(s+3)(s^2+2s+4)}$，试使用 MATLAB 绘制系统的根轨迹。

MATLAB 程序代码如下：

```
num =5; den = conv ( [1 0], conv ( [1 3], [1 2 4]));
```

```
                                        %开环传递函数的分子多项式和分母多项式
GH = tf（num, den）;                    %建立开环传递函数模型
rlocus（GH）;                           %绘制根轨迹
```

程序运行后绘制的根轨迹如图 7-10a 所示。

单击根轨迹上的点，可以显示该点处的增益值、极点、阻尼比等相关信息，如图 7-10b 所示。若单击根轨迹和虚轴相交的点，则可以得出该点处增益的临界值，当系统的增益大于该临界值，闭环系统将不稳定。

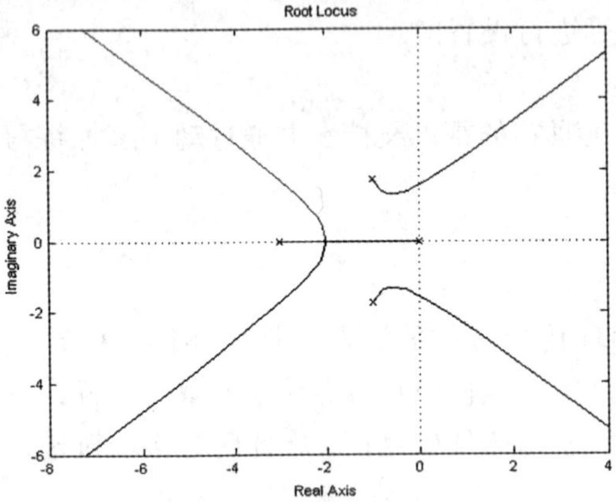

a) 根轨迹曲线

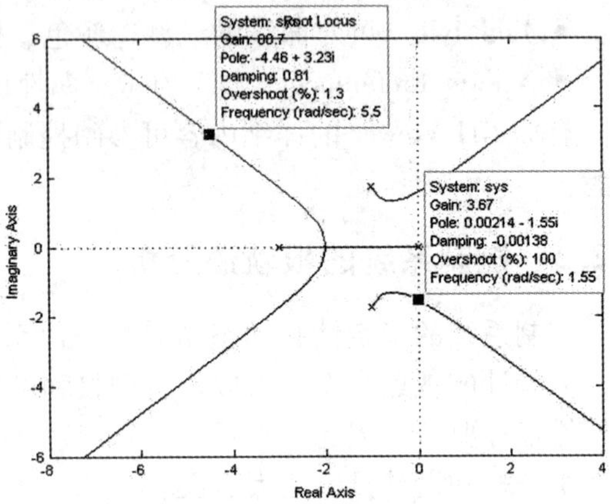

b) 带有标识的根轨迹曲线

图 7-10　例 7-9 系统的根轨迹

为了使得根轨迹图表现效果更好，使用 grid 命令，可在根轨迹图上绘制出栅格线，栅格线由等阻尼系数与自然振荡角频率构成，如图 7-11 所示。

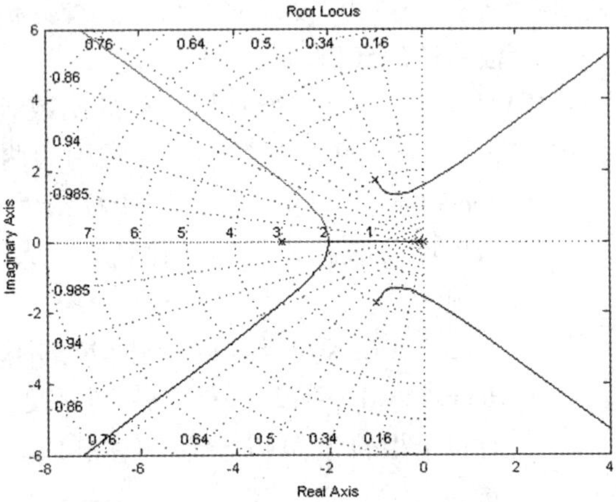

图 7-11　带栅格线的根轨迹图

对于连续系统，也可使用 sgrid 函数命令在根轨迹或零极点图上绘制出栅格线，其调用格式如下：

- sgrid
- sgrid(z,wn)　指定阻尼系数 z 和自然振荡角频率 wn。

对于离散系统，可以采用 zgrid 函数命令在根轨迹或零极点图上绘制出栅格线，其调用格式与 sgrid 相同。

2. 利用 SISO 设计工具 sisotool 进行根轨迹分析

MATLAB 控制系统工具箱提供了一个 SISO 设计工具 sisotool，它是一个进行控制器分析和补偿器设计的图形用户交互界面。在此界面上，用户可以配置控制系统结构和模型，人工增减或移动补偿器的极点和零点，选择某种方法对补偿器进行自动调整，依据所显示的根轨迹、Bode、Nichols 等图形对控制系统进行分析，并能在根轨迹图上直接配置/删除需要的零、极点，完成对系统的校正设计。

在 MATLAB 中，可以使用以下语句来打开 SISO 设计工具界面：

- sisotool　打开控制与评估工具管理器和 SISO 设计工具，需要导入控制对象模型。
- sisotool(G)　指定控制对象模型 G，G 是由 tf、zpk 或 ss 创建的线性模型。
- sisotool(G,C)或者 sisotool(G, C, H, F)　指定控制对象 G、补偿器 C、反馈环节 H 和前置滤波器 F 模型。默认情况下，C、H、F 都是单位增益，即为 1。

在 MATLAB 中，也可以使用 rltool 命令来打开 SISO 设计工具，其调用格式与 sisotool 相同。

图 7-12 为运行 sisotool 命令后所打开的设计界面，共有两个窗口界面，一个是控制与评估工具管理器，另一个是 SISO 设计任务的 SISO 设计界面。

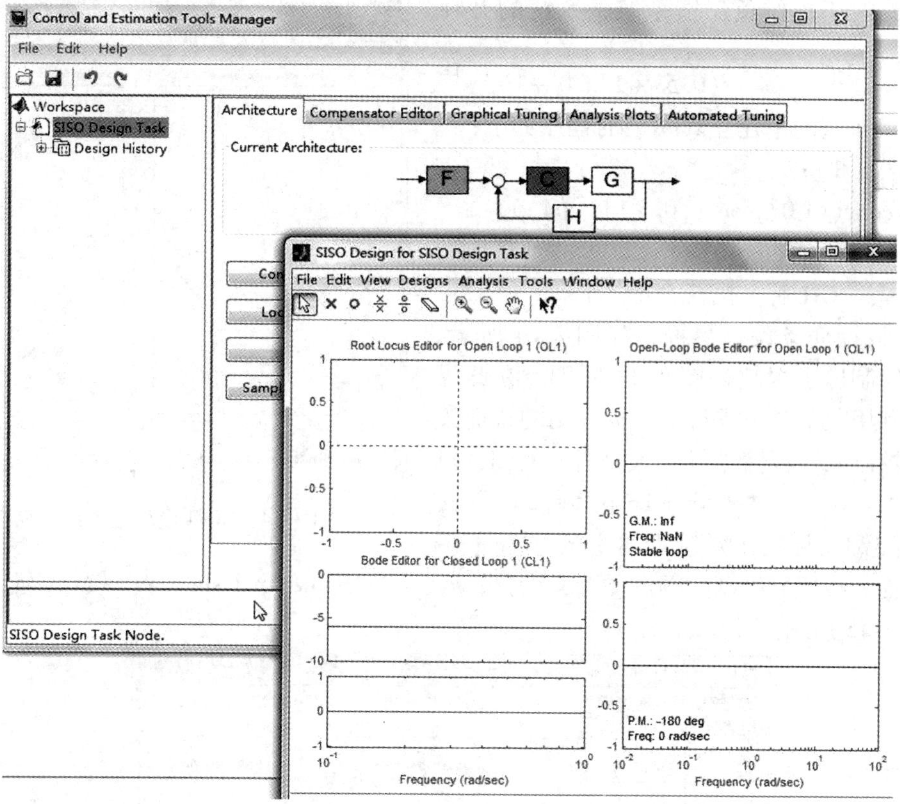

图 7-12　sisotool 界面

在控制与评估工具管理器窗口界面中，有 5 个页面：Architecture、Compensator Editor、Graphical Tuning、Analysis Plots、Automated Tuning。在 Architecture 页面中，用户可以修改控制系统框图结构、配置多回路设计的回路、导入模型和改变采样时间等，默认情况下的控制系统结构如图 7-13 所示；在 Compensator Editor 页面中，用户可以添加或编辑补偿器的增益、极点和零点；在 Graphical Tuning 页面中，用户可以配置需要在图形调整窗口中显示的设计图，这些设计图与 SISO 设计任务

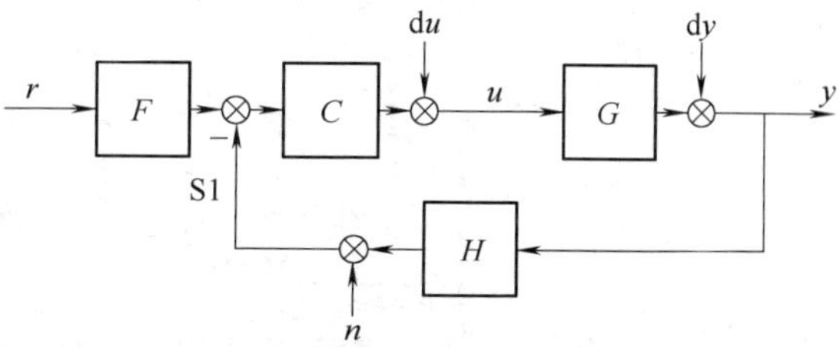

图 7-13　sisotool 中的控制系统默认结构

是动态链接的，当在任一处改变补偿器的动态性能时，两处同时更新；在 Analysis Plots 页面中，用户可以定制回路响应图形及类型、添加新的响应图等；在 Automated tuning 页面中，用户可以选择一种方法自动调整补偿器，以满足设计要求，页面中提供了基于优化的调整、PID 调整、内模控制调整、LQG 综合和回路成形等调整方法。

在 SISO 设计任务界面中，给出根轨迹编辑器和 Bode 编辑器等，显示出系统的根轨迹、Bode 图和 Nichols 图等，可以绘制出 6 种不同类型的响应曲线图：阶跃响应曲线、脉冲响应曲线、Bode 图、Nyquist 图、Nichols 图和零、极点图，还可以直接在根轨迹图上添加、删除、移动零极点，观察根轨迹变化等。

例如，对于单位负反馈系统，系统的开环传递函数为 $GH(s)=\dfrac{K(s+1)}{s(0.5s+1)(4s+1)}$，在 MATLAB 工作空间中建立其模型的程序如下：

```
num = [1 1];
den = conv([1 0],conv([0.5 1],[4 1]));
GH = tf(num,den);
```

生成模型 GH 后，执行命令 sisotool（GH），打开 SISO 设计任务设计界面，如图 7-14 所示。界面中，绘制出了根轨迹图和 Bode 图。在此界面，可以利用菜单命令或右击鼠标弹出的快捷菜单命令对控制系统特性进行深入分析。例如，执行菜单“Analysis”→“Other Loop Response”命令，或者控制与评估工具管理器中的“Analysis Plots”页面，设置要绘制的图形类型，设置好后，按“Show Analysis Plot”按钮，显示的图形情况如图 7-15 所示。

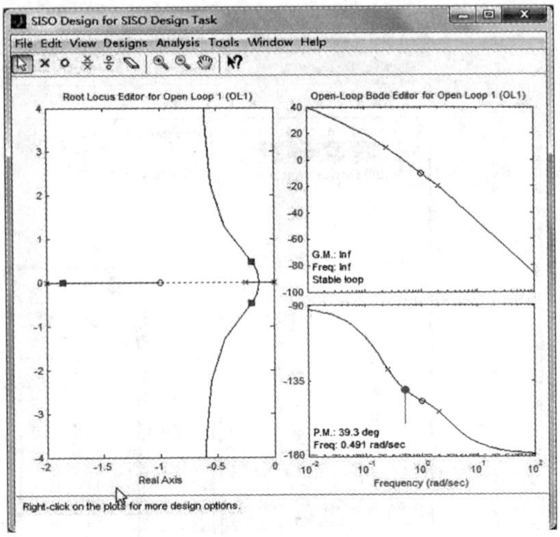

图 7-14　SISO 设计任务设计界面

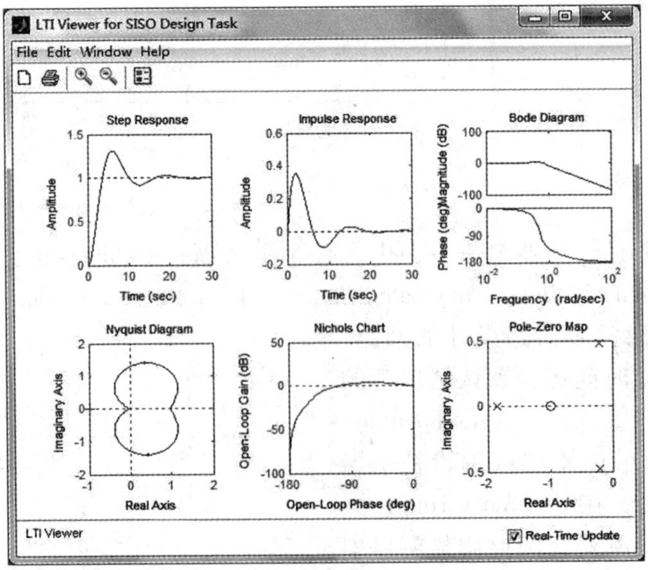

图 7-15　SISO 设计任务的 LTI Viewer

7.2.3 控制系统的频域分析

控制系统的频率特性反映的是系统对正弦输入信号的响应性能。频域分析是依据系统频率特性对系统的性能进行分析，是控制系统分析中的一种重要方法。

1. 频率特性的图形表示

频域分析法是一种图解分析方法，采用图形化的工具对系统进行分析。频率特性的图形化表示包括 3 种形式：Nyquist 图（又称极坐标图、幅相频率特性曲线）、Bode 图（又称对数坐标图、对数频率特性曲线）、Nicholes 图（又称对数幅相图、对数幅相频率特性曲线）。

（1）Nyquist 图。系统的频率特性函数 $G(j\omega)$ 可表示为

$$G(j\omega)=P(\omega)+jQ(\omega)=A(\omega)e^{j\varphi(\omega)}$$

其中，$P(\omega)$ 是频率特性的实部，称为实频特性；$Q(\omega)$ 是频率特性的虚部，称为虚频特性；$A(\omega)$ 是频率特性的幅值，称为幅频特性；$\varphi(\omega)$ 是频率特性的相位，称为相频特性。将极坐标重合在直角坐标中，取极坐标的顶点为直角坐标的原点，直角坐标的横轴为实轴，纵轴为虚轴。对每一个 ω 计算 $P(\omega)$ 和 $Q(\omega)$，或者计算 $A(\omega)$ 和 $\varphi(\omega)$，然后逐点连接成光滑曲线，这样的曲线称为 Nyquist 图。

在 MATLAB 中，提供了绘制 Nyquist 图的函数 nyquist，其常用的调用格式如下：

- nyquist(G)　自动绘制 LTI 模型 G 的 Nyquist 图，其频率范围和数据点数是自动选定的。
- nyquist(G, {wmin, wmax})　在给定频率范围 [wmin,wmax] 内绘制 Nyquist 图。
- nyquist(G, w)　按给定频率向量 w 绘制 Nyquist 图。
- nyquist(G1, G2, …, Gn, w)　在一幅图中同时绘制出多个 LTI 系统模型 G1、G2、…、Gn 的 Nyquist 图，频率向量 w 是可选项。对每个系统的 Nyquist 曲线也可以设置颜色、线型和数据点形，例如：nyquist(G1, ‘r’, G2, ‘y:’, G3, ‘gx’)。
- [RE,IM] = nyquist(G, w) 或者 [RE, IM, w] = nyquist(G)　返回系统 G 的频率响应的实部 RE、虚部 IM 和频率向量 w，不在屏幕上绘制图形。

在 Nyquist 图上，用鼠标单击 Nyquist 曲线上的点，显示出该点对应的频率响应实部、虚部和频率，使用 grid 命令可以在 Nyquist 图上叠印出等幅值圆。

（2）Bode 图。Bode 图由对数幅频特性图和对数相频特性图组成。Bode 图中，横坐标为角频率 ω，采用对数标度。在对数幅频特性图中，纵坐标定义为 $L(\omega)=20\lg A(\omega)$，其单位是分贝（dB），采用线性标度。在对数相频特性图中，纵坐标为频率特性的相角位移 $\varphi(\omega)$，单位为度（°），采用线性标度。

MATLAB 提供了绘制系统 Bode 图的函数 bode，其常用的调用格式如下：

- bode(G)　自动绘制 LTI 模型 G 的 Bode 图，其频率范围和数据点数是自动选定的。
- bode(G, {wmin, wmax})　在给定频率范围 [wmin, wmax] 内绘制 Bode 图。
- bode(G, w)　按给定频率向量 w 绘制 Bode 图。
- bode(G1, G2, …, Gn, w)　在一幅图中同时绘制出多个 LTI 系统模型 G1、G2、…、Gn 的 Bode 图，频率向量 w 是可选项。对每个系统的 Bode 曲线也可以设置颜色、线型和数据点形，例如：bode(G1, ‘r’, G2, ‘y:’, G3, ‘gx’)。

- ［Mag，Phase］ =bode（G，w）或者［Mag，Phase，w］ =bode（G）　返回系统G频率响应的幅值Mag、相位Phase和频率向量w，不在屏幕上绘制图形。

（3）Nichols图。Nichols图是以对数幅值$L(\omega)=20\lg A(\omega)$为纵坐标（单位为dB），以相角位移$\varphi(\omega)$为横坐标（单位为度），以频率为参变量绘制的频率特性曲线图。

MATLAB提供了绘制系统Nichols图的函数nichols，该函数的调用格式与函数bode完全一致。在Nichols图中，单击曲线上的点可显示出该点对应的增益、相位等信息，这时执行grid命令可以叠印出等幅值曲线和等相位曲线。

在Nyquist图、Bode图和Nichols图的坐标轴内，单击鼠标右键，将弹出快捷菜单，用户可以利用快捷菜单中的命令进行分析，如Characteristics菜单中的命令。

【例7-10】 已知系统的开环传递函数$G(s)=\dfrac{s+8}{s(s^2+0.2s+4)(s+1)(s+3)}$，绘制开环频率特性的Nyquist图、Bode图和Nichols图。

MATLAB程序代码如下：

```
num=[1 8];
den=conv([1 0],conv([1 0.2 4],conv([1 1],[1 3])));
G=tf(num,den);
nyquist(G)
set(gca,'Ylim',[-2 2])
grid
figure(2)
bode(G)
grid
figure(3)
nichols(G)
grid
```

程序运行后所绘制出的图形如图7-16、图7-17和图7-18所示。

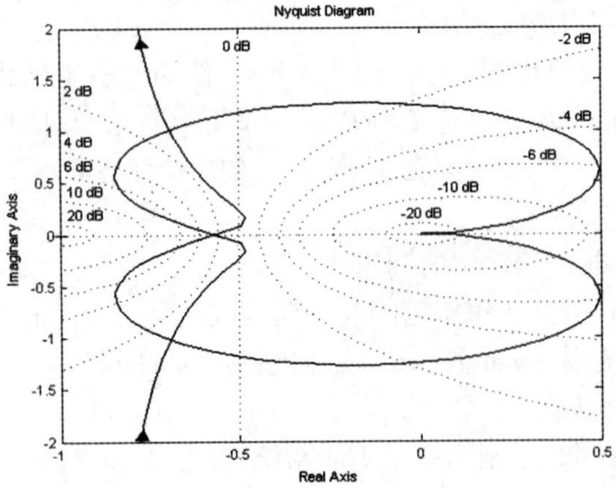

图7-16　Nyquist图

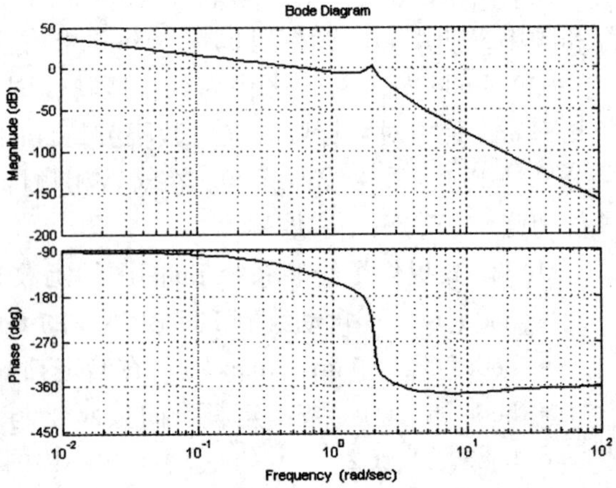

图7-17　Bode图

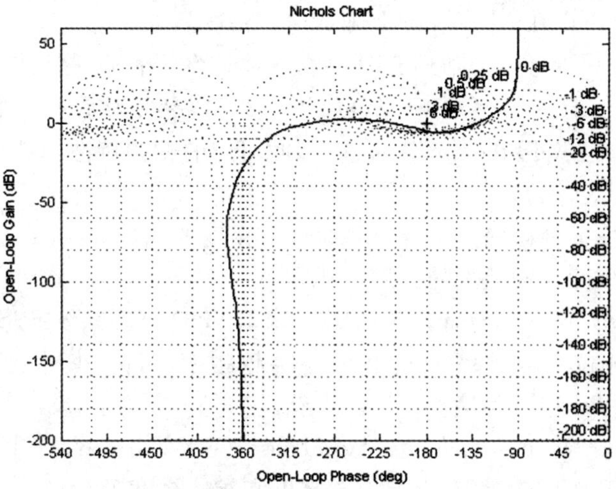

图 7-18 Nichols 图

2. 利用开环系统的 Nyquist 图判定闭环系统的稳定性

频域稳定性分析的理论基础是 Nyquist 稳定性定理，它是利用开环系统的 Nyquist 图来判定闭环系统的稳定性。Nyquist 定理指出：如果开环系统含有 m 个不稳定极点，则单位负反馈下闭环系统稳定的充要条件是开环系统的 Nyquist 曲线逆时针围绕（-1，j0）点 m 周。

Nyquist 定理可以分两种情况来考虑：

1）若开环系统 $G(s)H(s)$ 为稳定，则当且仅当 $G(s)H(s)$ 的 Nyquist 图不包围（-1，j0）点，单位负反馈闭环系统为稳定。如果 Nyquist 图顺时针包围（-1，j0）点 p 次，则闭环系统有 p 个不稳定极点。

2）若开环系统 $G(s)H(s)$ 不稳定，则有 p 个不稳定极点，则当且仅当 $G(s)H(s)$ 的 Nyquist 图逆时针包围（-1，j0）点 p 次，闭环系统为稳定。若 Nyquist 图逆时针包围（-1，j0）点 q 次，则闭环系统有 $q-p$ 个不稳定极点。

用户也可以利用开环系统的 Bode 图来判断闭环系统的稳定性。在 Bode 图中，Nyquist 稳定判据可以表述为：当 ω 由 $-\infty$ 至 $+\infty$ 变化时，在开环幅频特性曲线 $L(\omega)\geqslant 0$的频段内，相频特性曲线对 $-180°$线的正穿越与负穿越次数之差为 p，且 p 等于开环系统在 s 平面的右极点个数，则闭环系统稳定。

3. 系统的稳定裕度分析

系统的稳定裕度是指系统的稳定程度，是相对稳定性的概念。系统的相对稳定性通常采用 Nyquist 曲线相对点（-1，j0）的靠近程度来度量。这是因为开环系统的 Nyquist 曲线离（-1，j0）点越远，闭环系统的相对稳定性越高；开环系统的 Nyquist 曲线离（-1，j0）点越近，闭环系统阶跃响应的振荡越强烈，系统的相对稳定性越差。这种靠近程度的度量，有增益裕度和相位裕度两种。

当系统的 Nyquist 曲线与负实轴相交时，该点对应的频率 ω_{cg}称为相位穿越频率，对应的相角为 $-180°$，则该频率下幅值的倒数，即 $Kg=1/A(\omega_{cg})$，定义为系统的增益裕度。如果用分贝为单位表示增益裕度，则表示为 $Kg=-20\lg A(\omega_{cg})$。在 Bode 图中，对应相频特性曲线上相角为 $-180°$的频率为 ω_g，与此频率相对应的幅频特性曲线上的增益即为增益裕度

(单位为 dB)。同样，可以在 Nichols 图上确定增益裕度。

当系统的 Nyquist 曲线与单位圆相交时，该点对应的频率 ω_{cp} 称为增益穿越频率或剪切频率，该频率下的相角为 $\varphi(\omega_{cp})$，则 $\gamma=\varphi(\omega_{cp})+180°$，定义为系统的相位裕度。在 Bode 图中，对应幅频特性曲线上 0dB 的频率为 ω_{cp}，与此对应的相频特性曲线上的相位加上 180°即为相位裕度。

MATLAB 控制系统工具箱提供了计算系统稳定裕度的函数 margin，可以直接用于求取系统的增益裕度和相位裕度，该函数的调用格式如下：

- [Gm, Pm, Wcg, Wcp] = margin(SYS)　求取 SISO 开环系统 SYS 的增益裕度 Gm、相位裕度 Pm、相位穿越频率 Wcg 和增益穿越频率 Wcp。其中，Gm 不是以分贝为单位，相位裕度 Pm 单位为度。
- [Gm, Pm, Wcg, Wcp] = margin(Mag, Phase, W)　由 bode 产生的幅值向量 Mag、相位向量 Phase 和频率向量 W 求取增益裕度和相位裕度等。
- margin (SYS)　　绘制带有增益裕度和相位裕度标识线的开环 Bode 图。

【例 7-11】 已知系统的开环传递函数为 $G(s)H(s)=\dfrac{2.45}{(0.162s+1)(0.045s+1)(0.023s+1)}$，试计算系统的增益裕度和相位裕度，并绘制出带有增益裕度和相位裕度标识线的 Bode 图。

MATLAB 程序代码如下：

```
num = [0, 2.45]; den = conv([0.162, 1], conv([0.045, 1], [0.023, 1]));
GH = tf(num, den);
[Gm, Pm, Wcg, Wcp] = margin(GH)
bode(GH)
```

程序运行结果如下：

```
Gm  = 6.3400
Pm  = 76.3499
Wcg  = 37.0395
Wcp  = 11.4437
```

程序运行绘制的 Bode 图如图 7-19 所示。

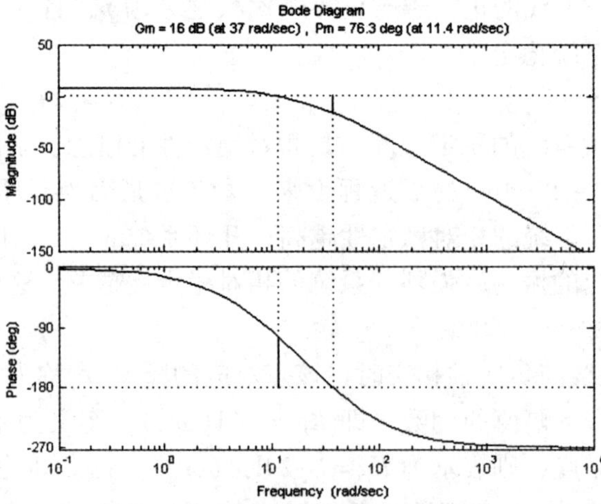

图 7-19　带有裕度标识的 Bode 图

7.2.4　控制系统性质分析

本小节仅介绍应用 MATLAB 进行线性控制系统的稳定性、可控性和可观性的分析方法。

1. 稳定性分析

控制系统的稳定性是最重要的性能指标，也是系统正常工作的首要条件。由控制理论可知，连续线性系统稳定的条件是系统状态方程中 **A** 矩阵的特征根或者是系统传递函数的极点均为负实部，且状态方程中系数矩阵 **A** 的特征根和系统的极点（针对传递函数模型、零极点模型）是完全一致的，所以若能获得系统特征根或者极点，就可以判定系统的稳定性。

MATLAB 提供了直接求取系统特征根或者系统零极点的函数，用户可以直接利用这些函数来求取系统的所有特征根或者零极点判定系统的稳定性。下面介绍几个常用于稳定性分析的函数。

（1）使用函数 eig。如果在 MATLAB 中创建了系统状态方程中的系数矩阵 A，调用 eig(A)，可直接求出系统的所有特征根，这种方法具体见第 3 章相关内容。

如果在 MATLAB 中建立了系统的模型 G，不论该模型是传递函数、状态方程还是零极点模型，不论系统是连续或是离散的，调用 eig（G），将返回系统的全部特征根。

（2）使用函数 pzmap。函数 pzmap 能用图形的方式绘制出系统的所有零极点在 s 平面上的分布，其调用格式如下：

- pzmap(SYS)　　计算系统模型 SYS 的极点和零点，并在复平面上绘制零极点图，极点用“×”标记，零点用“o”标记。
- pzmap(SYS1, SYS2, …, SYSn)　在同一幅图中绘制多个系统模型的极点和零点，对每个模型可以指定不同的颜色，例如：pzmap(sys1,‘r’, sys2,‘y’, sys3,‘g’)。
- [P, Z] = pzmap(SYS)　返回系统模型 SYS 的极点向量 P 和零点向量 Z，不绘制零、极点分布图。

使用函数 grid、sgrid 或者 zgrid 可以在零、极点图上绘制出等阻尼比线和自然频率线，其中 sgrid 用于连续系统（s 平面），zgrid 用于离散系统（z 平面）。

在零、极点分布图中，观察系统的所有极点是否都位于左半平面，若都位于虚轴的左侧，则系统稳定；若有极点位于虚轴右侧，则系统不稳定。

（3）使用函数 pole 和 zero。如果在 MATLAB 中建立了系统模型 G，则采用 pole（G）和 zero（G）可以分别求出系统的极点和零点。

（4）使用函数 roots。如果在 MATLAB 中定义了系统传递函数的分母多项式 den，则调用 roots（den）可求出系统的所有极点。

【例 7-12】已知单位负反馈控制系统的开环传递函数为：

$G(s)=\dfrac{s^3+5s^2+10s+4}{s^6+21s^5+150s^4+860s^3+1235s^2+244s+189}$，判断此闭环系统的稳定性，并绘制闭环系统的零、极点图。

MATLAB 程序代码如下：

```
num = [1,5,10,4]; den = [1,21,150,860,1235,244,189];
G = tf(num, den);
SYS = feedback(G, 1);                    %创建单位负反馈闭环系统模型
```

```
pzmap(SYS)                    %绘制零、极点图
grid                          %添加等阻尼比线和自然频率线
eig(SYS)                      %求系统的特征根
```

程序运行后，所绘制的零、极点图如图 7-20 所示，所求出的系统特征根为

```
ans =
 -14.3035
  -2.4171 + 6.2473i
  -2.4171 - 6.2473i
  -1.7648
  -0.0487 + 0.4099i
  -0.0487 - 0.4099i
```

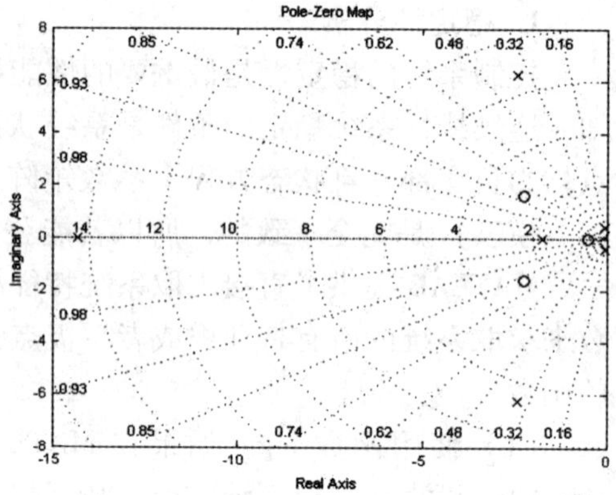

图 7-20　零、极点分布图

根据闭环系统的零、极点图和所求出的闭环系统特征根，可以判定该系统是稳定的。

2. 可控性分析

系统的可控性是基于系统的状态空间表达式。

设系统模型由状态空间方程描述，给出（$\boldsymbol{A}$，$\boldsymbol{B}$，$\boldsymbol{C}$，$\boldsymbol{D}$），对任意的初始时刻 t_0，如果状态空间中任一状态 $x_i(t)$ 可以从初始状态 $x_i(t_0)$ 处，由有界的输入信号 $u(t)$ 的作用下，在有限时间 t_f内能够到达任意预先指定的状态 $x_i(t_f)$，则称此状态是可控的。如果系统中所有的状态都是可控的，则称该系统为完全可控的系统。

根据系统的状态空间模型，可以构建一个可控判定矩阵 $\boldsymbol{M}=[\boldsymbol{B},\ \boldsymbol{AB},\ \boldsymbol{A}^2\boldsymbol{B},\ \cdots,\ \boldsymbol{A}^{n-1}\boldsymbol{B}]_{n\times n}$。系统可控的充分必要条件为可控判定矩阵的秩等于 n，即矩阵 $\boldsymbol{M}$ 为满秩矩阵。如果该矩阵不是满秩矩阵，则它的秩为系统的可控状态的个数。这种判定方法既适用于连续系统，也适用于离散系统。

在 MATLAB 中，可以采用函数 ctrb 来构建系统可控性判定矩阵，该函数的调用格式如下：

- M = ctrb(A,B)　　根据状态空间方程的 A、B 计算，并返回可控判定矩阵。
- M = ctrb(SYS)　　返回状态空间模型 SYS 的可控判定矩阵。

在 MATLAB 中，使用 rank（M）求取可控判定矩阵 M 的秩，再将所求得的秩与状态变量的个数相比较，就可以判定系统的可控性。

3. 可观性分析

系统的可观性也是基于系统的状态空间表达式。对任意的初始时刻 t_0，如果状态空间中任一状态 $x_i(t)$ 在任意有限时刻 t_f的状态 $x_i(t_f)$ 可以由输出信号在这一时间区间内 $t\in[t_0,\ t_f]$ 的值确定出来，则称此状态是可观测的。如果系统中所有的状态都是可观测的，则称该系统为完全可观测的系统。

根据系统的状态空间模型，可以构建一个可观判定矩阵 $\boldsymbol{N}=[\boldsymbol{C},\ \boldsymbol{CA},\ \boldsymbol{CA}^2,\ \cdots,\ \boldsymbol{CA}^{n-1}]^T_{n\times n}$。系统完全可观的充分必要条件为可观判定矩阵的秩等于 n，即矩阵 $\boldsymbol{N}$ 为满秩矩阵。

在 MATLAB 中，可以采用函数 obsv 来构建系统可观判定矩阵，该函数的调用格式如下：

- N = obsv（A，C）　　根据状态空间方程的 A、C 计算，并返回可观判定矩阵。
- N = obsv（SYS）　　返回状态空间模型 SYS 的可观判定矩阵。

结合 rank（N）指令所求出的秩，可以判定系统的可观测性。

【例 7-13】已知系统Σ($\boldsymbol{A}$，$\boldsymbol{B}$，$\boldsymbol{C}$，$\boldsymbol{D}$）的相应系统矩阵为

$$\boldsymbol{A}=\begin{bmatrix}1 & 6 & 9\\3 & 12 & 6\\4 & 7 & 9\end{bmatrix},\ \boldsymbol{B}=\begin{bmatrix}4 & 6\\2 & 4\\2 & 2\end{bmatrix},\ \boldsymbol{C}=\begin{bmatrix}0 & 0 & 2\\8 & 0 & 2\end{bmatrix},\ \boldsymbol{D}=0$$

试判断系统的可控性和可观性。

MATLAB 程序代码如下：

```
A=[1,6,9;3,12,6;4,7,9]; B=[4,6;2,4;2,2]; C=[0,0,2; 8,0,2];
M=ctrb(A,B);            %构建可控判定矩阵
M_rank=rank(M)          %求可控判定矩阵的秩
N=obsv(A,C);            %构建可观判定矩阵
N_rank=rank(N)          %求可观判定矩阵的秩
```

程序运行结果为：

```
M_rank =
     3
N_rank =
     3
```

由于两个判定矩阵都是满秩的，可以判定该系统是完全可控和完全可观的。

7.3　控制系统的校正与设计

控制系统的校正与设计是在给定系统不变部分（例如被控对象等）的基础上，根据控制系统应有的性能指标，设计一个系统并选择适当的参数，或者增加某些必要的元件或环节，使系统能够全面满足性能指标要求的过程。在控制系统中引入的附加装置，称为控制器或校正装置。根据校正装置的特性，分为超前校正装置、滞后校正装置和滞后－超前校正装置；根据校正装置与被控对象的不同连接方式，分为串联校正、反馈校正、前馈校正和干扰补偿等。本节主要介绍串联超前、滞后、滞后－超前校正器和 PID 控制器的 MATLAB 辅助设计方法。

7.3.1　校正器设计

1. 数学模型及特性

超前校正器的数学模型为

$$G_c(s)=K_t\frac{\alpha Ts+1}{Ts+1} \tag{7-9}$$

式中，$\alpha>1$，传递函数的零点与极点位于负实轴上，零点靠近坐标原点，极、零点之间的比值为 α，改变 α 和 T 的值，能改变零、极点的位置。超前校正器具有正的相位特性，将增大前向通路模型的相位，其 Bode 相频特性图具有最大超前相位角 φ_m，该值仅与 α 值有关，两者关系为

$$\varphi_m=\arcsin\frac{1+\alpha}{1-\alpha} \tag{7-10}$$

或者写为

$$\alpha=\frac{1+\sin\varphi_{m}}{1-\sin\varphi_{m}} \tag{7-11}$$

如果设计好超前校正器，将增加开环系统的剪切频率和相位裕度，使校正后闭环系统的阶跃响应速度加快，且超调量减小。

滞后校正器的数学模型为

$$G_c(s)=K_o\frac{Ts+1}{\beta Ts+1} \tag{7-12}$$

式中，$\beta>1$，传递函数的零点与极点位于负实轴上，极点靠近坐标原点，零、极点之间的比值为β，改变β和T的值，能改变零、极点的位置。滞后校正器具有负的相位特性，将减小前向通路模型的相位，其 Bode 相频特性图在频率为$1/(\beta T)$与$1/T$的几何中心处有最大滞后相位角。如果设计好滞后校正器，需减小开环系统的剪切频率，但可能增加相位裕度，使得系统的超调量减小，但阶跃响应速度将变慢。

滞后-超前校正器是兼有滞后、超前校正器优点的一类校正器，其数学模型为

$$G_c(s)=\frac{(\alpha T_1s+1)(T_2s+1)}{(T_1s+1)(\beta T_2s+1)} \tag{7-13}$$

传递函数的零点、极点位于负实轴上，滞后部分的极点、零点更靠近坐标原点。由其 Bode 图可知，在ω由 0 增至ω_1的频带中，该校正器具有滞后的相位特性；在ω由ω_1增至∞的频带中，该校正器具有超前的相位特性；在$\omega=\omega_1$处，相位角为 0。这类校正器能加快系统的响应速度，减小系统的超调量。

2. 基于频率特性法的串联校正

当系统的性能指标为频域参量，如相位裕度、剪切频率、开环增益、谐振峰值和闭环系统带宽等，采用频率特性法设计校正装置较为方便。

用频率特性法设计校正装置主要是通过 Bode 图进行。设计需要根据给定的性能指标大致确定所期望的系统开环对数幅频特性，低频段的增益应满足稳态误差的要求；在中频段，为保证系统有足够的相位裕度，其特性的斜率一般应为 -20dB/dec，并且具有所要求的剪切频率；在高频段，应尽可能迅速衰减，以抑制噪声的不良影响。用 Bode 图设计校正装置后，需要检验性能指标是否满足。

有许多文献和资料介绍了基于频率特性法的串联校正装置的校正设计步骤、设计原则或算法，用户可以采用 MATLAB 依此来编写校正函数，调用函数设计所需要的校正器。下面，以超前校正设计为例，说明校正函数的编写和调用。在本节后面，还将介绍利用 Sisotool 交互界面来设计校正器。

应用频率特性法设计串联超前校正的步骤与原则如下：

（1）根据所要求的稳态性能指标，确定系统的开环增益K。

（2）绘制在由步骤（1）确定的K值下系统的 Bode 图，并计算出系统的相位裕度γ_0。

（3）根据所要求的相位裕度γ，计算所需要增加的超前相位角φ_0，即$\varphi_0=\gamma-\gamma_0+\varepsilon$，其中，$\varepsilon$是考虑校正装置使剪切频率右移导致相位裕度减小的补偿量，一般取$15°\sim20°$。

（4）令超前校正装置的最大超前角$\varphi_m=\varphi_0$，并按下式计算出校正装置模型中的参数α：

$$\alpha=\frac{1+\sin\varphi_{m}}{1-\sin\varphi_{m}}$$

如果 $\varphi_m > 60°$，则应考虑采用有源校正装置或两级校正装置串联。

（5）将校正装置在 φ_m 处的增益定为 $10\lg\alpha$，同时确定为校正系统 Bode 图上增益为 $-10\lg\alpha$ 处的频率 ω_m，该频率即为校正后系统的剪切频率 $\omega_c = \omega_m$。

（6）由 ω_m 确定校正装置，即 $\omega_m = \dfrac{1}{\sqrt{\alpha}T}$，$T = \dfrac{1}{\sqrt{\alpha}\omega_m}$。校正装置的传递函数为

$$G_c(s) = \frac{\alpha Ts + 1}{Ts + 1}$$

（7）校验系统的性能指标，若不满足要求，可增大 ε 值，从步骤（3）重新开始，直到满足全部性能指标。

【例 7-14】 已知系统开环传递函数 $G_o(s) = \dfrac{2}{s(1+0.1s)(1+0.3s)}$，试设计超前校正环节，使其校正后系统的静态速度误差系数 $K_v \leqslant 6$，相位裕度为 45°，并绘制校正前后系统的单位阶跃响应曲线，开环 Bode 图。

根据前面所介绍的频率法串联超前校正设计原则，可编制计算串联超前校正装置参数的 MATLAB 函数，其程序代码如下：

```
function Gc = cqjz_freq(G, kc, ypm)
% cqjz_freq 采用频率特性法设计串联超前校正器
% G 为校正前系统的开环传递函数模型；kc 为根据稳态性能指标确定的增益放大倍数；
% ypm 为所要求的相位裕度与附加相位裕度之和；
% Gc 为校正装置的传递函数模型
G = tf(G);
[mag, pha, w] = bode(G*kc);
magdb = 20*lg10(mag);
[Gm, Pm, Wcg, Wcp] = margin(G*kc);
phi0 = (ypm - pm)*pi/180;
alpha = (1 + sin(phi0))/(1 - sin(phi0));
Mn = -10*lg10(alpha);
Wcgn = spline(magb, w, Mn);
T = 1/Wcgn/sqrt(alpha); Tz = alpha*T;
Gc = tf([Tz, 1], [T, 1]);
```

主函数 MATLAB 程序代码如下：

```
num = 2; den = conv([1 0], conv([0.1 1], [0.3, 1]));
G = tf(num, den);                     % 建立校正前系统的开环传递函数模型
kc = 3;                               % 根据稳态性能指标,确定系统增益放大倍数 kc
ypm = 45 + 15;                        % 要求相位裕度与附加相位裕度之和
Gc = cqjz_freq(G, kc,ypm)             % 调用校正函数求取串联超前校正器的传递函数
G = G*kc; GGc = G*Gc;
```

```
Gq_loop = feedback(G, 1)                   %校正前系统的闭环传递函数
Gh_loop = feedback(GGc, 1)                 %校正后系统的闭环传递函数
figure(1), step(Gq_loop,'b:'), hold on     %绘制校正前系统的阶跃响应曲线
step(Gh_loop, 'r'), grid                   %绘制校正后系统的阶跃响应曲线
legend('校正前','校正后')
figure(2), bode(G, 'b'), hold on           %绘制校正前系统的Bode图
bode(GGc, 'r'), grid                       %绘制校正后系统的Bode图
legend('校正前','校正后')
```

运行结果如下：

串联超前校正器的传递函数：

```
0.3729 s + 1
-------------
0.08575 s + 1
```

校正前系统的闭环传递函数：

```
              6
--------------------------
0.03 s^3 + 0.4 s^2 + s + 6
```

校正后系统的闭环传递函数：

```
                       2.238s + 6
------------------------------------------------------------
0.002573s^4 + 0.0643s^3 + 0.4858s^2 + 3.238s + 6
```

校正前后系统的阶跃响应曲线如图7-21所示。由图7-21可见，校正后系统的动态性能得到很好的改善。校正前后的Bode图如图7-22所示。在Bode图中，右击Bode曲线轴区域，执行快捷菜单“Characteristics”→“All Stability Margins”，可以看出：校正前，系统的增益裕度为6.94，相位裕度为21.2°；校正后，系统的增益裕度为10.3，相位裕度为40.3°。

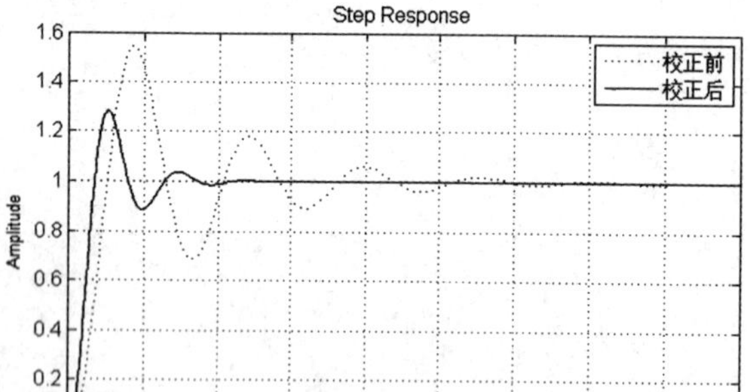

图7-21　校正前后系统的阶跃响应

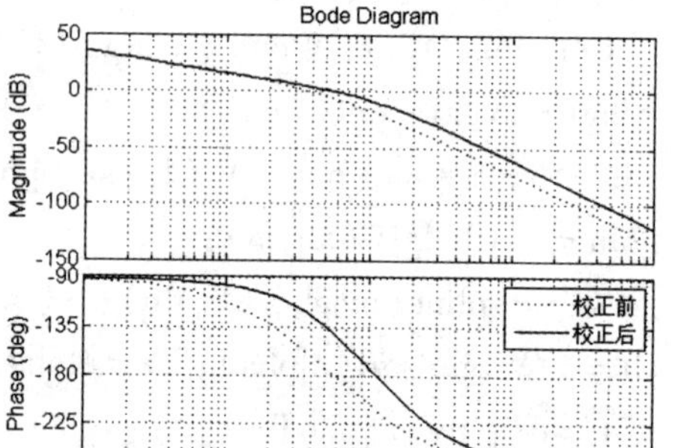

图7-22　校正前后系统的Bode图

3. 基于根轨迹法的串联校正

当系统的性能指标以最大超调量、调整时间、峰值时间和阻尼比等时域参量表示时，采用根轨迹法设计校正装置较为方便。这种方法是利用校正装置的零、极点，改造控制系统的根轨迹，使根轨迹朝着有利于提高系统性能的方向变化，从而满足性能指标要求。

当系统暂态性能不满足要求时，可考虑采用串联超前校正装置。当系统有较为满意的瞬态响应，但稳态性能有待提高时，常采用串联滞后校正装置。

用根轨迹法进行校正，首先需要根据瞬态响应指标，确定希望的闭环主导极点。如果原系统的根轨迹不能通过希望的闭环主导极点，则表明仅调整增益不能满足给定要求，需引入校正装置。在开环传递函数中增加极点，可以使根轨迹向右方移动；在开环传递函数中增加零点，可以使根轨迹向左方移动。

同样，有许多文献和资料介绍有基于根轨迹法的串联校正装置的设计原则和算法，用户可以依此采用 MATLAB 来编写相应的校正函数，求取所需要的校正器模型。

4. 使用 sisotool 交互设计界面进行设计

在 7.2 节中，介绍了 sisotool 设计工具的交互工作界面、功能及应用。在该设计工具界面中，用户可以选择和修改控制系统的结构，添加、移动、删除零、极点，调整增益大小，可以观察根轨迹的动态变化，最终得出较理想的响应曲线，从而设计出满足性能指标的校正装置，下面将通过例子介绍使用 sisotool 的设计过程。

【例 7-15】 单位负反馈系统开环传递函数为

$$G(s)=\frac{K_0}{s(s+2)}$$

设计校正装置 $G_c(s)$，使系统的阶跃响应超调量 $\leqslant 15\%$，调整时间 $\leqslant 1$s，开环增益 $K \geqslant 10$。

单位速度输入时系统稳态误差系数为

$$\lim_{s\to 0} sG(s)=\lim_{s\to 0} s\frac{K_0}{s(s+2)}=\frac{K_0}{2}$$

欲使 $K=K_0/2 \geqslant 10$，则 $K_0 \geqslant 20$。

MATLAB 程序代码如下：

```
k=20; num=k; den= [1 2 0];
G=tf (num, den);
sisotool (G)
```

打开 sisotool 设计工具界面，系统校正前的根轨迹和 Bode 曲线如图 7-23 所示，单位阶跃响应曲线如图 7-24 所示。

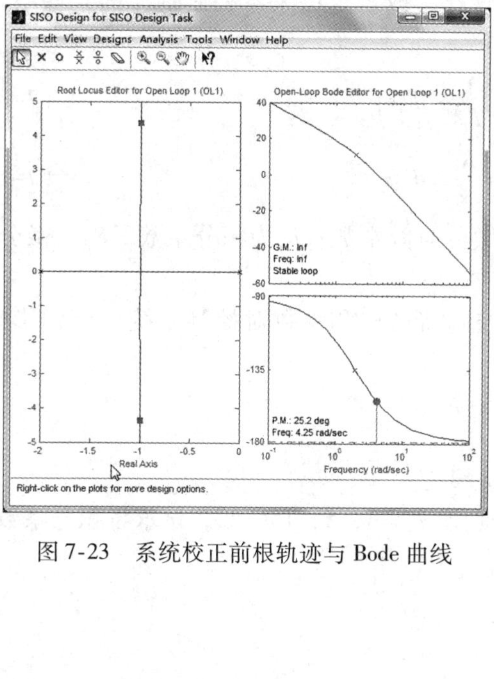

图 7-23 系统校正前根轨迹与 Bode 曲线

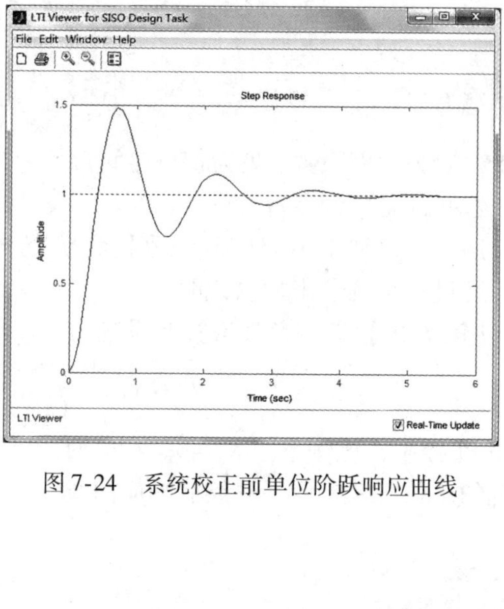

图 7-24 系统校正前单位阶跃响应曲线

在图 7-24 所示界面中，执行右击的快捷菜单命令“Characteristics”，可以得知校正前的时域性能，超调量为48.5%，调节时间为3.78s，上升时间为0.281s，不满足系统要求。

在 sisotool 界面中增加一对零、极点，零点较极点更靠近原点。在交互界面上，一边调整零、极点位置，一边观察阶跃响应的变化，直到满足时域性能指标要求为止。

系统校正调整后的根轨迹与 Bode 曲线如图 7-25 所示，单位阶跃响应曲线如图 7-26 所示。由图 7-26 界面可以求得相关时域性能指标值，超调量为 11.6%，调节时间为0.996s，满足系统要求。在“Control and Estimation Tools Manager”界面的“Compensator Editor”页面中可得到补偿器，即串联超前校正器的传递函数为

$$G_c(s)=\frac{1+0.28s}{1+0.049s}$$

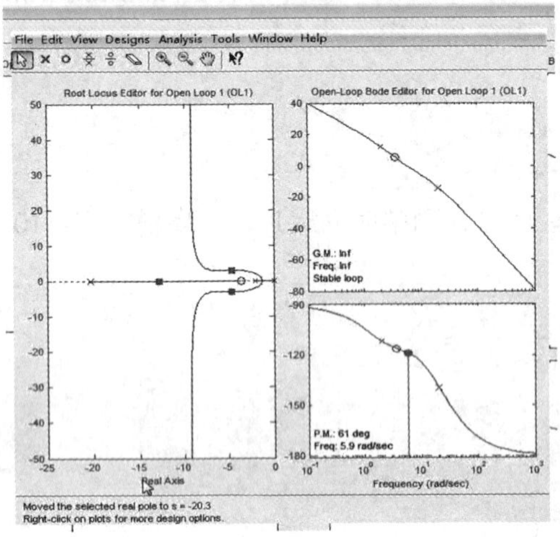

图 7-25　系统校正后根轨迹与 Bode 曲线

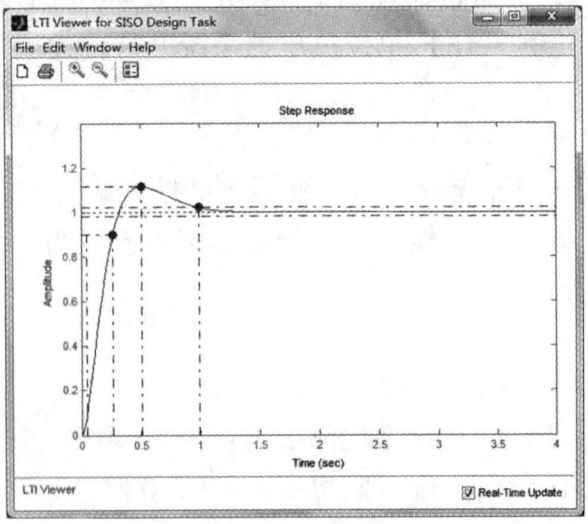

图 7-26　系统校正后单位阶跃响应曲线

7.3.2　PID 控制器设计

PID 控制器具有比例、积分、微分基本控制规律，或者这些基本控制规律的某些组合，在实际工程中有着广泛的应用。其传递函数为

$$G_c(s)=K_p\left(1+\frac{1}{T_i s}+T_d s\right) \tag{7-14}$$

或者写为

$$G_c(s)=K_p+\frac{K_i}{s}+K_d s \tag{7-15}$$

式中，K_p为比例系数；T_i为积分时间常数；T_d为微分时间常数；K_i为积分系数；K_d为微分系数。这些都是可调参数。

用户可以利用 MATLAB 来分析和研究 PID 控制器结构和参数对控制系统性能的影响。下面通过一个例子来加以说明。

【例 7-16】 单位负反馈控制系统的开环传递函数

$$G_o(s)=\frac{1}{(s+1)(2s+1)(4s+1)}$$

采用 PI 控制，比例系数 $K_p=3$，积分时间常数分别取 $T_i=3$，5，15，20，试求各积分系数下系统的单位阶跃响应，并绘制响应曲线。

MATLAB 程序代码如下：

```
num = 1; den = conv([1, 1], conv([2, 1], [4, 1]));
Go = tf(num, den);
kp = 3; Ti = [3,5,15,20];f_color = ['r', 'b', 'k', 'g'];
for n = 1:4
    Gc = tf([kp, kp/Ti(n)], [1, 0]);
    sys = feedback(Gc * Go, 1);
    step(sys, f_color(n); hold on
end
```

程序运行结果如图 7-27 所示。通过响应曲线，可以看出积分时间常数减小，积分作用增加，但超调量增多，振荡次数增多，闭环系统的稳定性变差。

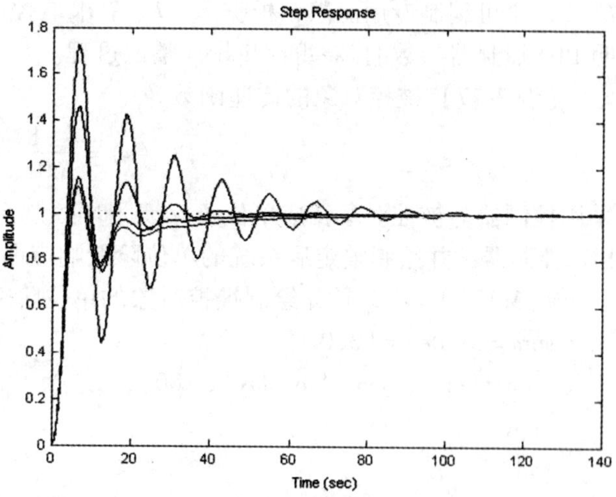

图 7-27　例 7-16 系统的单位阶跃响应

当然，有关 PID 参数对控制系统时域或频域等性能的影响，用户也可利用 MATLAB 中的 sisotool 工具来观察、分析和研究，也可以利用 Simulink 来进行分析。

PID 控制器设计的核心是参数整定，即根据被控过程的性能要求确定 PID 控制的比例系数 K_p、积分时间常数 T_i 和微分时间常数 T_d。PID 控制器参数整定的方法很多，分为理论计算整定法和工程整定法。其中，理论计算整定法是依据系统的数学模型，经理论计算来确定控制器参数。工程整定法是通过试验再按工程经验公式对控制器参数进行整定，主要有 Ziegler-Nichols 整定法、临界比例度法和衰减曲线法等。本节仅介绍 Ziegler-Nichols 整定法的 MATLAB 辅助设计。

Ziegler-Nichols 整定法是基于被控对象具有或近似具有带时间延迟一阶模型的响应特性，即一阶模型为

$$G(s) = \frac{K}{Ts+1}e^{-Ls} \tag{7-16}$$

其单位阶跃响应曲线是一条 S 形的曲线，如图 7-28 中实线所示。按图中所给出的方法绘制出三条虚线，从中提取出模型的放大倍数 K、延迟时间 L、时间常数 T。对于由 PID 控制器和被控对象构成的单位负反馈闭环控制系统，可根据表 7-2 中的经验公式确定 P、PI 和 PID 控制器的 K_p、T_i、T_d 参数。

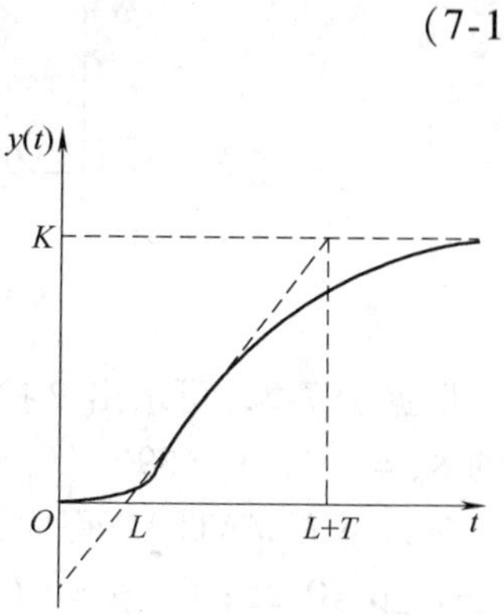

图 7-28　S 形的单位阶跃响应曲线

采用 Ziegler-Nichols 整定法设计 PID，用户需要首先得到被控对象的单位阶跃响应曲线，在工程中可以通过试验的方法获得。若曲线近似为一条 S 形的曲线，可由曲线人工确定模型中的 K、L、T，当然，也可采用辨识算法确定被控对

象的一阶模型，从而确定 K、L、T。再利用表 7-2 的经验公式确定控制器参数 K_p、T_i、T_d。在此基础上，用户可根据系统的性能指标要求，进一步对控制器的参数进行细调。

表 7-2　基于阶跃响应的 Ziegler-Nichols 法控制器参数整定公式

控制器类型	K_p	T_i	T_d
P	$T/(KL)$	∞	0
PI	$0.9T/(KL)$	$L/0.3$	0
PID	$1.2T/(KL)$	$2L$	$0.5L$

在 MATLAB 中，用户可编制函数，根据阶跃响应试验数据或 MATLAB 仿真数据求取 K、L、T，也可编制专用函数，根据 K、L、T 求取控制器参数 K_p、T_i、T_d。下面，通过例子说明 PID 控制器参数的 Ziegler-Nichols 整定过程。

【例 7-17】 被控对象的传递函数为

$$G_o(s)=\frac{8}{360s+1}e^{-180s}$$

采用控制器与被控对象构成单位负反馈闭环控制系统，试采用 Ziegler-Nichols 法设计 P、PI、PID 控制器，并绘制整定后系统的单位阶跃响应曲线。

在 MATLAB 中，首先绘制被控对象的单位阶跃响应曲线，其程序代码为：

```
num = 8; den = [360 1];
Go = tf(num, den, 'iodelay', 180);
step(Go)
grid
```

程序运行后，被控对象单位阶跃响应曲线如图 7-29 所示。按照 S 形曲线的参数求法，由图 7-29 大致可得到系统的 L、T、K 为

$L=180$，$T=540-180=360$，$K=8$

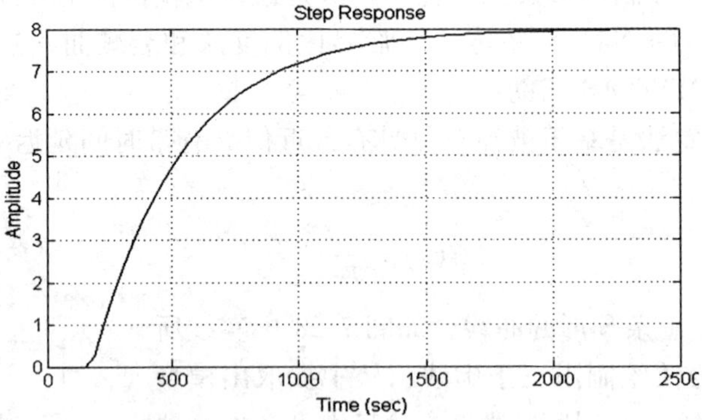

图 7-29　例 7-17 被控对象的阶跃响应曲线

根据表 7-2，可求出 P 控制器的 $K_p=0.25$；PI 控制器的 $K_p=0.225$，$T_i=600$；PID 控制器的 $K_p=0.3$，$T_i=396$，$T_d=90$。为分析由上述所设计的三种控制器组成的控制系统的性能，执行下面 MATLAB 程序代码：

```
Gc_p = 0.25; Gc_pi = tf([0.225, 0.225/600], [1, 0]);
Gc_pid = tf([0.3*90, 0.3, 0.3/396], [1, 0]);
```

```
Go_ss = ss(Go);
sys_p = feedback(Gc_p * Go_ss,1);
sys_pi = feedback(Gc_pi * Go_ss,1);
sys_pid = feedback(Gc_pid * Go_ss,1);
figure(2)
step(sys_p,'r',sys_pi,'b',sys_pid,'g')
grid
```

程序运行后生成的控制系统单位阶跃响应曲线如图 7-30 所示。由图可见，PID 控制性能不符合要求，微分控制作用过强，为此可调整微分参数 T_d 的数值，例如调整为 3，再次运行上述程序，可生成系统单位阶跃响应曲线，如图 7-31 所示。

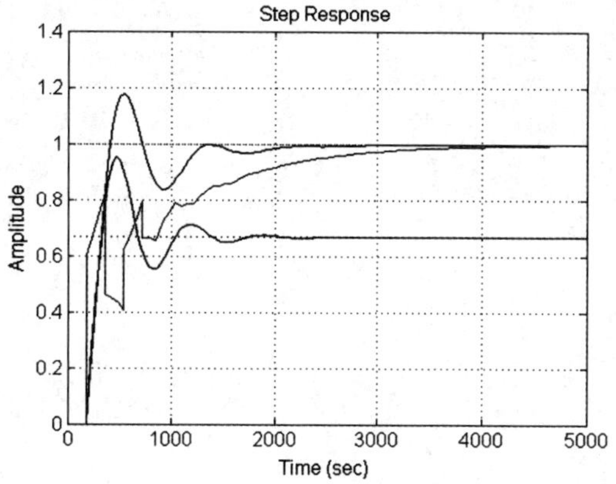

图 7-30　控制系统的阶跃响应曲线

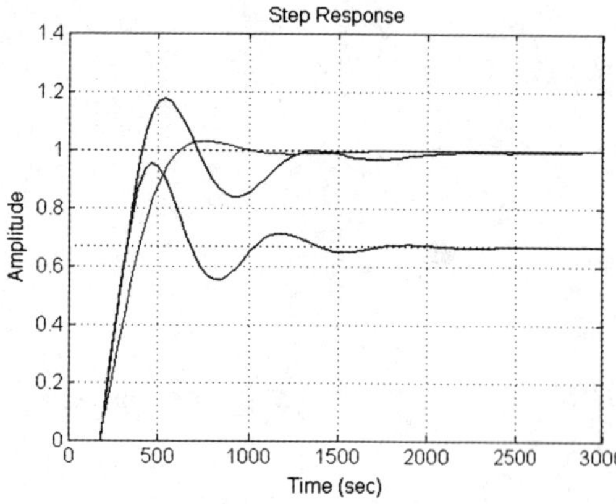

图 7-31　例 7-17 控制系统的阶跃响应曲线

7.4　小结

MATLAB 在自动控制系统分析和设计领域中应用非常广泛，本节主要介绍 MATLAB 在线性控制系统建模、分析和设计中应用的基本方法和技术。

对线性控制系统建模，采用函数 tf 可以创建系统的传递函数模型；采用函数 ss 可以创建系统的状态空间模型；采用函数 zpk 可以创建系统的零、极点模型，这三个函数既可用于创建连续系统模型，也可用于创建离散系统模型。也可以在 Simulink 中使用相应模块来进行建模。以上三种模型，可以利用模型转换函数实现相互之间的转换。

模型的基本连接有串联、并联和反馈三种，利用运算符“ * ”或函数 series 实现模块串联的等效化简；利用运算符“ + ”或函数 parallel 实现模块并联的等效化简；利用函数 feedback 实现模块反馈的等效化简。

在线性控制系统的时域分析中，使用函数 step 可得模型的阶跃响应，使用函数 impulse 可得脉冲响应，使用函数 lsim 可得任意输入下系统的响应；也可在 Simulink 环境下进行时域仿真分析，还可利用 LTI Viewer 进行时域分析。

控制系统的根轨迹关系到控制系统的稳定性和动态品质，绘制根轨迹是关键。在 MATLAB 中，使用函数 rlocus 绘制模型的根轨迹很方便、快捷，也可以利用 SISO 设计工具 sisotool 进行根轨迹绘制和分析。

在控制系统的频域分析中，使用函数 nyquist 可以绘制 Nyquist 图；使用函数 bode 可以绘制 Bode 图；使用函数 nichols 可以绘制 Nichols 图，根据绘制出的频域图形分析系统的稳定性、稳定裕度和动态品质。

控制系统的性质分析包括稳定性分析、可控性分析和可观性分析等内容。在稳定性分析中，可以使用函数 eig 求解系统的特征值来分析；使用函数 pzmap 获得系统的极、零点分布图来分析；使用函数 pole 和 zero 来求解系统的极点和零点来分析；使用函数 roots 求极点来分析。使用函数 ctrb 分析系统的可控性。使用函数 obsv 分析系统的可观性。

MATLAB 也是控制系统设计的强有力工具。

第 8 章　MATLAB 在电力系统分析与设计中的应用

电力系统是由发电、输电、变电、配电、用电等一次设备和保护、控制、调度等二次设备组成的统一整体，其分析与设计涉及许多专业领域问题，例如：电力系统运行状态分析（稳态与暂态）、电力系统运行优化与调整、电力系统电能质量、电力系统规划、电力系统控制与通信、电力系统辨识等。MATLAB 作为辅助工具，已在电力系统分析与设计的各个方面得到广泛应用。由于覆盖范围广，涉及内容多，本章不可能一一介绍。为此，本章重点介绍基于 Simulink 和 SimPowerSystems 库的电力系统稳态和暂态仿真。

8.1　电力系统仿真模型

正如在第 6 章所讲，在 Simulink 环境下进行动态系统仿真，首先需要在模型窗中利用 Simulink 模块库中所需的模块构建系统仿真模型，再设置仿真参数，然后启动仿真，待仿真结束后，对仿真结果进行分析。电力系统仿真也是如此，首先需要将组成系统各元件的仿真模块复制到模型窗中，并进行布局、设置和连接。电力系统仿真模型中的模块除了部分可从 Simulink 模块库中获得，大部分是从电力系统仿真库中获得，即 SimPowerSystems 库。

在 MATLAB 桌面上，单击工具栏图标为  的按钮，或者在命令窗口中输入并执行“simulink”命令，打开 Simulink 库浏览器“Simulink Library Browser”。在左侧的库列表中，选择“SimPowerSystems”，如图 8-1 所示。由图可见，在电力系统仿真模块库中，包含有 7 个子库和 1 个电力图形用户接口模块“powergui”。

如果在命令窗口中输入并执行“powerlib”命令，可以直接打开电力系统仿真模块库，如图 8-2 所示。

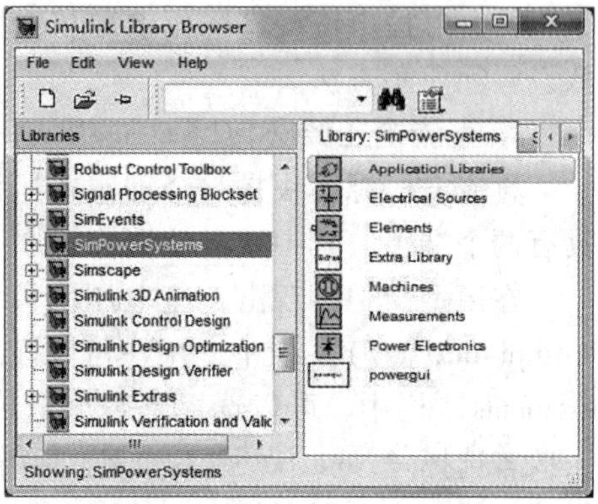

图 8-1　电力系统仿真模块库

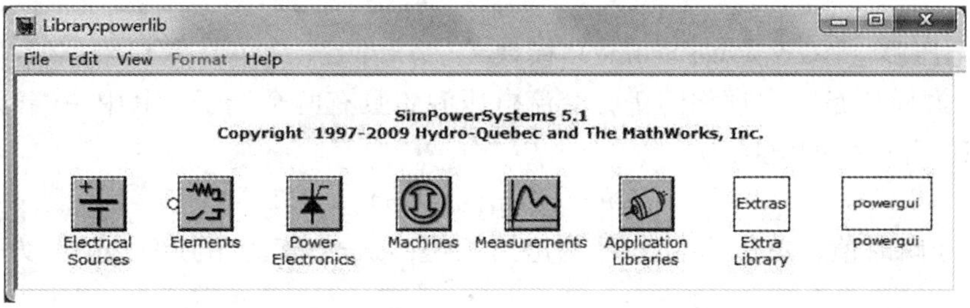

图 8-2　电力系统仿真模块库（直接打开时）

电力系统仿真模块库“SimPowerSystems”中包含有大量的电力系统元件模块，它们按元件类型分为了 7 个子库：电源库、元件库、电力电子库、电机库、测量库、应用库和其他库，其中“Application Library”和“ Extra Library”是二级子库。模块是建模的“积木块”，要高效、正确地建立电力系统仿真模型，就必须首先了解和熟悉这些模块的功能、特征和参数设置。

仔细观察“SimPowerSystems”库中的模块，并与 Simulink 模块库中的模块相比较，可发现两者的输入、输出端表示是不同的。“SimPowerSystems”库中的模块输入、输出端是以方形图形符号“□”表示，代表电气输入、输出端子，而 Simulink 模块库中的模块输入、输出端是以图形符号“>”或者其旋转后来表示，代表 Simulink 输入、输出端。正如在第 6 章所见，连接 Simulink 模块间输入、输出端的信号线是带箭头的有向信号线，而在后面将会看到连接电气端子的连线是不带箭头的电气连接线。电气连接线虽然可以分出支路，但不能连接到 Simulink 端，也不能连到 Simulink 信号线。在模型中，Simulink 端只能与另一个 Simulink 端相连，电气端也仅能与另一电气端相连。在模型中，如果既有 Simulink 信号，又有电气连接，则需要选择“SimPowerSystems”库中的有关模块来实现 Simulink 信号到电气连接的转换，或者电气连接到 Simulink 信号的转换。例如，电压测量模块和电流测量模块可分别实现将电气量电压、电流转换为 Simulink 信号，并可接入其他的 Simulink 模块上；而受控源可实现用 Simulink 信号控制所产生的电气参量，具体在后面再介绍。

8.1.1 电源模块

在电源库“Electrical Sources”中，包含直流电压源、交流电压源、交流电流源、可控电压源、可控电流源、三相电源和三相可编程电压源等模块。用户应熟悉各模块的功能、参数设置和使用方法。

1. 直流电压源（DC Voltage Source）**模块**

直流电压源模块是一个理想电压源，提供一个恒定的端电压，单位为伏（V）。该模块具有两个端子，其中正极性端标有“ + ”。

在模型窗中，双击直流电压源模块，可打开其参数设置对话框。在参数设置对话框的“Amplitude（V）”栏中，用户可以设置理想电压源的电压大小，单位为伏（V）。在“Measurements”栏中，可以选择是否测量理想电压源的电压，若选择“Voltage”，则测量电源电压；若选择“None”，则不测量。在模型中放置万用表模块可以显示出模型中的所有被选的量值的量，在万用表的“Available Measurements”列表框中要测量的量用标识符来标志，标识符后是模块名。将要显示的测量量选中，并输入到万用表的“Selected Measurements”列表框中。

2. 交流电压源（AC Voltage Source）**模块**

交流电压源模块是一个理想的正弦交流电压源，具有两个端子，其中一端标注有参考极性“ + ”。该电源产生的电压为

$$u = U_m \sin(\omega t + \varphi)$$

式中，u 为电压瞬时值，单位为 V；U_m 为电压幅值；$\omega = 2\pi f$ 为角频率，单位为 rad/s；φ 为初相位。

在参数设置对话框的“Peak amplitude（V）”栏中，设置电压幅值，单位为 V；在

"Phase（deg）"栏中，设置初相位，单位为度；在"Frequency（Hz）"栏中，设置电源频率，单位为 Hz；在"Sample time"栏中，设置采样周期，单位为 s，默认为 0，对应连续时间电源；在"Measurements"栏中，若选择"Voltage"，则测量电源电压；若选择"None"，则不测量。

3. 交流电流源（AC Current Source）**模块**

交流电流源模块是一个理想的正弦交流电流源，模型图形上有两个端子，其电流的正向参考方向用箭头表示。电流源产生的电流为

$$i = I_m \sin(\omega t + \varphi)$$

式中，i 为电流瞬时值，单位为 A；I_m 为电流幅值；$\omega = 2\pi f$ 为角频率，单位为 rad/s；φ 为初相位。

其参数设置与交流电压源模块相似，只是在"Peak amplitude（A）"栏中输入电流幅值，单位为 A；在"Measurements"栏中，若选择"Current"，则测量电流源的电流；若选择"None"，则不测量。

4. 受控电压源（Controlled Voltage Source）**模块**

受控电压源模块是将输入的 Simulink 信号转换为一个等值的电压源，该电源电压由模块输入的 Simulink 信号控制。

受控电压源可在其参数对话框中用选定的交流或直流电压进行初始化。在参数对话框中，选中"Initialize"单选框，可对受控电压源进行初始化，如果不选，则不进行初始化。初始化时，在"Source type"栏中，可选择受控电压源的类型，即 AC 或者 DC。若为交流（AC）类型，则在下面的"Initial amplitude(V)"栏中输入正弦交流电压幅值，"Initial phase (deg)"栏中输入初始相位，"Initial frequency(Hz)"栏中输入频率；若为直流（DC）类型，则只需在下面的"Initial amplitude(V)"栏中输入直流电压值。在"Measurements"栏中，若选择"Voltage"，则测量该受控电压源的端电压；若选择"None"，则不测量。

如果要从稳态开始启动仿真，模块的输入端应首先接到与选定初始值对应的正弦波形或直流波形信号。

5. 受控电流源（Controlled Current Source）**模块**

受控电流源模块是将输入的 Simulink 信号转换为一个等值的电流源，该电源电流由模块输入的 Simulink 信号控制。该模块有 3 个端子，其中标有"s"的端是 Simulink 信号输入端，标有"+"和"-"的端分别为电流源的正、负端，电流源的电流参考正方向用箭头表示。

受控电流源的初始值和参数设置与受控电压源相似，仅是将电压变成电流即可。

6. 三相电源（Three-Phase Source）模块

三相电源模块是一个带内阻抗的三相平衡电压源，其内部为 Y 联结，中性点可以接地，也可以引出。模块有 3 个端子时，分别为 A 相、B 相、C 相端；若有 4 个端子，分别为 A 相、B 相、C 相和中性点 N 端，该种情况出现在电源为 Yn 联结时，电源内阻抗 R、L 可通过直接输入 R、L 值来设定，也可用电源短路容量和 X/R 比间接设定，X 是电源内电抗。

在参数对话框的"Phase-to-Phase rms Voltage(V)"框中，输入三相线电压有效值，单位为 V；在"Phase angle of phase A(degree)"中，输入 A 相的相位角，单位为度；在"Frequency(Hz)"栏中，输入频率值，单位为 Hz；在"Internal connection"栏选择中性点连接

方式，若选择“Y”，表示为星形联结，中性点在内部；若选择“Yn”，表示为星形联结，中性点引到模块端子，此时模块有 4 个端子；若选择“Yg”，表示星形联结，中性点在内部接地。若选中单选框“Specify impedance using short-circuit level”，表示用三相短路功率、基值电压和 X/R 值计算内部电阻和电抗，在其下边的“3-phase-short-circuit-level at base voltage”栏中输入三相短路功率，单位为 V · A；在“Base voltage”栏中，输入基准线电压有效值，单位为 V；在“X/R ratio”栏中，输入 X/R 值。若不选中单选框“Specify impedance using short-circuit level”，则直接在其下边的“Source resistance(Ohms)”栏和“Source inductance(H)”栏分别输入电源内电阻和内电感。

【例 8-1】 两个频率不同的交流正弦电压源分别为：$u_{s1}=100\sin 120\pi t$V，$u_{s2}=50\sin(100\pi t+10°)$V，经串联后，向一个电阻为 100Ω 的负荷供电，试观测负荷的电压波形。

打开一个新的模型窗口，并命名为 exam8_1. mdl。从电源库“Electrical Sources”中，复制两个交流电压源模块，并将这两个模块名分别更名为“us1”和“us2”。双击模块进行参数设置，其中 us1 电源的幅值为 100V，初相位角为 0°，频率为 60Hz，采样时间为 0（连续时间），不测量电源电压；us2 电源的幅值为 50V，初相位角为 10°，频率为 50Hz，采样时间为 0（连续时间），不测量电源电压。

从元件库“Elements”中，复制 1 个串联 RLC 模块，即“Series RLC Branch”模块，并将模块名更名为“100 Ohms”，在参数设置对话框的“Branch type”栏中，选择电阻 R，并在“Resistance (Ohms)”栏中输入电阻值“100”。从测量库“Measurements”中，复制 1 个“Voltage Measurement”模块，以实现电压电气量转换为 Simulink 信号，将模块名更名为“v_ m”。从 Simulink 库的“Sink”子库中复制 1 个示波器“Scope”模块，其“Time range”设置为 0. 5，并将模块名更名为“us1 + us2”，再将“powergui”模块复制到模型中。

模型窗中，对各模块进行布置和连接，其模型如图 8-3 所示。在“Simulation/Configuration Parameters…”中设置“Start time”为 0，“Stop time”为 10，“Type”为“Variable-step”，“Solver”为“ode45”，其他选项为默认值。启动仿真，示波器中显示负荷电压波形，如图 8-4 所示。

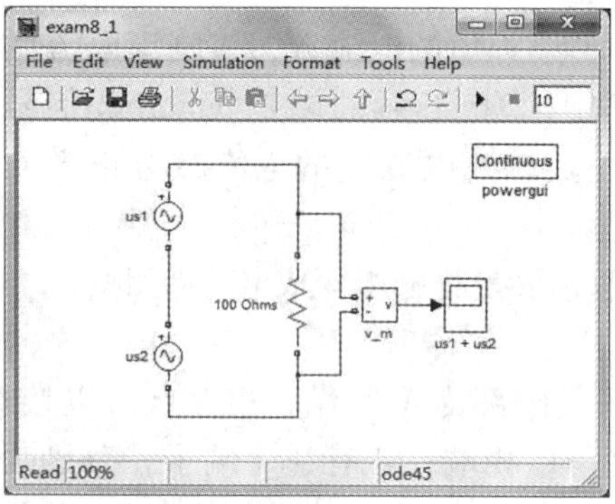

图 8-3　例 8-1 的模型

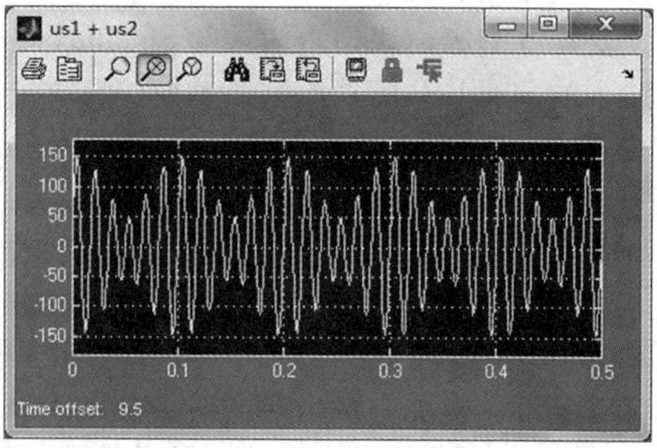

图 8-4　例 8-1 的仿真结果波形

8. 1. 2　电机模块

在“Machines”库中包含有多种电机模块。同步电机模块有标幺制简化同步电机（Simplified Synchronous Machine pu Units)、SI 制简化同步电机（Simplified Synchronous Machine SI Units)、永磁同步电机（Permanent Magnet Synchronous Machine)、带基本标幺参数的同步电机（Synchronous Machine pu Fundamental)、带标准标幺参数的同步电机（Synchronous Machines pu Standard)、带基本 SI 制参数的同步电机（Synchronous Machine SI Fundamental)；异步电机模块有标幺制异步电机（Asynchronous Machine pu Units)、SI 制异步电机（Asynchronous Machine SI Units)、单相异步电机（Single Phase Asynchronous Machine)；直流电机和电动机模块有直流电机（DC Machine)、开关磁阻电动机、步进电动机（Stepper Motor)；原动机和调节器模块有励磁系统（Excitation System)、水轮机和调速器（Hydraulic Turbine and Governor)、汽轮机和调速器（Steam Turbine and Governor)、通用电力系统稳定器（Generic Power System Stabilizer）和多带电力系统稳定器（Multi-Band Power System Stabilizer)。

下面仅介绍标幺制简化同步电机模块和带基本标幺参数同步电机模块，其他模块请参阅各模块的帮助文档。

1. 简化同步电机模块

简化同步电机模块有标幺制和 SI 制两种。该模块是用于表征三相同步电机机电动态特性的简单模型，它采用 *RL* 阻抗后内电动势源表示，定子绕组按星形联结，其机械转子运动由下式描述：

$$2H\frac{\mathrm{d}\omega(t)}{\mathrm{d}t} = T_{\mathrm{m}} - T_{\mathrm{e}} - K_{\mathrm{d}}\Delta\omega(t)$$

$$\omega(t) = \Delta\omega(t) + \omega_0$$

式中，H 为惯性常数；T_{m}为机械转矩；T_{e}为电磁转矩；K_{d}为表示阻尼绕组效应的阻尼系数；$\omega(t)$ 为转子机械角速度；ω_0为同步角速度。

由机械功率变化引起的功角变化可用下列二阶传递函数近似：

$$\frac{\delta}{P_{\mathrm{m}}} = \left(\frac{\omega_{\mathrm{s}}}{2H}\right)/(s^2 + 2\zeta\omega_{\mathrm{n}}s + \omega_{\mathrm{n}}^2)$$

式中，δ为功角，即内电压与端电压的相位差，单位为 rad；ω_{n}为机电振荡角频率，单位为 rad/s；ζ为阻尼比；ω_{s}为电气角频率，单位为 rad/s。

模块的输入、输出分别标有 A、B、C、Pm（或 w)、E 和 m，其中 A、B、C 是定子三相绕组输出端；Pm 是机械功率输入端，该输入可以是恒定信号，也可以连接到水轮机和调速器块的输出端，若在参数“Mechanical input”栏中选择“Speed w”，则 Pm 输入端的标识符变为 w，表明输入电机角速度，单位为 rad/s；E 是模块内电动势源电压幅值，可以是恒定信号，也可以是连接到电压调节器的输出端；m 为 Simulink 输出端，是一个包含有 12 个信号的向量，对该向量信号可用 Simulink 库中的“Bus Selector”模块将这些信号进行多路分离，这 12 个信号是：定子 a、b、c 相电流，定子 a、b、c 相电压，定子 a、b、c 相的内电动势源电压，转子角，转子机械角速度和电气功率。

在模块参数设置的“Connection type”栏中，若选择“3-wire Y”，中性点包含在内部；若选择“4-wire Y”，中性点引出，模块的输入、输出端包含有中性点 N 端。在“Mechanical input”栏中，若选择“Mechanical power Pm”，则模块的 Pm 输入端输入的是机械功率；若选择 Speed w，则模块的 w 输入端输入的是电机角速度。在“Nominal power, line-to-line voltage, and frequency”栏中输入发电机标称视在功率（V · A)、频率（Hz）和线电压有效值

(V)。在“Inertia, damping factor and pairs of poles”栏中输入惯性常数、阻尼系数和磁极对数。在“Internal impedance”栏中输入电阻（pu）和电抗（pu）。在“Initial conditions”栏中输入初始速度偏差（%）、转子角（度）、线电流幅值（pu）和相位角（pu），这些值可以由“Powergui”模块的潮流计算得到。在“Sample time（-1 for inherited)”栏中可输入模块的采样时间，采用“Powergui”设定的采样时间，该参数应设置为 -1。

2. 带基本参数的同步电机模块

该模块是表征三相隐极式或者凸极式同步电机动态特性的模型，采用机械功率的符号来设定同步机的运行模式，为正则表示发电机模式，若为负则表示电动机模式。电机的电气特性采用六阶模型表示，机械运动特性采用转子运动方程表示，机械运行模型与简化电机模块相同。

该模块的模型计及定子绕组、励磁绕组和阻尼绕组的电磁暂态。模型假定定子电流以流入定子绕组为正（正方向的选择)，而模块返回的测量定子电流是以流出电机为正。

模块的输入、输出设有 A、B、C、Pm（或 w)、V_f、m。其中，A、B、C 是电机的三相定子绕组端；Pm 是电机轴机械功率输入端，在发电机模式下，该输入可以是正的常数、函数或者是原动机的输出，在电动机模式下，该输入通常是负的常数或函数；若在“Mechanical input”参数栏中选择“Speed w”，则 Pm 输入端改变为 w，表示为输入机械角速度，单位为 rad/s；V_f是励磁电压输入端，在发电机模式下，该电压可以由电压调节器供给，在电动机模式下，该电压通常是一个常数；m 是一个包含有 22 个信号的向量信号输出端，这些信号是定子 a、b、c 的相电流 i_a、i_b、i_c，定子 dq 的电流 i_d、i_q，励磁电流 i_{fd}，阻尼绕组电流 i_{kq1}、i_{kq2}、i_{kd}，互感磁链 Ψ_{md}、Ψ_{mq}，定子电压 v_d、v_q，转子角偏差$\Delta\theta$，转子角速度 ω_m，电磁功率 P_e，转子角速度偏差$\Delta\omega$，转子机械角度 θ，电磁转矩 T_e，负荷角δ，输出有功功率 P_{eo}和输出无功功率 Q_{eo}。

在模块参数设置对话框中，有三个页面，分别是“Configuration”、“Parameters”、“Advanced”。在“Configuration”页面，“Preset model”栏中提供了一些典型同步机，给出额定容量（kV · A)、额定电压（V)、额定频率（Hz）和额定转速（r/min)，选择一个给定的预设模型将自动装载对话框中对应的电气和机械参数，选择“No”，则人工在参数对话框中输入电气和机械参数。当选择了一个预定模型，“Parameters”页面中所有参数变为灰色，不能修改，若要对选定的预设模型参数进行修改，可首先选择所需要的预设模型进行参数初始化，再将“Preset model”栏选为“No”，即可对电机参数进行修改，最后按“Apply”按钮生效。在“Mechanical input”栏中，选择是采用机械转矩还是转子速度作为模块输入的 Simulink 信号，若选择“Mechanical power Pm”，表示为机械功率输入，模块输入端的标识符变为 Pm；若选择“Speed w”，则表示为速度输入，模块输入端的标识符变为 w。在“Rotor type”栏中，选择转子类型为“凸极式（Salient-pole)”或者“隐极式（Round)”，这种选择会影响到转子电路在 q 轴的数目。

在“Paramters”页面中，可输入电机的额定视在功率、额定电压、频率、额定励磁电流、定子参数、励磁参数、阻尼绕组参数、惯性系数、摩擦因子、极对数和电机的初始运行条件，若要考虑饱和的影响，可选中“Simulate saturation”，此时需要输入电机饱和参数。如果采用给定的预设模型，这些参数系统会自动载入。

在“Advanced”页面中，“Sample time（-1 for inherited)”栏可设定模块采用的采样时

间，若要采用“Powergui”模块给定的采样时间，在该框设置为 -1。

8.1.3　电力变压器模块

在“Powerlib/Elements”库中，有多种变压器模块可供选择，包括线性变压器（Linear Transformer）、多绕组变压器（Multi-Winding Transformer）、双绕组三相变压器［Three-Phase Transformer(Two Windings)］、三绕组三相变压器［Three-phase Transformer（Three Windings)］、曲折接线移相变压器（Zigzag Phase-Shifting Transformer）、饱和变压器（Saturable Transformer）、接地变压器（Grounding Transformer）、双绕组电感矩阵型三相变压器［Three-Phase Transformer Inductance Matrix Type（Two Windings)］、三绕组电感矩阵型三相变压器［Three-Phase Transformer Inductance Matrix Type(Three Windings)］、12 端三相变压器（Three-Phase Transformer 12 Terminals）。

下面仅介绍线性变压器模块和双绕组三相变压器模块，其他变压器模块请参阅帮助文档。

1. 线性变压器模块

线性变压器模块是用于表示单相双绕组或者单相三绕组变压器的模型，它由缠绕在一个铁心上的三个耦合线圈组成。模型等效电路包含有绕组电阻、漏感和铁心的励磁特性，其励磁特性采用线性支路（励磁电阻和励磁电感）表示。如果要表示理想变压器模型，可将绕组电阻和电感置 0，将励磁电阻和电感置为 inf。

在模块参数设置对话页面的“Units”栏设定模块参数所需采用的单位，若选择“pu”，则采用标幺制，绕组参数是以变压器额定容量 S_n(V·A)、额定频率 f_n(Hz）和对应绕组的标称电压 V_n(V）为基准值，励磁支路参数是以变压器额定容量 S_n(VA）和绕组 1 的标称电压（V）为基准值；若选择“SI”，则参数采用有名制。标幺制参数和有名制参数可自动实现相互转换，例如，先输入有名参数，再在“Units”栏中选择“pu”，按“Apply”按钮即可自动实现从有名值到标幺值的转换。对于其他参数，用户可按提示输入相应的参数值，若是三绕组变压器，选中“Three windings transformer”单选框，并输入绕组 3 的参数。在“Measurements”栏中，选择“Winding voltages”测量绕组两端电压；选择“Winding current”测量绕组电流；选择“Magnetization current”测量励磁电流；选择“All voltage and current”测量绕组电压、绕组电流和励磁电流，这些测量量将出现在模型中的万用表“Multimeter”模块的“Available measurements”列表中。

2. 双绕组三相变压器模块

双绕组三相变压器模块是用于实现绕组连接方式可变的双绕组三相变压器的模型，它是采用三个单相双绕组变压器来实现，其两个绕组的连接方式有：星形；引出中性点的星形；中性点接地的星形；三角形（D1），三角形滞后星形 30°；三角形（D11），三角形超前星形 30°。当选定绕组连接方式后，模块的图标会自动更新。若绕组 1 采用中性点引出的星形联结，模块会增添标有 N 的输入端，若绕组 2 采用中性点引出的星形联结，模块会增添标有 n 的输入端。

在参数设置对话窗中，有三个页面，分别是“Configuration”、“Parameters”、“Advanced”。在“Configuration”页面，选择绕组 1 和绕组 2 的连接方式，Y 为中心点在内的星形联结；Yn 为中性点引出的星形联结；Yg 为中心点内部接地的星形联结；Delta（D1）为三角形联结，三角形滞后星形 30°；Delta（D11）为三角形连接，三角形超前星形 30°。若选中“Saturable core”单选框，表明模型要计及变压器饱和特性，在其下方展开“Simulate hysteresis”和“Specify initial fluxes”两个单选框。选中“Simulate hysteresis”单选框，下方出现“Hysteresis Mat file”参数框，输入包含有磁滞模型数据的 . mat 文件，当打开“Powergui”的“Hysteresis Design Tool”时，将显示出保存在“hysteresis. mat”文件中的默认磁滞回线和参数，采用“Load”按钮可导入其他磁滞 . mat 文件，采用“Save”按钮可保存新建的磁滞 . mat 文件。选中“Specify initial fluxes”，在“Parameters”页面的“Initial fluxes”栏中要定义初始磁通。在“Measurements”栏中，选择需要测量的量。

在参数“Parameters”页面的“Units”栏中选择参数单位制式，若选“pu”，则采用标幺值；若选“SI”，则采用有名值。在各参数栏中，按提示信息输入相应参数值。当在“Configuration”页面中选了“Saturable core”，则需在“Saturation characteristic”栏中输入饱和参数，否则该栏为灰色，不需输入。当在“Configuration”页面中选了“Specify initial fluxes”，则需在“Initial fluxes”栏中输入初始磁通量值。

当在离散系统中使用该模块时，将存在一个代数回路。在多数情况下，需要代数回路来获得精确解，但会降低仿真速度。在某些情况下，为加快仿真，可在“Advanced”页面中选择“Break Algebraic loop in discrete saturation model”，使代数回路不起作用。但应注意，这样处理将引起模型存在一个时步的延迟。如果采样时间太长，可能会引起数值振荡。

8.1.4　线路与电路元件模块

在“Powerlib/Elements”库中，包含有多种类型的线路和电路元件模块，有串联 *RLC* 支路（Series RLC Branch）、并联 *RLC* 支路（Parallel RLC Branch）、三相串联 *RLC* 支路（Three-phase Series RLC Branch）、三相并联 *RLC* 支路（Three-phase Parallel RLC Branch）、Π 形线路（PI Section Line）、三相Π形线路（Three-phase PI Section Line）和分布参数线路（Distributed Parameters Line）等。

1. 串联 *RLC* 支路模块与并联 *RLC* 支路模块

串联 *RLC* 支路可以用来实现一个电阻、一个电感、一个电容，或者由电阻、电感和电容实现的各种串联组合，这可通过在参数设置页面的“Branch type”栏中选择支路组成类型来确定。“Branch type”下拉列表中列有“RLC”、“R”、“L”、“C”、“RL”、“RC”、“LC”和“Open circuit”类型。当根据需要选择对应一种时，模块的显示图标相应改变，例如，选择“R”，则图标只有电阻的图标，消去电感和电容图示；若选择“RL”，则图标只有电阻和电感串联，而没有电容。选择后，参数设置页面仅显示相应元件参数的设置框，例如，选择“R”后，仅出现电阻“Resistance(Ohms)”参数栏。如果包含有电感、电容，并选中“Set the initial inductor current”、“Set the initial capacitor voltage”，则可设置电感电流初始值和电容电压初始值。

并联 *RLC* 支路可以用来实现一个电阻、一个电感、一个电容，或者由电阻、电感和电容实现的各种并联组合，这可通过“Branch type”栏中选择支路组成类型来确定。“Branch type”下拉列表中也列有“RLC”、“R”、“L”、“C”、“RL”、“RC”、“LC”和“Open circuit”类型。除了元件间采用并联关系，其他与串联 *RLC* 支路情况相同。

2. 三相串联 *RLC* 支路与三相并联 *RLC* 支路

三相串联 *RLC* 支路模块是一个三相对称支路，每相是由相同的串联 *RLC* 支路组成。而三相并联 *RLC* 支路模块也是一个三相对称支路，但每相是由相同的并联 *RLC* 支路组成。两个模块都有 6 个电气端，A 相的 A-A，B 相的 B-B，C 相的 C-C。

两个模块的参数设置方法与上面介绍的串联 *RLC* 支路相同。

3. Π形线路模块和三相Π形线路模块

Π形线路模块是一种表示单相电力线路Π形等效电路的集中参数模型，其串联支路为该段线路总电阻和总电抗的串联，而两端的并联支路为该段线路总电纳的一半。对于分布参数线路，可用几节相同的Π形线路级联来近似建模，节数取决于频率范围和线路长度。Π形线路模型表示的最大频率范围可采用下式来近似计算：

$$f_{max} = \frac{Nv}{8l}$$

式中，N 为节数；v 为传播速度，单位为 km/s；l 为线路长度，单位为 km。

在参数设置对话框中，需输入频率、单位长度电阻、单位长度电感、单位长度电容、线路长度和Π形等效电路的节数，并选择需要测量的量。

三相Π形线路模块是用一节Π形等效电路表示三相电力线路的集中参数模型，也可用几个三相Π形线路模块级联来近似分布参数线路。该模块有 6 个接线端，分别是 A 相的 A-A，B 相的 B-B 和 C 相的 C-C。在其参数设置对话框中，需要输入频率、正序电阻、零序电阻、正序电感、零序电感、正序电容、零序电容和线路长度参数，其中输入的电阻、电感和电容参数都是指单位长度（每千米）的参数。

8.1.5　负荷模块

在“Powerlib/Elements”库中，提供了一些负荷模块，有串联 *RLC* 负荷（Series RLC Load）、并联 *RLC* 负荷（Parallel RLC Load）、三相串联 *RLC* 负荷（Three-Phase Series RLC Load）、三相并联 *RLC* 负荷（Three-Phase Parallel RLC Load）和三相动态负荷（Three-Phase Dynamic Load）。

1. 串联 *RLC* 负荷模块和并联 *RLC* 负荷模块

串联 *RLC* 负荷模块是用 *R*、*L*、*C* 的串联组合来表示一个单相线性负荷的模型，而并联 *RLC* 负荷模块是采用 *R*、*L*、*C* 的并联组合来表示。这两种模块都适用于具有恒定阻抗模型的负荷，它们所消耗的有功功率和无功功率与负荷端电压的二次方成比例。模块图标只显示与非零功率有关联的元件，例如，如果容性无功功率为 0，而有功功率和感性无功功率不为 0，则模块图标只显示出 *RL* 的串联。

在参数设置对话框中，可根据参数提示信息输入相应的参数值。如果选择了“Set the initial capacitor voltage”和“Set the initial inductor current”，则需要输入初始电容电压值和初始电感电流值。

2. 三相串联 *RLC* 负荷模块和三相并联 *RLC* 负荷模块

三相串联 *RLC* 负荷模块是采用 *RLC* 串联组合表示三相平衡负荷的模型，适合于三相恒定阻抗负荷。而三相并联 *RLC* 负荷模块是采用 *RLC* 并联组合表示三相平衡负荷的模型。三相负荷的接线方式可以进行设置，有中性点接地星形联结 Y(grounded)、中性点不接地的星形联结

Y（floating）、中性点不接地但可访问的星形联结 Y（neutral）和三角形联结△（Delta）。其中，Y（neutral）方式将中性点引出，在模块上显示出一接线端，供连接使用。

在参数设置页面的“Configuration”栏中选择三相负荷的连接方式，并按各参数提示信息输入相应参数值，这些参数包括标称线电压有效值、标称频率、有功功率、感性无功功率和容性无功功率，在“Measurements”栏中选择需要测量的量。

3. 三相动态负荷模块

三相动态负荷模块表征三相动态负荷的模型，其所消耗的有功功率和无功功率是正序电压的函数，或者由外部输入信号进行控制。模型没有计及负序电流和零序电流，所以其三相负荷电流是平衡的，即使在不平衡负荷电压情况下也是如此。

当负荷电压低于规定值 V_{min} 时，负荷采用恒定阻抗表示。当负荷电压高于 V_{min} 时，负荷的有功功率 P 和无功功率 Q 按下面表达式随电压变化：

$$P(s) = P_0\left(\frac{U}{U_0}\right)^{n_p}\frac{(1+T_{p1}s)}{(1+T_{p2}s)}$$

$$Q(s) = Q_0\left(\frac{U}{U_0}\right)^{n_q}\frac{(1+T_{q1}s)}{(1+T_{q2}s)}$$

式中，U_0 为初始稳态正序电压；P_0 和 Q_0 为电压为 U_0 时的初始有功功率和无功功率；U 为实际运行的正序电压；n_p 和 n_q 为决定负荷特性的指数项系数（通常为 1 ~3）；T_{p1} 和 T_{p2} 为决定有功功率动态特性的时间常数；T_{q1} 和 T_{q2} 为决定无功功率动态特性的时间常数。

当设定 $n_p=1$、$n_q=1$ 时，负荷为恒定电流模型；当 $n_p=2$、$n_q=2$ 时，负荷为恒定阻抗模型。

在模块参数设置页面的“Nominal L-L voltage and frequency”栏中输入标称线电压有效值（V）和标称频率（Hz）；在“Active reactive power at initial voltage”栏中输入初始稳态有功功率（W）和无功功率（Var）；在“Initial positive-sequence voltage”栏中输入初始电压的幅值（pu）和相位（°）。

如果不选“External control of PQ”，则在“Parameters”栏中输入指数项系数 n_p 和 n_q；在“Time constants”栏中输入模型中的时间常数 T_{p1}、T_{p2}、T_{q1} 和 T_{q2}；在“Minimum voltage V_{min}”栏中输入计及动态特性的临界电压 V_{min}。如果选择“External control of PQ”，一个标有 PQ 的 Simulink 输入端出现在模块上，表示负荷的有功功率和无功功率应由外部的一个含有两信号的向量来定义，即输入向量为［P，Q］。

模块的输出 m 是一个包含有三个信号的向量，这三个信号是正序电压（pu）、有功功率（W）和无功功率（vars）。

8.1.6 开关模块

在“Powerlib/Elements”库中，提供了开关模块，可用于模拟接通或断开电路，或者是模拟系统故障等情况。这些开关模块有断路器（Breaker）、三相断路器（Three-Phase Breaker）和三相故障器（Three-Phase Fault）。在“Powerlib/Power Electronics”库中，提供有理想开关模块（Ideal Switch）。

1. 断路器模块

断路器模块是一个用于实现接通和断开电路的器件和电路模型，其通和断的时间可由外部 Simulink 信号控制（外控模式），也可由内部定时器控制（内控模式）。当设置为外控模式时，模块图标上出现 Simulink 输入端，连到 Simulink 输入端的控制信号必须是 0 或者 1，其中 0 表示断开，1 表示闭合。当控制信号由 0 变成 1 时，断路器瞬时闭合；当控制信号由 1 变成 0 时，断路器在电流下一个过零点处断开，这实际上模拟了电弧的熄灭过程。当设置为内控模式时，开关时间由参数设置对话框来设定。

断路器模块中包含有一个串联 R_s-C_s 缓冲电路，它可并联到断路器触头两端。如果断路器模块与感性电路、开路或者电流源相串联，必须引入该缓冲电路，以防止出现过电压。在大多数应用中，可采用一个大电阻值的电阻性缓冲电路，此时缓冲电容置为 inf，缓冲电阻设置为 $10^6\Omega$ 左右。

断路器闭合时的导通电阻为 R_{on}，其取值要小（典型值为 0.01Ω），使得与外部元件相比，其值可以忽略不计。由于建模的限制，导通电阻 R_{on} 不能置为 0。

在参数设置页面的“Breaker resistance Ron”栏中输入导通电阻值；在“Initial state”栏中输入断路器的初始状态，0 为断开，1 为闭合；在“Snubber resistance Rs”栏中输入缓冲电阻值，若输入“inf”，则断开缓冲电路，即不设置缓冲电路；在“Snubber capacitance Cs”栏中输入缓冲电容值，如果输入“0”，则取消缓冲电路。

如果不选“External control of switching times”，则断路器的开关切换采用内控模式，参数设置页面中会显示出“Switching times（s）”参数框，在该参数框中设置开关时间向量。断路器断开或者闭合的切换时间取决于断路器的初始状态，例如，初始状态参数为 0 表明其初始状态为断开，则在第一个切换时间断路器闭合，在第二个切换时间断路器断开，以此类推。

如果选择“External control of switching times”，则断路器的开关切换时间采用外控模式，模块上添加一个 Simulink 输入端，切换时间由连到该 Simulink 输入端的逻辑信号（0 或者 1）定义。

在对含有断路器的模型进行仿真时，必须使用刚性积分算法，采用默认参数的 ode23tb 算法通常能给出最佳的仿真速度。对于离散化模型，控制信号为逻辑 1 必须保持至少三个采样周期，以保证正确闭合断路器，否则该模块可能一直处于断开状态。

2. 三相断路器模块

三相断路器模块是采用三个单相断路器模块来实现的，可用该模块与要开合的三相电路元件串联。与单相断路器相同，其断开和闭合时间可由外部 Simulink 信号控制（外控模式），或者由内部控制定时器控制（内控模式）。有关导通电阻和缓冲电路的设置和要求与单相断路器模块相同。

在参数设置页面的“Initial status of breakers”栏中，选择断路器的初始状态，“open”表示断路器初始状态为断开状态，“closed”表示断路器初始状态为闭合状态。选择“Switching of phase A”，A 相开合被激活，否则，A 相断路器一直处于初始状态；选择“Switching of phase B”，B 相开合被激活，否则，B 相断路器一直处于初始状态；选择“Switching of phase C”，C 相开合被激活，否则，C 相断路器一直处于初始状态。其他参数的设置可参照单相断路器模块的情况。

3. 三相故障模块

三相故障模块是用三个单相断路器作为三相断路器来模拟相间短路故障、接地短路故障，或者两者的组合故障，其结构如图 8-5 所示。图中，R_{on}是每相故障断路器的内电阻，其值很小，但不能设置为 0；R_g 是接地电阻，当为非接地故障时，其值自动设置为 $10^6\Omega$，若为接地故障，则应设置为小电阻值，如 0.001Ω。

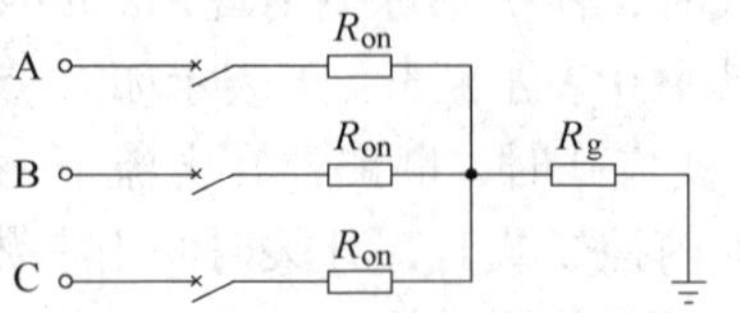

图 8-5　三相故障模块内部结构示意图

三相短路故障的模拟是由三个断路器来实现，它们的断开和闭合时间可由外部 Simulink 信号控制（外控模式），或者由内部控制定时器控制（内控模式）。设置为外控模式时，在模块上会添加一个信号输入端，连到该输入的控制信号必须是 0 或者 1，信号为 0 则断路器断开，信号为 1 则断路器闭合。

短路故障的设置需要在参数设置对话框中进行。通过对“Phase A Fault”、“Phase B Fault”、“Phase C Fault”和“Ground Fault”单选框的不同选择，可以设置不同的短路故障，例如 A、B 两相短路，只需选择“Phase A Fault”和“Phase B Fault”单选框；A 相短路接地，则只需选择“Phase A Fault”和“Ground Fault”单选框。未选相的断路器一直保持初始状态，例如未选“Phase C Fault”，则 C 相断路器保持初始状态。该初始状态由“Transition status”栏中向量的第一个值的反码决定，例如 [1, 0]，则初始状态为断开状态。

如果选择了“Ground Fault”，在“Ground resistance Rg”栏中输入接地电阻值。如果没有选择“Ground Fault”，则隐藏“Ground resistance Rg”栏，系统自动设置为 $10^6\Omega$。

故障模块的断路器采用内控模式控制，即不选择“External control of fault timing”单选框时，在“Transition status”栏中设定开关状态向量，0 表示用于模拟故障的断路器断开，1 表示用于模拟故障的断路器闭合。例如，在“Transition status”栏中输入 [1, 0]，则所有断路器的初始状态为断开，在“Transition times”栏中第一个数值所规定的时刻，模拟故障的断路器闭合（1），在第二个数值所规定的时刻，模拟故障的断路器断开（0）。在“Transition times”栏中输入故障断路器的状态切换时间。

选择“External control of fault timing”单选框，故障模块的断路器采用外控模式控制。此种情况下，需要在“Initial status of fault [Phase A Phase B Phase C]”栏中输入三相断路器的初始状态。例如，输入 [0, 0, 1]，表明 A 相和 B 相的故障断路器初始状态为断开，C 相的故障断路器初始状态为闭合。

8.1.7　电力电子模块

在“Powerlib/Power Electronics”库中，提供了多种电力电子模块，包括二极管（Diode）、晶闸管（Thyristor）、详细模型晶闸管（Detailed Thyristor）、可关断晶闸管（GTO）、绝缘栅双极型晶闸管（IGBT）、金属-氧化层-半导体-场效应晶体管（MOSFET）、IGBT/Diode、通用变换桥（Universal Bridge）、三电平桥（Three-Level Bridge）等模块。

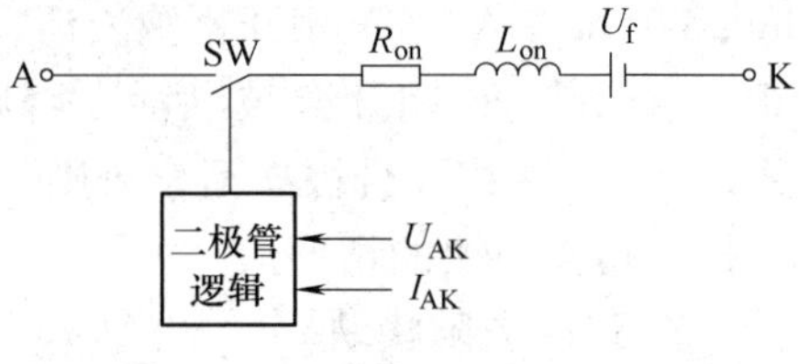

图 8-6　二极管模块的结构示意图

1. 二极管模块

二极管模块是一个二极管器件的模型，它是用一个电阻 R_{on}、一个电感 L_{on}和一个直流电压源 U_f与一个开关的串联来仿真的，如图 8-6 所示。开关由二极管

电压 U_{AK}和二极管电流 I_{AK}控制，当二极管电压（前向偏置电压）$U_{AK} \geqslant U_f$时，二极管导通；当流过器件的电流为零时，二极管关断；当二极管为反向偏置电压时，二极管处于截止状态。

二极管模块也包含 R_s-C_s 串联缓冲电路，可以根据需要并接在二极管两端（A 和 K 间）。

在二极管模块的参数设置中，要设置二极管内电阻 R_{on}和内电感 L_{on}，大多数情况下置内电感数值为 0，但是两者不能同时为 0。在“Forward voltage”栏中，输入前向偏置电压 U_f数值。通常将“Initial current”栏中的初始电流值置为 0，以便二极管从截止状态开始进行仿真，如果为大于 0 的数值，稳态计算将考虑二极管以闭合作为初始状态进行仿真。有关缓冲电阻和电容的设置与断路器情况相同。如果选择“Show measurement port”，模块上将增添一个标有 m 标识的 Simulink 输出端，该输出端的信号是一个包含有两个信号的向量，即二极管电压和二极管电流。

2. 晶闸管模块与详细模型晶闸管模块

晶闸管模块是晶闸管器件的模型，模块的 A 端为阳极，K 端为阴极，G 端为门极（Simulink 信号输入）。该模型是用一个内电阻 R_{on}、一个内电感 L_{on}和一个直流电压源 U_f与一个开关的串联来仿真的，如图 8-7 所示。

当电压 $U_{AK} > U_f$且门极有正触发脉冲信号作用时，晶闸管导通。为确保可靠触发导通，要求脉冲高度必须大于 0，且持续时间足以使得晶闸管阳极电流大于阻塞电流。当流过晶闸管电流为 0 且负向电压持续至少为关断时间 T_q时，晶闸管关断。如果在小于 T_q时间内电压变正，即使门极信号低到 0 且正向电流小于阻塞电流，晶闸管也会自动导通。如果在晶闸管导通期间，其电流小于阻塞电流，门极信号变为 0 后晶闸管关断。前面谈到的关断时间 T_q反映的是晶闸管的载流子恢复时间。

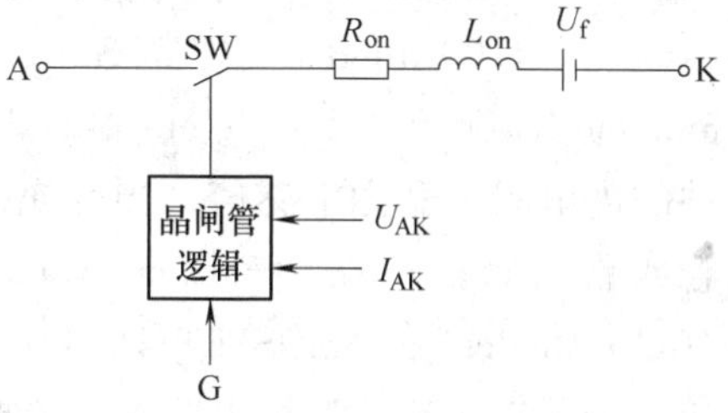

图 8-7　晶闸管模块的结构示意图

详细晶闸管模型和晶闸管模型的区别在于：详细晶闸管模型在参数设置对话框中要设定阻塞电流和关断时间值，而晶闸管模型的阻塞电流和关断时间设置为 0（在参数设置对话框中不再显示）。

如果选择“Show capacitance Cs（F）”单选框，模块上增添一个标有 m 标识符的 Simulink 输出端，该输出端输出一个包含有晶闸管电流和电压两个信号的矢量。

3. IGBT 模块

IGBT 模块是用于表征 IGBT 器件的模型，其 E 端为发射极，C 端为集电极，G 端为栅极。该模型是用一个内电阻 R_{on}、一个内电感 L_{on}和一个直流电压源 U_f与一个开关的串联组合来仿真的，如图 8-8 所示。

当 $U_{CE} > U_f$且栅极输入信号大于 0 时，IGBT 导通。当 $U_{CE} > 0$ 且栅极输入信号为 0 时，IGBT 关断。当 $U_{CE} < 0$ 时，IGBT 处于关断状态。IGBT 的关断特性采用两段来近似，当栅极信号下降到 0 时，集电极电流在下降时间 T_f期间从最大值 I_{max}下降到 $0.1I_{max}$，在尾时时间

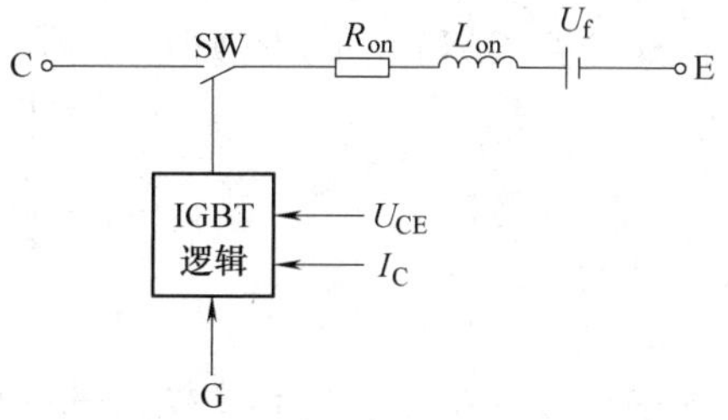

图 8-8　IGBT 模块的结构示意

T_t期间从 0.1I_{max}下降到 0。

IGBT 模块中也包含一个串联 R_s-C_s 缓冲电路，根据需要可以并接在 IGBT 上（C 端和 E 端之间）。

IGBT 模块的参数可在其参数设置对话框中根据提示信息进行设置。

4. 通用变换桥模块

通用变换桥模块是一种拓扑结构可选和电力电子器件可选的通用型电力变换器模型。该模块可用于实现多种类型的三相电力桥式变换器，变换器的电力开关类型和拓扑结构都可由参数设置对话框来选择。可以采用自然换向的电力电子器件（二极管或晶闸管），也可采用强迫换向的电力电子器件（GTO、IGBT、MOSFET）。该模块也是建立两电平电压源型变换器的基本模块。

通用变换桥模块在每个开关器件上并联一个串联 RC 缓冲电路。开关的内阻为 R_{on}，内电感为 L_{on}。在大多数应用中，二极管和晶闸管的内电感应该设置为 0。

在模块参数设置页面的“Number of bridge arms”栏中输入桥臂数，设置 1 或 2 为单相变换器，分别有 2 个开关器件或 4 个开关器件；设置 3 为三相变换器，有 6 个开关器件。在“Power Electronic device”列表栏中选择变换器中所用的电力电子器件，有“Diodes”、“Thyristor”、“GTO/Diodes”、“MOSFET/Diodes”、“IGBT/Diodes”、“Ideal Switches”、“Switching-function based VSC”、“Average-model based VSC”。在“Ron”栏和“Lon”栏中输入所选器件的内电阻值和内电感值，当变换桥被离散化时，“Lon”必须置为 0。当所选的器件是二极管或晶闸管时，在“Forward voltage V_f”栏中输入前向导通电压值。当所选的器件是“GTO/Diodes”、“MOSFET/Diodes”或者“IGBT/Diodes”时，需在“Forward voltages [Device V_f, Diode V_{fd}]”栏中输入强迫换向器件和反向并联二极管的前向电压值。对于 GTO 或者 IGBT 器件，在“[T_f(s) T_t(s)]”栏中，输入器件电流的下降时间和尾时时间。在“Measurements”栏中，选择需要测量的电气量，有“器件电压 Device voltages”、“器件电流 Device current”、“交直流端部电压 UAB UBC UCA UDC voltages”和“所有电压电流”，如果不需要显示这些电气量，则选“None”。

对于缓冲电路的 R_s 和 C_s 参数，可在“Snubber resistance Rs”栏和“Snubber capacitance Cs”栏中设置。当仿真模型被离散化时，为防止数值振荡，对于二极管和晶闸管变换桥，需要设定 R_s 和 C_s 的数值。对于强迫换向器件（GTO，IGBT 或 MOSFET），只要触发脉冲发送到开关器件，带有电阻缓冲电路的变换桥就可达到令人满意的工作效果。但是，如果发送给强迫换向器件的触发脉冲被阻断，那么仅有反向并联的二极管工作，变换桥将成为一个二极管整流桥，这种情况下，必须要采用合适的 R_s 和 C_s 值。当仿真模型离散化时，采用下面公式计算 R_s 和 C_s 的近似值：

$$R_s > 2\frac{T_s}{C_s}$$

$$C_s < \frac{P_n}{1000(2\pi f)U_n^2}$$

式中，P_n为单相或三相变换器的标称功率，单位为 V · A；U_n为交流线电压有效值，单位为 V；f 为基频，单位为 Hz；T_s 为采样周期，单位为 s。

8.1.8　测量模块

在“Powerlib/Measurements”库中，提供了多种用于电气系统进行电气量测量的测量模块，包括电压测量（Voltage Measurement）、电流测量（Current Measurement）、阻抗测量（Impedance Measurement）、万用表（Multimeter）和三相电压-电流测量。

在“Powerlib/Measurements/Continuous Measurements”库中，提供了对连续电气量测量的模块，包括单相测量的总谐波畸变率（Total Harmonic）、有效值（RMS）、均值（Mean-Value）、线性均值［Mean Value（linear）］、傅里叶变换（Fourier）模块，三相测量的 abc-dq0 变换（abc_to_dq0 Transformation）、dq0-abc 变换（dq0_to_abc Transformation）和三相序分析器（3-Phase Sequence Analyzer）模块，功率测量的有功/无功功率（Active & Reactive Power）、三相瞬时有功/无功功率（3-phase Instantaneous Active & Reactive Power）和基于 dq0 的有功/无功功率（dq0-based Active & Reactive Power）模块。这些模块的输入、输出都是 Simulink 信号。

在“Powerlib/Measurements/Discrete Measurements”库中，提供了对离散电气量测量的模块，包括单相测量的离散傅里叶分析（Discrete Fourier）、离散均值（Discrete Mean Value）、离散 PLL 驱动的基值（Discrete PLL-Driven Fundamental Value）、离散总谐波畸变率（Discrete Total Harmonic Distortion）、离散变频率均值（Discrete Variable Frequency Mean Value），三相测量的 abc-dq0 变换（abc_to_dq0 Transformation）、dq0-abc 变换（dq0_to_abc Transformation）、离散三相 PLL 驱动的正序基频值（Discrete 3-phase PLL-Driven Positive-Sequence Fundamental Value）、离散三相正序基频值（Discrete 3-phase Positive-Sequence Fundamental Value）、离散三相序分析器（Discrete 3-phase Sequence Analyzer），功率测量的离散有功/无功功率（Discrete Active & Reactive Power）、离散三相正序有功/无功功率（Discrete 3-phase Positive-Sequence Active & Reactive Power）、离散三相 PLL 驱动正序有功/无功功率（Discrete 3-phase PLL-Driven Positive-Sequence Active & Reactive Power）、离散三相总功率（Discrete 3-phase Total Power）、三相瞬时有功/无功功率（3-phase Instantaneous Active & Reactive Power）、基于 dq0 的有功/无功功率（dq0-based Active & Reactive Power）和快速傅里叶变换（FFT）。这些模块的输入、输出都是 Simulink 信号。

在“Powerlib/Measurements/Phasor Measurements”库中，提供了相量型的测量模块，包括有序分析器［Sequence Analyzer（Phasor Type）］、有功/无功功率［Active & Reactive Power（Phasor Type）］、三相有功/无功功率［3-phase Active&Reactive Power（Phasor Type）］和均值［Mean Value（Phasor Type）］模块。同样，这些模块的输入、输出都是 Simulink 信号。

下面仅介绍电压测量模块、电流测量模块、阻抗测量模块和万用表模块，其他模块请参阅帮助文档和相关文献。

1. 电压测量模块与电流测量模块

电压测量模块是用于测量电路中两个电气节点间瞬时电压的测量模块。它的两个输入端分别标有反映极性的“+”、“-”，在仿真电路中，这两个输入端并接在电路中的两个电气节点上。模块输出是一个 Simulink 信号，可被其他 Simulink 模块使用。电压测量模块是将被测的电压电气量转换为对应的 Simulink 信号。

电流测量模块是用于测量电路支路瞬时电流的测量模块。其两个电气端分别标有极性标识“+”、“-”，在仿真电路中，这两个电气端应串接在电路中。模块输出也是一个 Simulink 信号，可用于其他 Simulink 模块。电流测量模块是将被测的电流电气量转换为对应的 Simulink 信号。

当电压测量模块和电流测量模块用于相量仿真时，需要在“Output signal”栏中设置输出信号格式，若设置为“Complex”，其输出是一个复数电压（电流）；若设置为“Real-Imag”，则输出信号是一个包含被测电压（电流）实部和虚部的相量信号；若设置为“Magnitude-Angle”，则输出信号是一个包含有被测量电压（电流）的模值和相角的相量信号；若设置为“Magnitude”，则输出信号是被测量的模值信号。如果不是在相量仿真中，模块的参数“Output signal”栏为灰色，不起作用。

2. 阻抗测量模块

阻抗测量模块是测量线性电路两节点间不同频率下的阻抗值，是频率的函数。它包括一个接在模块输入端的电流源 I_z 和一个接在该电流源两端的测量电压 U_z。测量阻抗是以该测量电压与该电流比值表示的传递函数，即

$$H(s)=\frac{U_z(s)}{I_z(s)}$$

采用“Powrgui”模块的“Impedance vs Frequency Measurement”测量工具，可以显示测量阻抗与频率的函数变化关系。

阻抗测量中考虑了断路器和理想开关模块的初始状态，也能测量带有分布参数线路模块的电路阻抗。在阻抗测量中，也考虑了电源阻抗，按定义电压源的阻抗为 0（电压源模块被认为是短路），电流源的阻抗为无穷大（电流源模块被认为是开路）。在某些应用中，需要人工从模型电路中去掉电流源或电压源以便忽略它们对阻抗测量的影响。

如果在三相电路中使用阻抗测量模块，需要在参数设置页面的“Multiplication factor”栏中输入变换系数，以对测量阻抗进行变换得到正确的阻抗值。例如，在三相电路的两相间测量阻抗，它给出的是每相正序阻抗的 2 倍，必须在“Multiplication factor”栏中输入 1/2，以得到每相正序阻抗值。同样，测量平衡三相电路的零序阻抗，可将测量模块接在三相连在一起的点和地或中性点间，测量阻抗是每相零序阻抗的 1/3，必须在“Multiplication factor”栏中输入 3，才能得到每相零序阻抗值。

3. 万用表模块

含有 Measurements 参数的电力系统模块，可以在该参数框中设定要测量的电压或电流。在仿真模型中添加一个万用表模块，可以显示、输出和观察这些模块中所选定测量的电压和电流。万用表模块上有一个 Simulink 信号输出端，它是一个包含多信号的向量信号。

双击模型中的万用表模块，打开对话框，在“Available Measurements”框中列出所有模块设定要测量的电压和电流，在列表中选择要显示和输出的电压和电流，并按“>>”按钮将选中的要测量的量送到“Selected Measurements”框中。在“Selected Measurements”框中列出万用表模块输出端的输出信号，可以使用“Up”、“Down”按钮来对这些量排序，用“+/-”按钮改变所选量的极性，用“Remove”按钮将所选量从列表框中删除。如果选择“Plot selected measurements”，则仿真结束时在 MATLAB 图形窗口中显示已选定要测量的量的曲线图。在相量仿真中，需要在“Output type”栏中设定万用表模块的输出信号格式，“Complex”表示输出信号为复数信号，“Real-Imag”表示输出测量量的实部和虚部，“Magnitude-

Angle”表示输出测量量的模值和相角，“Magnitude”表示只输出测量量的模值。

8.1.9 Powergui 模块

Powergui 模块是用于构建电力系统仿真模型的环境模块，是电力系统仿真模型中一个非常重要和必不可少的模块，一般在包含“SimPowerSystems”模块的任何 Simulink 模型仿真中都应设有 Powergui 模块。该模块提供了多种图形用户接口工具和函数，可用于电力系统仿真模型的稳态分析、仿真结果分析和高级模块参数设计等。

当在仿真模型中使用 Powergui 模块时，应将该模块布置在模型界面的顶层上，为方便起见，也可布置在子系统中，其功能并不受影响。在模型中，该模块名标识必须是“powergui”。

双击“Powergui”模块，打开对话框，包含两部分内容：一是仿真与配置选项“Simulation and configuration options”，二是分析工具“Analysis tools”。

单击“Configure parameters”按钮，打开仿真参数设置对话框。该对话框有两个页面：“Solver”和“Preference”。在“Solver”页面中，可以设置仿真类型和仿真参数，在“Simulation type”下拉列表中列有 Continuous、Discrete、Phasor 三种仿真类型，从中选择一种，并设置相应的仿真参数。

在分析工具“Analysis tools”页面中，提供了稳态电压和电流（Steady - State Voltage and Currents）、初始状态设置（Initial States Setting）、潮流和电机初始化（Load Flow and Machine Initialization）、使用 LTI 观察器（Use LTI Viewer）、阻抗频率特性测量（Impedance vs Frequency Measurement）、快速傅里叶分析（FFT Analysis）、生成报表（Generate Report）、磁滞设计工具（Hysteresis Design Tool）、计算 *RLC* 线路参数（Compute RLC Line Parameters）。以上这些分析工具将在后面结合具体问题再详细介绍。

除了以上介绍的模块外，在电力系统模块库“Powerlib/Application Libraries”库中，还包含电气驱动库（Electric Drives library）、柔性交流输电系统库（Flexible AC Transmission Systems Library）和分布式电源库（Distributed Resources Library）。而在“Powerlib/Extras library”库中，包含测量库（Measurements）、离散测量（Discrete Measurements）、控制（Control）、离散控制（Discrete Control）和相量测量（Phasor Measurements）等子库。有关这些内容，请参阅帮助文档或相关文献。

8.2 电力系统稳态与暂态仿真

8.2.1 电力系统稳态仿真

电力系统稳态是指电力系统处于某一稳定运行状态。在此状态下，系统（电路）中的电压、电流和功率等电气变量是稳定的、确定的。稳态分析与仿真的目的就是计算系统在某一运行条件下的电压、电流和功率等电气变量的数值，根据安全指标和经济指标，对系统进行安全分析和经济分析，从而评价系统运行的安全性、经济性和电能质量等。电力系统稳态也是电力系统暂态分析的基础，在暂态分析前往往需要确定系统的初始状态（即稳态）。

稳态仿真时，模型中没有开关操作和故障操作，模型的拓扑结构和元件参数保持不变。

为了测量系统中的电压、电流等电气变量，可在仿真模型中使用电压测量模块、电流测量模块、万用表模块和示波器模块等来测量和显示，也可以使用 Powergui 模块中的分析工具进行计算和测量。下面通过具体实例来说明稳态仿真的方法和步骤。

【例 8-2】 有一交流电源，内电动势幅值为 100V，频率为 60Hz，内阻抗为并联形式，电阻为 37.7Ω，电感为 10mH。在电源端母线上注入 5 次谐波电流，其幅值为 10A，频率为 300Hz，初相位为 -30°。为了滤除 5 次谐波，在电源端母线处并联一个无源 *RLC* 的滤波电路，其电阻为 1.27Ω，电感为 107.42mH，电容为 2.62 μF。试：

（1）使用示波器观测滤波器支路的电流和电压情况。

（2）使用 Powergui 的分析工具分析系统的稳态电压和电流。

（3）测量母线端的阻抗频率特性。

新建一个仿真模型，命名为 exam8_2. mdl。根据题意要求，在 Powerlib 模块库中选择所需模块并复制到模型窗口中，即交流电压源模块、并联 *RLC* 模块、交流电流源模块、串联 *RLC* 模块。为了进行电压、电流测量，选择并复制电流测量模块和电压测量模块。为了观测电压、电流波形，从 Simulink 库中复制一个示波器模块。对于电力系统或电路模型仿真，一般需要 Powergui 模块，既可提高仿真效率，也可利用 Powergui 分析工具来进行分析，故在模型中复制一个 Powergui 模块。

将模型中的模块进行布局，即调整好尺寸大小和位置，同时按需要更改模块名称。将模型中的模块按系统的连接关系进行连接，仿真模型如图 8-9 所示。

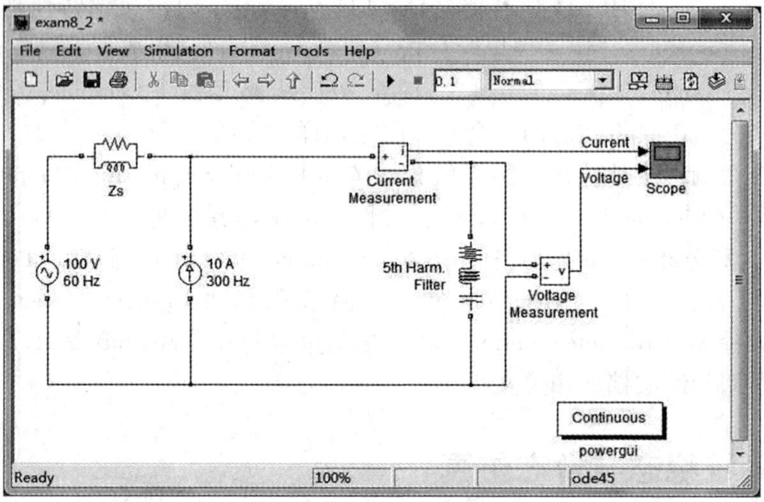

图 8-9 例 8-2 仿真模型

模型中模块参数的设置如下：

交流电压源 100V，60Hz：幅值 100V，相角 0，频率 60Hz，采样时间 0，测量 None。

交流电流源 1A，300Hz：幅值 1A，相角 -30°，频率 300Hz，采样时间 0，测量 None。

电源内阻抗 Zs：支路类型 RL，电阻 37.7Ω，电感 10mH，测量 None。

RLC 滤波器 5th Harm Filter：支路类型 *RLC*，电阻 1.27Ω，电感 107.42mH，电容 2.62μF，测量 None。

示波器 Scope：坐标数 2，时间范围 0.1s。

Powergui：解法器的仿真类型为 Continuous。

在“Simulation/Configuration Parameters…”中，仿真结束时间设为 0.1s，解法类型选择变步长的 ode45，其他采用默认值。

（1）启动仿真。仿真结束后，双击示波器 Scope，显示出滤波器支路电流和电压波形，如图 8-10 所示。从电流波形中可看出，滤波器支路电流为 5 次谐波量，而电压波形中包含基频量和 5 次谐波量。

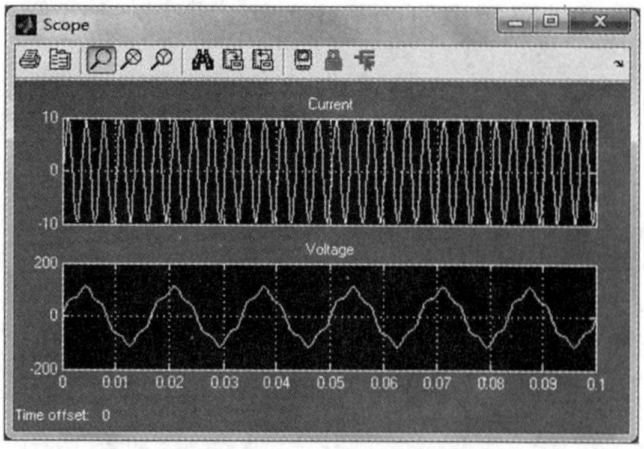

图 8-10　例 8-2 仿真结果的电流和电压波形

（2）测量稳态电压和电流相量。利用示波器测量电流、电压，只能得到电流、电压的时域曲线波形，而不能得到各谐波量的数值。为此，可使用 Powergui 的分析工具获得要测量的量的稳态相量值。双击 Powergui 模块，打开图形用户接口界面，在“Analysis tools”中单击“Steady-State Voltages and Currents”按钮，弹出稳态电压电流分析界面，如果界面右侧的“Units”栏中为“Peak values，Frequency”栏中为 60，“Display”的选项为“Measurements”，则在界面左侧的“Steady state values”栏中，显示出测量电流和电压的相量值，即滤波器支路基频电流幅值为 0.10A，相位为 89.90°；基频电压幅值为 100.39V，相位为 -0.02°。对于 5 次谐波情况，选“Frequency”栏中为“300”，则由界面左侧显示栏可知，滤波器支路 5 次谐波电流幅值为 9.66A，相位为 -26.26°；5 次谐波电压幅值为 12.26V，相位为 -26.50°。如果在“Units”栏中设置为“RMS values”，则显示的是要测量的量的有效值和相位。

在“Powergui/Analysis tools/Steady - State Voltages and Currents”中，如果选择“Display”中的“States”，“Sources”和“Nonlinear elements”，则在显示界面中还将以相量形式显示所选频率下的状态变量、电源的电气量和非线性元件的量。

（3）测量母线端的阻抗频率特性。在模型 exam8_ 2. mdl 中增添一个阻抗测量模块，并进行连接，如图 8-11 所示。利用“Powergui”的“Impedance vs Frequency Measurement”分析工具，打开阻抗频率特性界面，在“Axis”选项栏中，设置频率范围为“0: 2: 1000”，

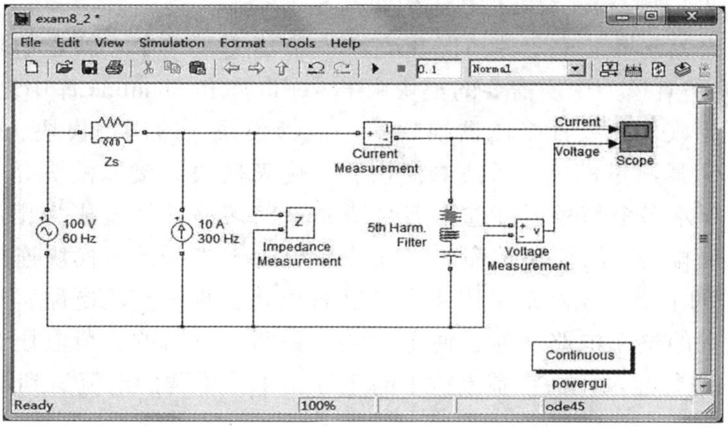

图 8-11　添加阻抗测量模块的仿真模型

阻抗和频率坐标轴选用线性刻度，并带网格线。在界面左侧显示出阻抗的幅频特性曲线和相频特性曲线，如图 8-12 所示。从图中的幅频特性曲线上可以看出，在频率为 300Hz 处，母线端的阻抗模值为最小，可以旁路 5 次谐波，即达到滤除 5 次谐波的目的。

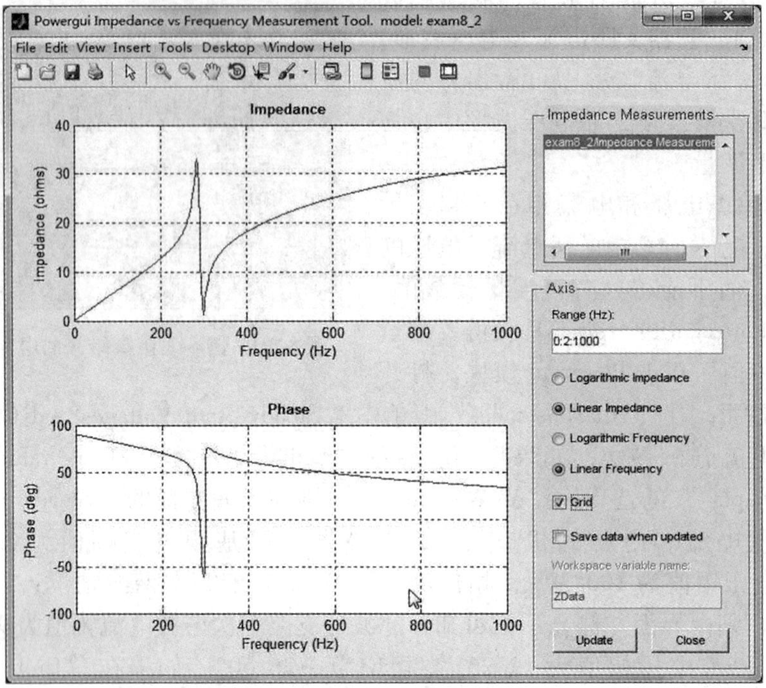

图 8-12　例 8-2 的阻抗频率特性

【例 8-3】 单相整流电路。交流电压源为 120V（有效值），50Hz；整流变压器参数为 100V · A，120V/24V，$r_1=0.03$，$x_1=0.02$，$r_2=0.03$，$x_2=0.02$，$r_m=25$，$x_m=25$，这些参数都是标幺值；负载为一个 5Ω 的阻性负荷；采用 *LC* 滤波器对整流电压进行滤波，滤波电感为 100mH，滤波电容为 200 μF。用两种方式来实现整流电路，并要求测试两种情况下的负荷电压，这两种方式为：（1）用 4 个二极管模块构成整流桥经滤波后供电给负荷；（2）用一个通用桥模块实现整流经滤波后供电给负荷。

为便于分析比较，将上述两种情况建立在一个仿真模型中。新建仿真模型，命名为 exam8_3. mdl。将仿真模型中所需要的模块由 Powerlib 库和 Simulink 库中复制到模型窗中，例如，交流电压源模块、线性变压器模块，二极管模块、通用桥模块、串联 *RLC* 模块、并联 *RLC* 模块、电压测量模块、示波器模块、万用表模块和接地模块等。为了在示波器的一个坐标轴上显示多个信号，可选用多路器 mux 将多路信号合成为相量信号。将模型中的模块进行布局排列，给模块重命名，并按系统的连接关系将模块连接起来，如图 8-13 所示。模型中的上半部电路是采用 4 个二极管模块实现的整流电路，下半部电路是采用通用桥模块实现的整流电路。为了便于比较，将两个电路的负荷电压经电压测量送到示波器 Scope1 中进行显示，而将整流桥中的 2 号和 4 号桥臂的电流送到示波器 Scope2 中进行显示。

仿真模型中各模块参数设置如下：

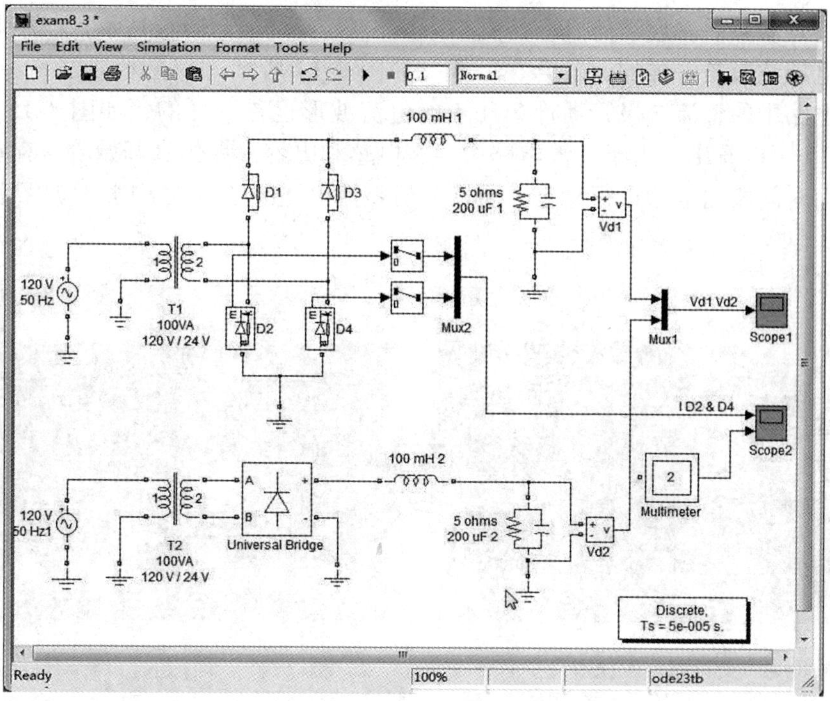

图 8-13　例 8-3 仿真模型

交流电压源 120V、50Hz：幅值 100 * sqrt（2），相角 0，频率 50，测量 None。

整流变压器：单位 pu，标称功率和频率［100 50］，绕组 1 参数［120 0.03 0.02］，绕组 2 参数［24 0.03 0.02］，励磁电阻和电抗［25 25］，测量 None。

二极管 D1 ~ D4：导通电阻 0.01，导通电感 0，前向电压 0.8，缓冲电阻 250，缓冲电容 0.1e-6，D1 和 D3 不选 Show measurement port，D2 和 D4 选择 Show measurement port，可测量 D2 和 D4 的电压和电流。

通用桥：桥臂数 2，缓冲电阻 250，缓冲电容 0.1e-6，电力电子器件 Diodes，Ron 为 0.01，Lon 为 0，前向电压 0.8，测量器件电流（Device currents）。

滤波电路电感 100mH：采用串联 *RLC* 支路模块，支路类型 L，电感 100e-3，测量 None。

负荷和滤波电容：采用并联 *RLC* 支路模块，支路类型 RC，电阻 5，电容 200e-6，测量 None。

万用表：在 Available Measurements 中显示通用桥中四个二极管器件电流，选择 Isw2 和 Isw4，送入 Selected Measurements 中。

示波器 Scope2：轴数为 2，时间范围 0.2。

多路合成器：输入数 2。

选择器：输入维数 1，索引模式 One-based，索引选项 Index vector(dialog)，输入端口 2。

Powergui：因存在非线性器件，仿真类型采用 Discrete，采样时间为 50e-6。

在“Simulation/Configuration Parameters”中，设置仿真结束时间为 0.1，解法类型为变

步长，ode23tb。

设置好仿真参数后，启动仿真。仿真结束后，双击示波器 Scope1，可观察到两种整流电路负荷上的电压波形是一样的，重合在一起，如图 8-14 所示。双击示波器 Scope2，可观察到两种整流电路中的整流二极管器件 2 和 4 的电流波形也是一样的，如图 8-15 所示。从图 8-14 和图 8-15 可以看出，由于滤波电路中存在电感和电容，在仿真开始阶段存在暂态过程，在仿真的后面时间段内电路进行稳态。所以分析整流电路的整流效果时，应以后面的时间段来进行分析。

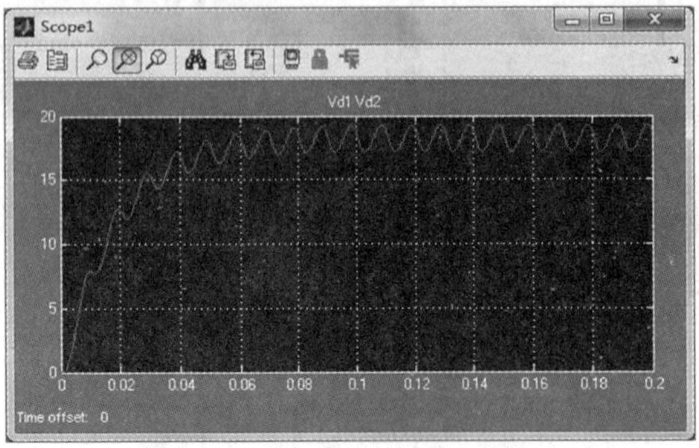

图 8-14　负荷端电压波形

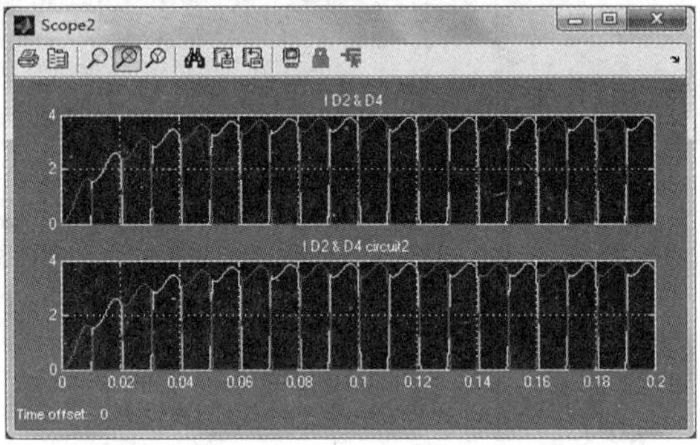

图 8-15　整流桥二极管器件电流波形

8.2.2　电力系统电磁暂态仿真

电力系统电磁暂态是因为系统中包含惯性器件，如电感、电容等，当系统的拓扑结构、元件参数或运行条件发生突然变化时，将会引起系统中的电气量发生变化，经过一个时间后才能达到一个新的稳态运行状态，这个过程称为电力系统的电磁暂态过程。电磁暂态的出现常常伴随着系统故障或开关操作，例如短路故障、断路器开合操作等。电磁暂态分析主要涉及分析暂态过程中系统的节点电压、支路电流或磁链等电气量的变化规律和特征。对于电磁暂态的分析，可以采用时域仿真法，获得有关电气量随时间变化的瞬时值，如采用示波器观测和记录电磁量的变化，或将结果输出到工作空间的变量中，再用 MATLAB 可视化法进行绘图和显示；也可以采用相量分析法，测量电磁量的幅值（有效值）和相位的变化规律和特征。

在电力系统电磁暂态仿真模型中，常常要使用故障器模块或断路器模块来模拟系统故障或系统开关操作等。这种情况下，故障器或断路器的切换时间、切换顺序设置显得尤为重要。

【例 8-4】 简化的单相电路模型如图 8-16 所示。电压源电压 $u_s = 220\sqrt{2}\sin(2\pi ft + 20°)$ V，f = 50Hz；支路 B1 为 *RLC* 串联形式，其中电阻为 10Ω，电感为 70mH，电容为 1 μF；支路 B2 也为 *RLC* 串联形式，其参数与 B1 相同。电路的节点 f 在 0.02s 发生接地短路，在 0.05s 短路消除，分析短路时不同支路电流、电压的变化情况和一些

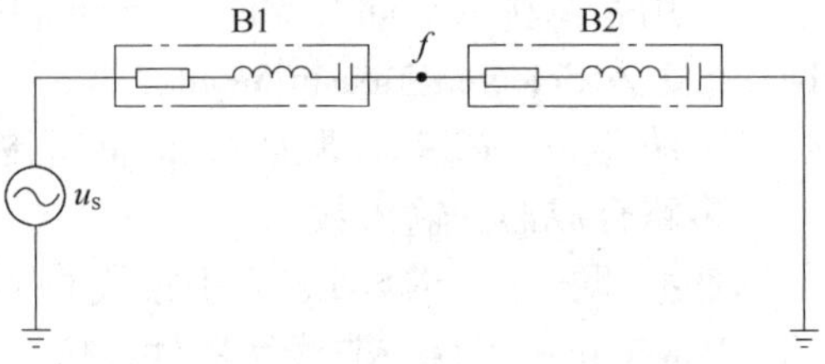

图 8-16　简化的单相电路

时域特征。

新建仿真模型，命名为 exam8_4. mdl。从 Powerlib 库和 Simulink 库中，复制仿真模型所需要的模块到模型窗中，即 1 个交流电压源模块、2 个串联 *RLC* 支路模块、1 个断路器模块、3 个接地模块、1 个万用表模块、1 个示波器模块和 Powergui 模块，并对模块进行命名、布局、调整和连接，其仿真模型如图 8-17 所示。

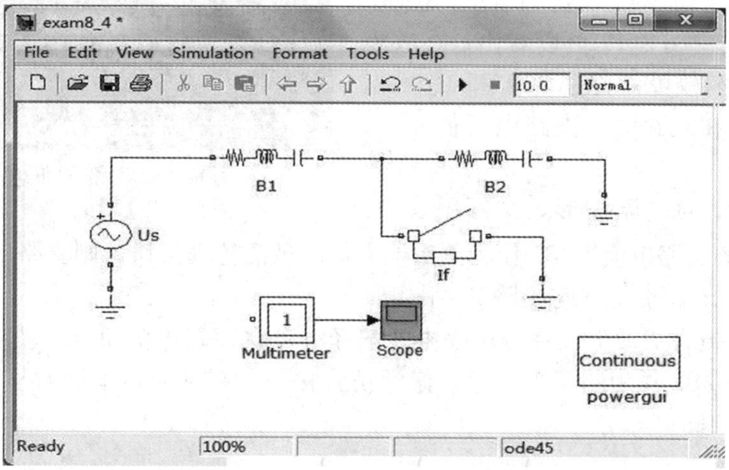

图 8-17　例 8-4 的仿真模型

模型中模块参数的设置如下：

交流电压源 Us：幅值 220 * sqrt（2），相位 20，频率 50，采样时间 0，测量 None。

支路 B1：类型 RLC，电阻 10，电感 70e-3，电容 1e-6，测量支路电流。

支路 B2：类型 RLC，电阻 10，电感 70e-3，电容 1e-6，测量支路电流。

断路器 If：电阻 Ron0. 01，初始状态 0（表示为断开状态），缓冲电阻 1e6，缓冲电容 inf，开关时间［0. 02，0. 05］，测量支路电压和支路电流。

示波器：时间范围 0. 1。

Powergui：在“Configure parameter/Solver”中，选择“Continuous”。

在“Simulation/Configuration Parameters…”中，设置“Stop time”为 0. 1，解法类型为变步长，ode15s（stiff/NDF），其他采用默认值。

设置好后，启动仿真按钮进行仿真，仿真结束后查看仿真波形图。

（1）故障点电流波形。在万用表中，选择断路器支路电流（短路电流）电气量，作为测量电气量，即将“Available Measurements”中的“Ib:If”选中，并按“>>”按钮，送入“Selected Measurements”列表中。激活仿真按钮，则故障点的短路电流波形如图 8-18 所示。由图 8-18 可以看出，在 0. 02s 出

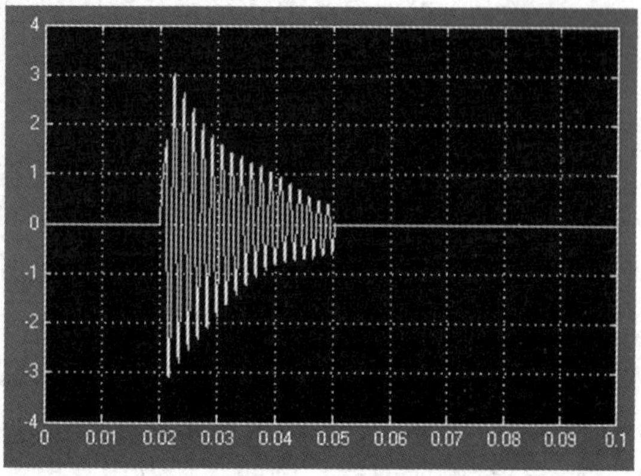

图 8-18　故障点短路电流波形

现短路电流，0.05s 短路电流为零，在短路的暂态过程中，短路电流是衰减的，短路初始时期短路电流很大。

(2) 支路 B1 的电流波形。在万用表中，只选择支路 B1 的支路电流 Ib:B1 作为测量电气量。激活仿真按钮，则支路 B1 的电流波形如图 8-19 所示。由图 8-19 可以看出，在故障前（0.02s 前）和故障切除后（0.05s）后支路电流值较小，在短路时，支路电流值变大，且是衰减的。

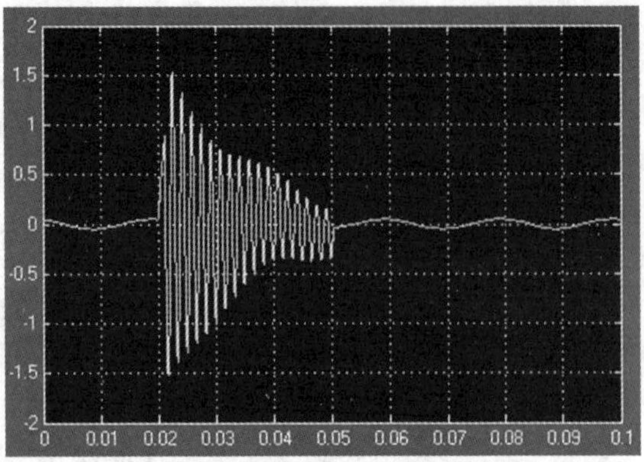

图 8-19　支路 B1 的电流波形

(3) 支路 B2 的电流波形。在万用表中，只选择支路 B2 的支路电流 Ib:B2 作为测量电气量。激活仿真按钮，则支路 B2 的电流波形如图 8-20 所示。电流波形情况与支路 B1 很相似。

(4) 短路电流合成波形。在万用表中，选择故障点短路电流 Ib:If、支路 B1 电流 Ib:B1 和支路 B2 电流 Ib:B2 作为测量电气量。激活仿真按钮，在示波器上同时显示出这 3 个电流的波形，如图 8-21 所示。

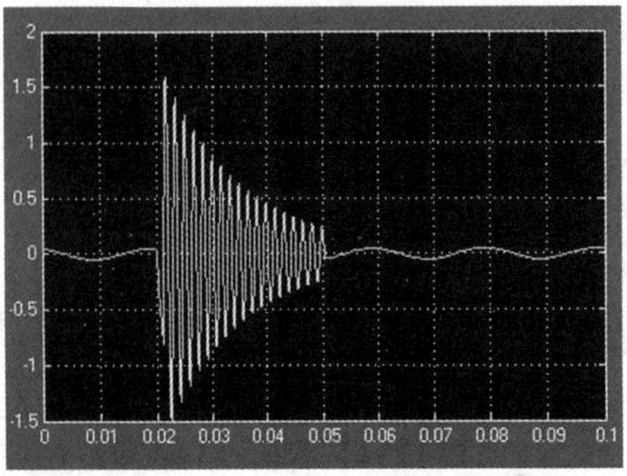

图 8-20　支路 B2 的电流波形

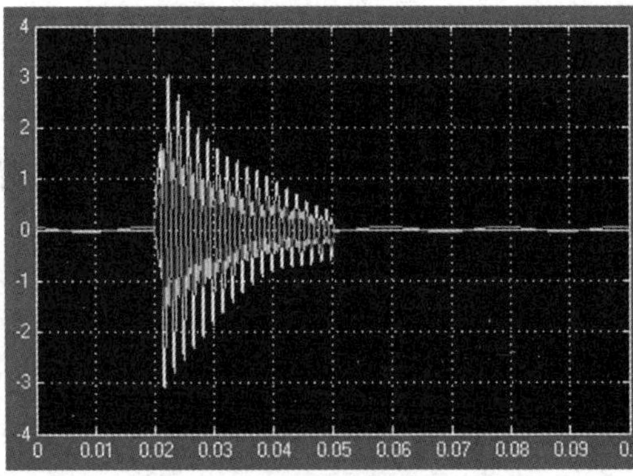

图 8-21　短路电流的合成波形

读者也可以选择故障点的电压 Ub:If 作为测量电气量，激活仿真按钮后，观察故障点电压波形情况。

(5) 使用 Powergui 分析工具分析。使用 Powergui 的分析工具，可以计算和分析系统的稳态电压和电流，可以设置暂态分析的系统初始状态等。

使用“Powergui/Steady-State Voltages and Currents，”根据“Display”中的选项，在界面左侧以相量的形式（模值和相位）显示出所需电气量的稳态值。

使用“Powergui/Initial States Setting”，在“Force initial electrical states”下面，选择“To Steady State”，则仿真模型系统的初始电气状态为稳态，即暂态分析时的起始状态为稳态；如果选择“To Zero”，则仿真模型系统中的状态量初始值置为零，暂态分析所得的曲线实际上是零状态响应曲线。例如，在万用表中选择故障点短路电流 Ib: If、支路 B1 电流 Ib: B1 和支路 B2 电流 Ib: B2 作为测量电气量，利用 Powergui 将系统初始状态设置为零，激活仿真按钮，此时的短路电流合成波形如图 8-22 所示。由图 8-22 可以看出，短路故障前 3 个支路的电流都为零，且零状态下的短路电流值比稳态状态下的短路电流大许多。

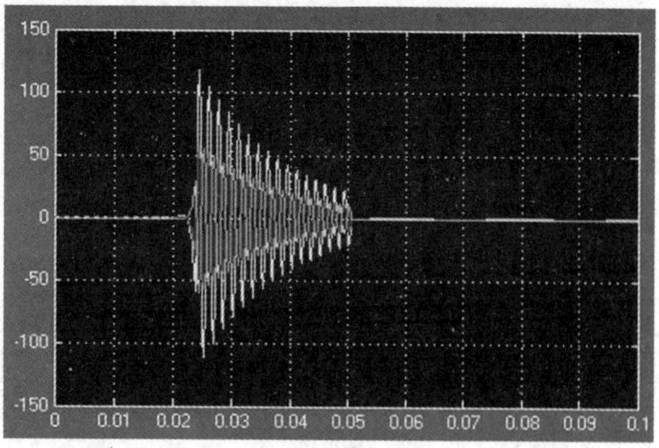

图 8-22　零状态下的短路电流合成波形

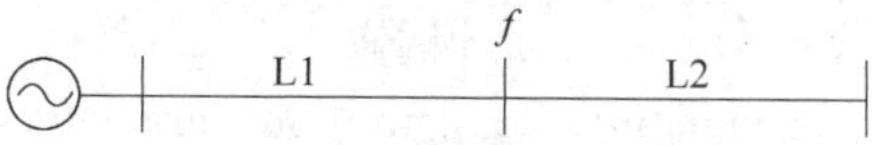

图 8-23　三相系统图

【**例 8-5**】三相系统如图 8-23 所示。三相供电电源采用三相交流电压源，内电势源的线电压有效值为 25kV，频率为 60Hz，电源内电阻为 0.312Ω，电源内电感为 6.63mH，三相电源内部采用不接地的星形连接；线路 L1 和线路 L2 为三相线路，长度都是 100km，线路 L2 末端中性点接地，单位长度的正序电阻为 0.01273Ω/km，零序电阻为 0.3864Ω/km，正序电感为 0.9337mH/km，零序电感为 4.1264mH/km，正序电容为 12.74pF/km，零序电容为 7.751pF/km。分析在 f 点处分别发生三相短路、两相短路、两相短路接地和单相接地短路时三相电压、电流和序分量的变化特点。

新建一个仿真模型，命名为 exam8_5.mdl。从 Powerlib 库和 Simulink 库中复制所需要的模块到模型窗中。三相电源采用三相交流电压源模块；线路 L1 和线路 L2 采用分布参数线路模块；线路 L2 末端中性点接地采用 3 个中性点模块；短路故障模拟采用三相故障器模块；为了测量和显示电源出口的三相电压和电流，采用 1 个三相 V-I 测量模块和 1 个示波器；为了测量与显示故障点的电压和电流，采用 1 个万用表和 1 个示波器；为了测量和显示三相序分量，采用 1 个万用表、1 个三相序分析器和 1 个示波器；复制 1 个 Powergui 模块。对模型中的这些模块进行调整、布局、命名和连接，其仿真模型如图 8-24 所示。

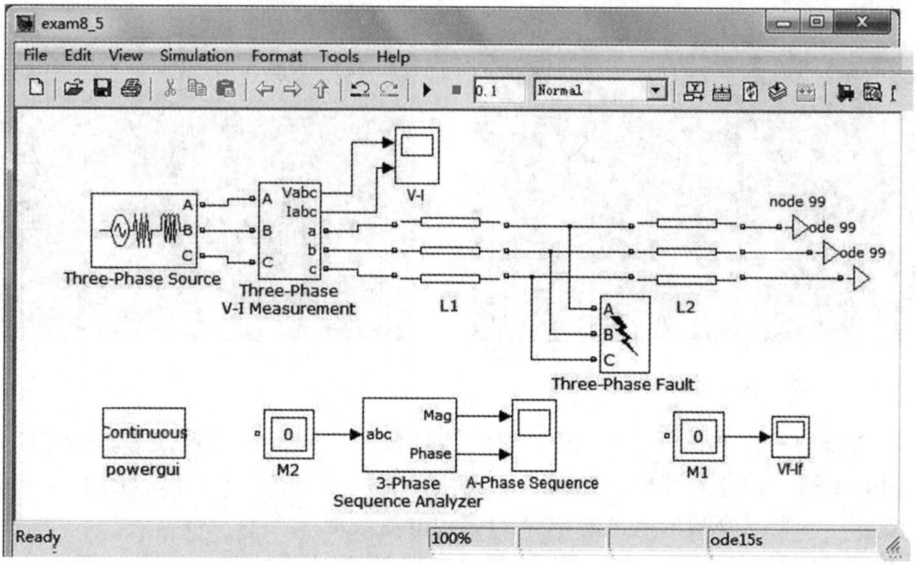

图 8-24　例 8-5 的仿真模型

模型中模块的参数设置如下：

三相电源：线电压有效值25e3，A 相的相位0，频率60，内部连接 Y，电源电阻0.312，电源电感6.63e-3。

线路 L1 和线路 L2：相数3，频率60，单位长度电阻［0.01273，0.3864］，单位长度电感［0.9337e-3，4.1264e-3］，单位长度电容［12.74e-9，7.751e-9］，线路长度100，测量 None。

三相故障器：故障电阻 Ron 为0.001，接地电阻0.001，切换状态［1 0］，切换时间［0.01 0.04］，内部定时器采样时间0，缓冲电阻1e6，缓冲电容 inf，测量 Fault voltages and currents，关于故障类型将在后面具体仿真时再进行设置。

三相 V-I 测量：电压测量 phase-to-ground（相电压），电流测量 yes。

示波器 V-I：坐标数2。

三相序分析器：基频60，谐波次数1，序分量 Positive Negative Zero。

在“Simulation/Configuration Parameters...”中，设置仿真时间为0.1s，解法类型为变步长，ode15s（stiff/NDF），其他采用默认值。

（1）三相短路分析。在三相故障器参数设置对话框中，选择“Phase A Fault”、“Phase B Fault”、“Phase C Fault”和“Ground Fault”。

1）观测故障点的三相电流。在万用表 M1 中，选择 A、B、C 相电流作为测量电气量。激活仿真按钮，示波器 Vf-If 显示出故障点的三相电流波形，如图8-25所示。由图可以看出，在0.01s 前，故障点的三相电流为零；在0.04s 时切除三相短路，因此0.04s 后故障点的三相电流为零；在三相短路期间，三相短路电流很大，包含基频交流分量和直流分量。

2）观测故障点的三相电压。在万用表 M1 中，选择 A、B、C 相电压作为测量电气量。激活仿真按钮，示波器 Vf-If 显示出故障点的三相电压波形，如图8-26所示。由图可以看出，在0.01s 前，故障点的三相电压处于稳态，三相对称，在0.01～0.04s 期间三相短路，三相电压为零，0.04s 切除故障，故障点的三相电压经过暂态恢复过程后，回到稳态。

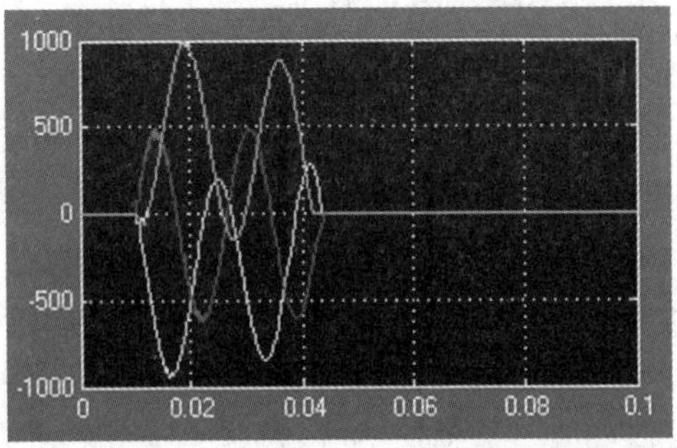

图8-25　故障点三相电流波形

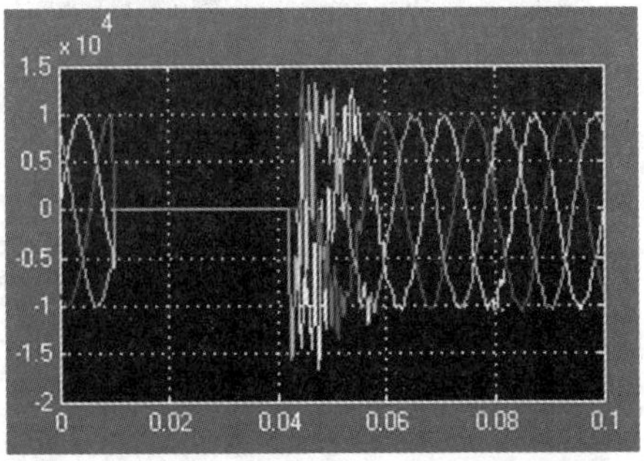

图8-26　故障点的三相电压波形

3）观测电源端的三相电压和电流。激活仿真按钮，双击示波器 V-I，示波器显示出电源端的三相电压和三相电流波形，如图8-27所示。图8-27中，上半部分图形是电源出口的三相电压波形，下半部分图形是电源出口的三相电流波形。

（2）两相短路接地分析。在三相故障器参数设置对话框中，选择“Phase A Fault”、“Phase B Fault”和“Ground Fault”。

1）观测故障点的三相电流。在万用表 M1 中，选择 A、B、C 相电流作为测量电气量。激活仿真按钮，示波器 Vf-If 显示出故障点的三相电流波形，如图 8-28 所示。由图 8-28 可以看出，C 相电流一直为零，而 A、B 两相的电流存在暂态过程。

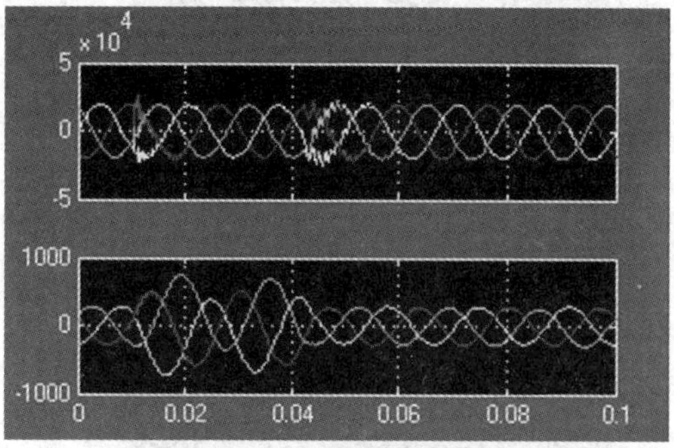

图 8-27　电源出口端的三相电压和三相电流波形

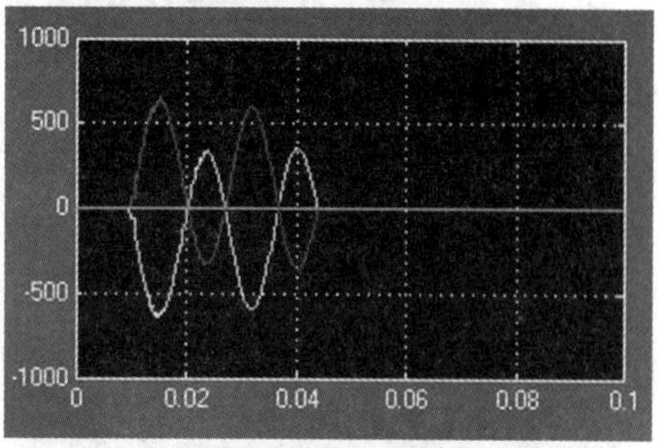

图 8-28　故障点的三相电流波形

2）观测故障点的三相电压。在万用表 M1 中，选择 A、B、C 相电压作为测量电气量。激活仿真按钮，示波器 Vf-If 显示出故障点的三相电压波形，如图 8-29 所示。由图 8-29 可以看出，C 相电压在短路期间的值比稳态值要大，A、B 两相的电压在短路期间为零。

3）观测电源出口的三相电压和三相电流。激活仿真按钮，双击示波器 V-I，示波器显示出电源端的三相电压和三相电流波形，如图 8-30 所示。图中，上半部分图形是电源出口的三相电压波形，下半部分图形是电源出口的三相电流波形。

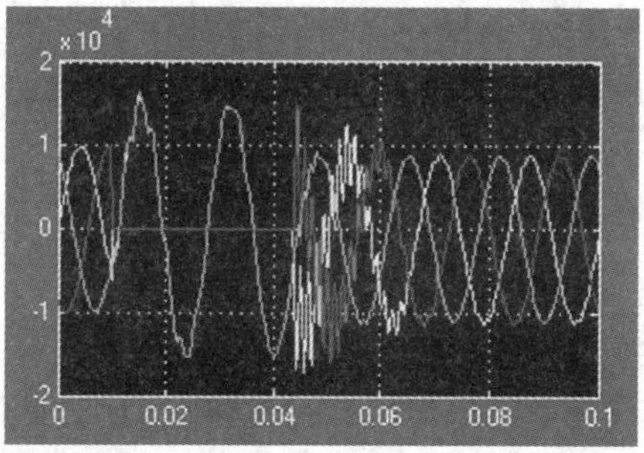

图 8-29　故障点的三相电压波形

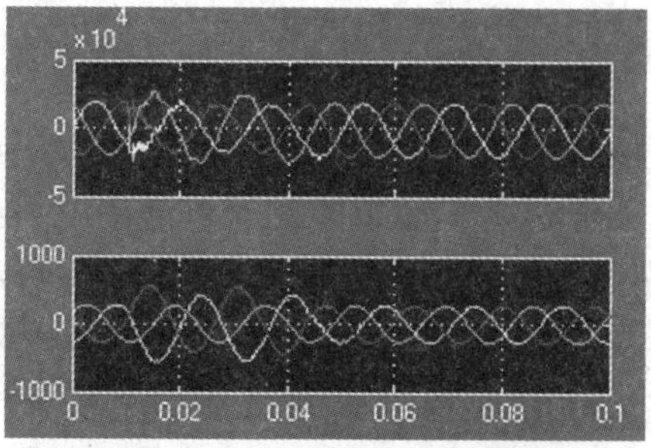

图 8-30　电源出口的三相电压和三相电流波形

4）观测故障点 A 相电流序分量。如果要观测故障点的 A 相正序电流，在三相序分析器的“Sequence”参数栏中，选择“Positive”，激活仿真按钮，则在示波器 A-Phase Sequence 中显示出 A 相正序电流的幅值和相位的变化，如图 8-31 所示。如果要观测负序电流，则选择“Negative”，激活仿真按钮，示波器中显示出负序电流的幅值和相位的变化，如图 8-32 所示。要观测零序电流，则选择“Zero”，仿真后显示的波形如图 8-33 所示。如果要同时观测正序、负序和零序电流波形，则选择“Positive Negative Zero”，仿真后显示的波形如图 8-34 所示。

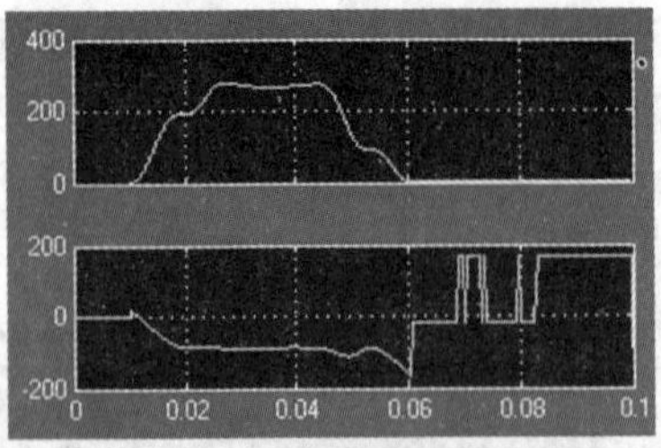

图 8-31　A 相正序电流幅值和相位波形

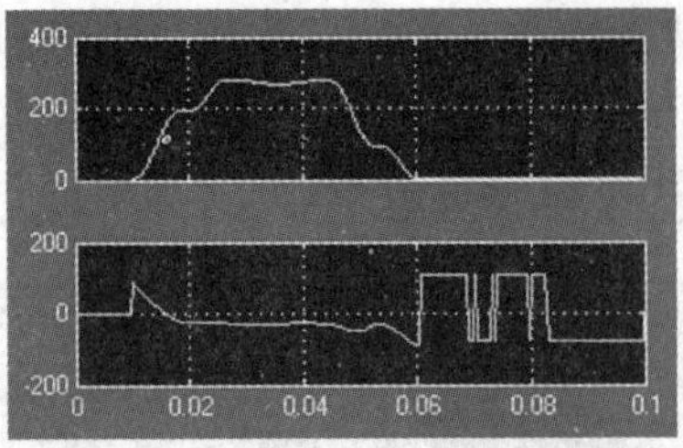

图 8-32　A 相负序电流幅值和相位波形

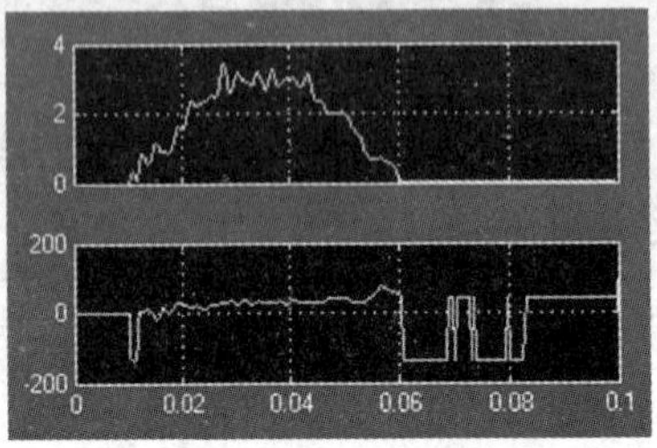

图 8-33　A 相零序电流幅值和相位波形

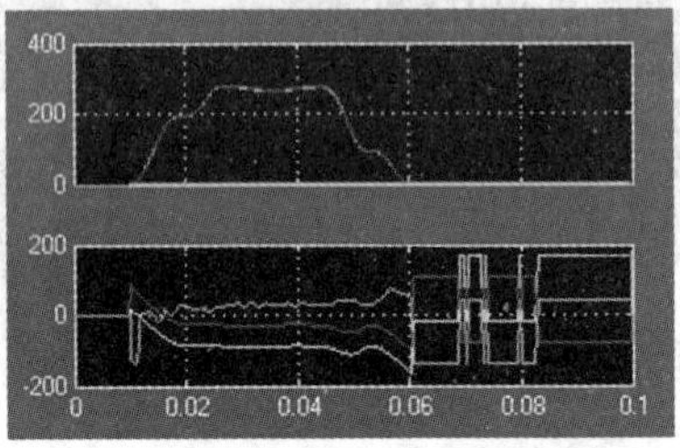

图 8-34　A 相序电流的幅值和相位波形

有关其他短路故障的仿真，读者可以自行练习，并加以细细体会。

8.2.3　电力系统的相量仿真法

正如前面所介绍，对电气系统仿真可以采用两种方法，即变步长连续 Simulink 解算法和定步长离散化系统法。这里，介绍第三种仿真方法，即相量法。电力系统的相量分析法是针对系统中某一频率的电压相量和电流相量所进行的分析计算方法，主要用来分析暂态或稳态中电气量的幅值和相位变化情况。这种方法不用求解系统的微分方程，而只是求解描述系统中电压和电流相量关系的一组代数方程。因不再需要特定的积分算法求解，所以相量仿真执行速度要快得多。但是，应注意到该方法给出的只是一个特定频率下的解。

下面通过一个简单的例子，说明电力系统相量法的使用。

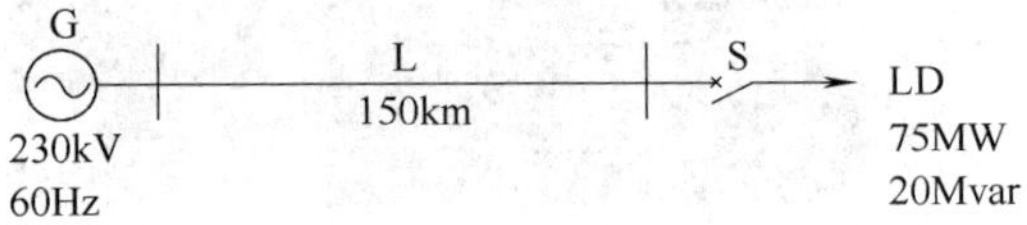

图 8-35　三相供电系统

【例 8-6】 三相供电系统如图 8-35 所示。图中，系统等效电源采用理想电压源与内阻抗串联形式表示，理想电压源是 230kV（线电压有效值）、60Hz，内阻抗对应的三相短路容量为 2000MV · A，$X/R=10$；线路长度 150km，单位长度电阻为 0.035Ω/km，单位长度电感为 0.92mH/km，单位长度电容为 12.9nF/km；负荷每相的有功功率为 75MW，无功功率为 20Mvar；断路器是闭合的，在第 2 个周期末（2/60s）断路器断开，在第 7 个周期末断路器重合。观测和分析负荷的电流和线路末端电压。

新建一个仿真模型，命名为 exam8_6. mdl。从 Powerlib 库和 Simulink 库中，复制所需要的模块到模型窗中。三相系统采用简化的单相系统模型来仿真，其中系统等效电源 G 采用 1 个交流电压源模块和 1 个串联 *RLC* 支路模块串联来表示；线路 L 采用Π形等效电路，可用 3 个串联 *RLC* 支路来表示，当然也可选用 1 个 pi Section Line 模块表示，本例采用了前一种方法来实现；断路器 S 采用 1 个断路器模块表示；负荷 LD 采用 1 个并联 *RLC* 负荷模块表示；为测量和观测线路末端电压和负荷电流，选用 1 个电压测量模块、1 个电流测量模块和 1 个示波器模块。对模型中的这些模块进行调整、布局、命名和连接后，其仿真模型如图 8-36 所示。

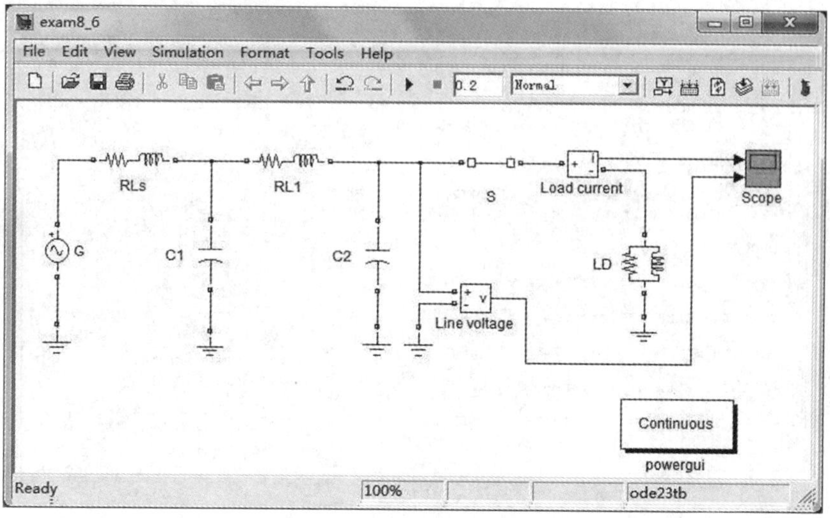

图 8-36　例 8-6 的仿真模型

模型中各模块参数的设置如下：

交流电压源模块 G：幅值 230e3/sqrt(3) * sqrt(2)，频率 60，采样时间 0，测量 None。

电源内阻抗 RLs：支路类型 RL，电阻 2.645，电感 70.2e-3，测量 None。

线路串联阻抗 RL1：支路类型 RL，电阻 0.035 * 150，电感(0.92e-3) * 150，测量 None。

线路两端电容 C1、C2：支路类型 C，电容(12.9e-9) * 150/2，测量 None。

负荷 LD：标称电压 230e3/sqrt(3) * sqrt(2)，标称频率 60，有功功率 75e6，感性无功功率 20e6，容性无功功率 0，电容初始电压和电感初始电流 0，测量 None。

断路器 S：电阻 Ron 为 0.01，初始状态 1，缓冲电阻 inf，缓冲电容 0，开关时间［2/60，7/60］，测量 None。

示波器 Scope：坐标轴数 2，时间范围 0.2。

在 “Simulation/Configuration Parameters…” 中，设置仿真 “Stop time” 为 0.2，解法类型为变步长，ode23tb（stiff/TR-BDF2），其他采用默认值。

设置好后，可进行如下的仿真。

（1）采用连续解法 ode23tb 进行仿真。激活仿真按钮。仿真结束后，双击示波器 Scope，显示出负荷电流波形和线路末端电压波形，如图 8-37 所示。由图 8-37 可以清楚地看出开关操作负荷电流和线路电压的变化情况。

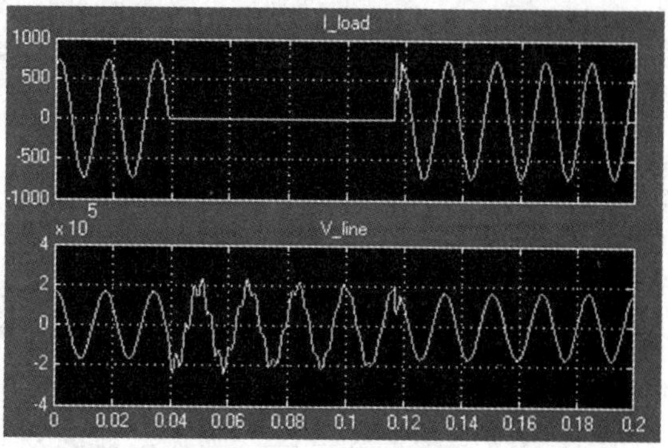

图 8-37　负荷电流和线路末端电压波形

（2）稳态相量分析和初始状态设置。双击 Powergui 模块，打开“Powergui”，单击“Steady State Voltages and Currents”，在界面上将显示出稳态电压和电流相量，如图 8-38 所示。

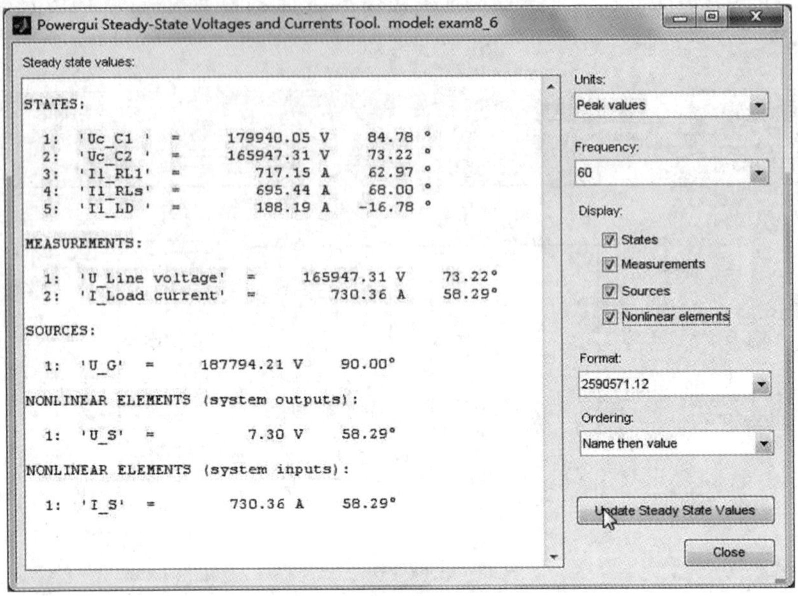

图 8-38　Powergui 的稳态电压和电流相量

单击“Powergui”分析工具“Initial States Setting”，显示出默认的稳态初始值，也可选择“Force initial electrical states”下的“To Zero”，使得系统中的状态量初值置零，在此基础上进行仿真，是系统的零状态响应。读者可以设置零初始状态，然后重复（1）中的仿真，观察和比较两种情况下的电压波形和电流波形。当然，也可在该界面人工设置各状态量的初值，再进行仿真。

（3）对模型离散化以定步长仿真。打开“Powergui”，在“Powergui/Configuration parameters/Solver”中的仿真类型栏中选择“Discrete”，在采样时间栏中设置 50e-6。此时状态空间模型将采用梯形定步长积分进行离散化，其结果的精度与采样时间密切相关。重新激活仿真按钮，负荷电流和线路电压波形如图 8-39 所示，与图 8-37 所示的连续仿真结果进行比较，两者结果基本一样。读者也可以逐渐增大采样时间，再观测结果，以理解采样时间对仿真结果的影响。

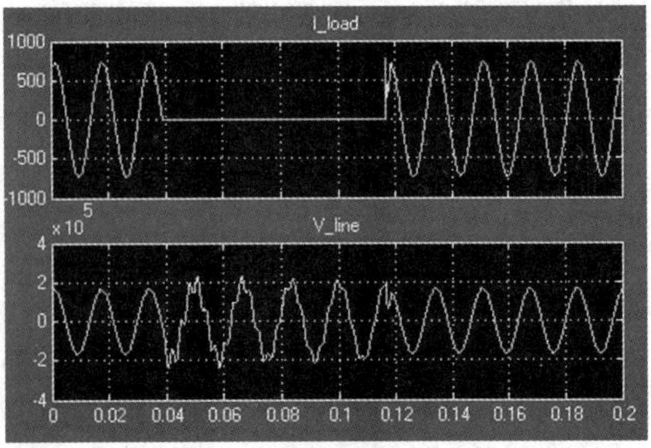

图 8-39　离散化仿真时的负荷电流和线路电压波形

（4）使用相量仿真法仿真。打开“Powergui”，在“Powergui/Configure parameters/Solver”的仿真类型栏中选择“Phasor”，相量频率栏中设置 60Hz。在电压测量模块和电流测量模块的输出信号栏中选择“Magnitude”，表示只输出相量的幅值。激活仿真按钮，仿真结束后，观察示波器，此时的仿真波形如图 8-40 所示。

图 8-40 中的电流和电压波形是对应频率为 60Hz 的电流、电压相量幅值的变化情况。这种分析方法忽略了快速变化的暂态，只分析选定频率的电压、电流等电气量的幅值和相位。相量分析法对涉及低频振荡模式的发电机和电动机的机电暂态分析和研究尤其有效，所以在电力系统稳定性分析中常采用这种仿真方法。

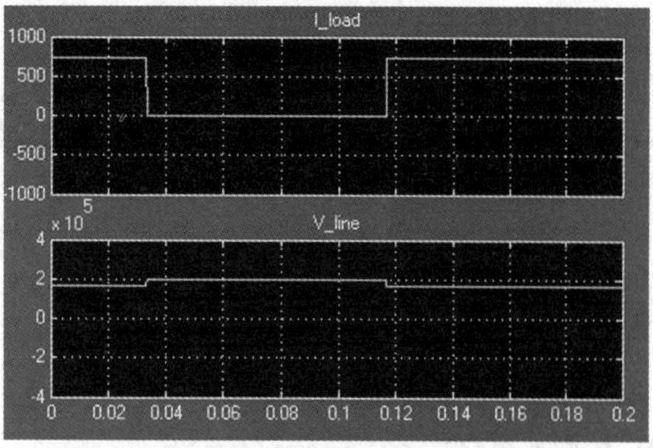

图 8-40 相量仿真时的负荷电流和线路电压波形

8.3 小结

本章主要介绍 MATLAB/Simulink 在电力系统仿真中的应用。仿真模型的建立涉及电力系统仿真模型库 SimPowerSystems 和 Simulink 库。

在 SimPowerSystems 库中包含了大量的电力系统元件模块，主要有电源模块、电机模块、变压器模块、线路及电路元件模块、负荷模块、开关模块、电力电子模块、测量模块、Powergui 模块，此外还有电气驱动库、柔性交流输电系统库、分布式电源库。在 Extras library 库中，包含测量（Measurements）、离散测量（Discrete Measurements）、控制（Control）、离散控制（Discrete Control）、相量测量（Phasor Measurements）等子库。

针对所研究的电力系统，可以建立其对应的仿真模型。在仿真中，可以采用连续系统解法、离散化系统解法或相量分析法。在解法选择中，对于不包含开关元件的线性系统，可以使用 ode45；对于包含开关模块的模型，需要采用适合于刚性系统的解法。

在分析中，可以使用电压测量模块、电流测量模块和示波器模块来观测电压波形和电流波形，也可使用 Powergui 分析工具来对系统进行分析。

在电力系统仿真研究中，既可进行稳态分析、电磁暂态分析，也可进行机电暂态分析。

第 9 章　MATLAB 在交直流调速系统中的应用

9.1　直流调速系统仿真

9.1.1　概述

就系统的调速方法而言通常有很多种，比如机械式、电气式、液压式、气动式调速等，在众多调速方法当中，电气调速有着自身的优点，如操作简单、传动效率高、易实现无级调速、可进行远距离控制和自动控制，因此，在生产机械中广泛采用电气方法调速。

直流电动机是将直流电能转换成机械能的电动机，利用直流电动机进行调速是电气调速当中的主要方式。直流电动机调速的主要优点是：调速均匀平滑，可以无级调速；调速范围大，调速比可达 200 以上。近年来，随着计算机技术、电力电子技术和控制技术的发展，交流调速系统发展很快，在许多场合正逐渐取代直流调速系统。但是就目前来看，直流调速系统仍然是自动调速系统的主要形式。在我国许多工业部门，如轧钢、矿山采掘、海洋钻探、金属加工、纺织、造纸以及高层建筑等需要高性能可控电力拖动的场合，仍然广泛采用直流调速系统。

1. 直流电动机的调速原理

直流电动机转速 n 的表达式为

$$n = \frac{U - IR}{C_e \phi} \tag{9-1}$$

式中，U 为电枢端电压；I 为电枢电流；R 为电枢电路总电阻；ϕ 为每极磁通量；C_e 为与电动机结构有关的常数。

由式（9-1）可知，直流电动机转速的控制方法有三种：

（1）调节电枢电压 U。改变电枢电压从而改变转速，属恒转矩调速方法，动态响应快，适用于要求大范围无级平滑调速的系统。

（2）改变电动机主磁通 ϕ。在此只能减弱磁通，使电动机从额定转速向上变速，属恒功率调速方法，动态响应较慢，虽能无级平滑调速，但调速范围小。

（3）改变电枢电路电阻 R。在电动机电枢外串电阻进行调速，只能有级调速、平滑性差、机械特性软、效率低。

改变电枢电路电阻的方法缺点很多，目前很少采用。弱磁调速范围不大，往往与调压调速配合使用。因此，电气调速系统以调压调速为主。

2. 直流调速系统的供电电源

直流调速系统的供电电源，即电枢电压的提供方式主要有三种：

（1）旋转变流机组。用交流电动机和直流发电机组成机组，以获得可调的直流电压。

这种系统简称为 G-M 系统，这是最早的调压调速系统，具有很好的调速性能，但系统复杂、体积大、效率低、运行有噪声、维护麻烦。

（2）静止可控整流器。用静止的可控整流器，如汞弧整流器和晶闸管整流装置，通过控制晶闸管的触发延迟角，产生可调的直流电压，达到调节直流电动机转速的目的。采用晶闸管变流装置供电的直流调速系统简称为 V-M 系统，这种系统在调速性能、可靠性、经济性上都具有优越性，晶闸管变流装置成为直流调速系统的主要供电电源。

（3）直流斩波器或脉宽调制变换器。用恒定直流电源或不可控整流电源供电，功率开关器件通断实现控制，调节通断时间比例，利用直流斩波或脉宽调制的方法产生可调的直流平均电压，也称为 DC-DC 变换器。目前，受到器件容量的限制，PWM 直流调速系统只用于中、小功率的系统。

9.1.2　晶闸管开环直流调速系统仿真

开环直流调速系统适用于调速精度和调速范围要求低的场合，在讨论晶闸管单闭环直流调速系统之前，先讨论开环直流调速系统。图 9-1 为开环直流调速系统的电气原理结构图，由图 9-1 可知开环直流调速系统的主电路主要由三相对称交流电压源、晶闸管整流桥、平波电抗器和直流电动机等部分组成。

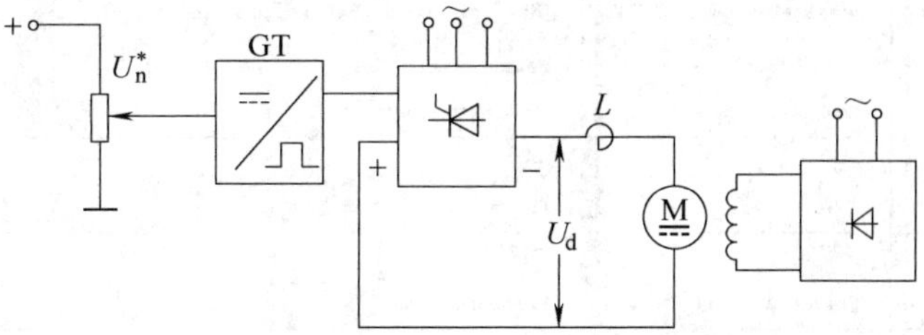

图 9-1　开环直流调速系统电气原理结构图

1. 开环系统的建模与仿真

（1）主电路的建模和参数设置。打开 MATLAB 软件，在菜单栏上单击工具栏上的 Simulink 工具 ，选择“File”→“New”→“Model”，新建一个 Simulink 文件，按照开环系统的构成，从 SimPowerSystem 和 Simulink 模块库中提取电路元器件模块。在模型库中提取所需的模块放到仿真窗口，设置各模块参数，绘制电路的仿真模型如图 9-2 所示。晶闸管开环直流调速系统由主电路（交流电源、晶闸管整流桥、平波电抗器、直流电动机、触发电路）和控制电路（给定环节）组成，具体设置如下：

1）三相交流电源的设置。首先从电源模块（Electrrical Sources）中选取一个交流电压源模块（AC Voltage Source），再用同样的方法得到三相电源的另两个电压源模块，参数设置如图 9-3 所示，三相对称交流电压源峰值电压取 220V、初相位为 0°，频率为 50Hz，其他为默认值，B、C 相与 A 相基本相同，只是初相位设置成互差 120°，由此可得到三相交流电源。然后从 SimPower System 模块库找到“Elements”，选取“Ground”元件，按图 9-2 进行连接。

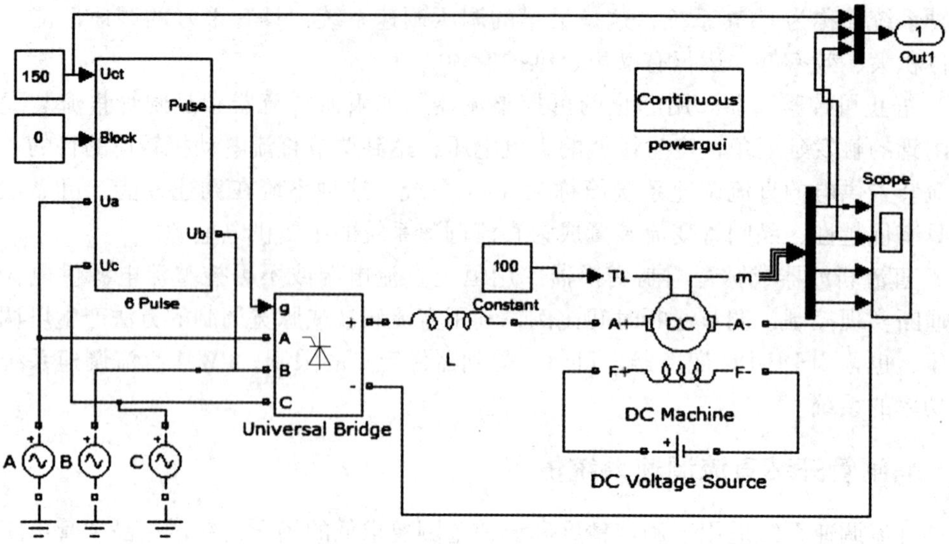

图 9-2　开环直流调速系统的仿真模型

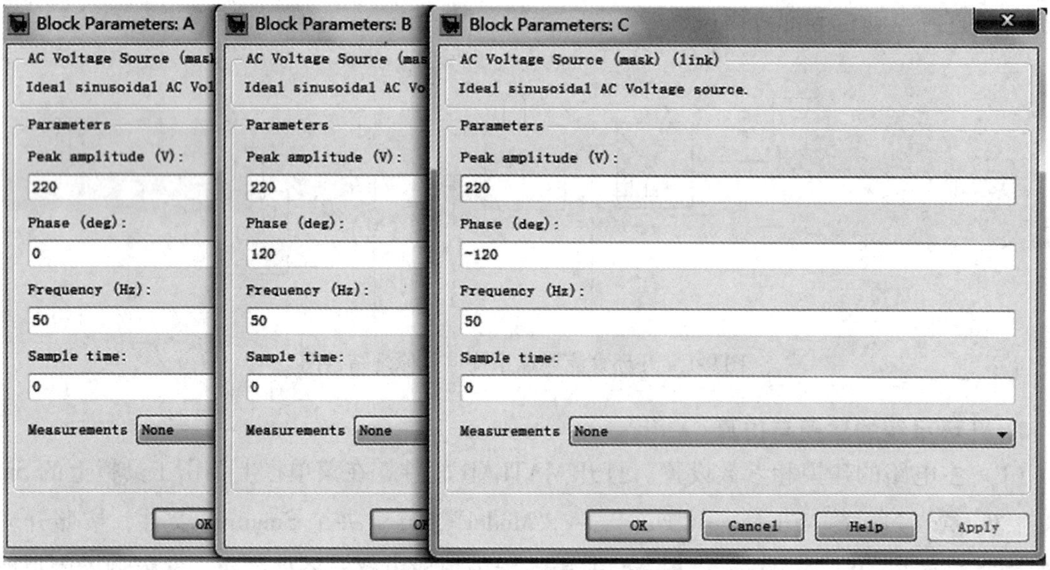

图 9-3　三相交流电源参数设置

2）晶闸管整流桥的设置。从电力电子模块（Power Electronics）中选取“Universal Bridge”，双击模块图标，打开整流桥参数设置对话框，参数设置如图 9-4 所示，缓冲电阻 Rs 为 50kΩ、缓冲电容 Cs 为无穷大“inf”、内电阻 Ron 为 0.001Ω、内电抗 Lon 为 0，“Power Electronic device”选择“Thyristors”。若仿真结果不理想，则通过仿真实验，不断进行参数优化。

3）平波电抗器的设置。从 Elements 模块中找到“Series RLC Branch”，打开平波电抗器参数设置对话框，参数设置如图 9-5 所示，阻抗 R 为 0、电感 L 为 5mH，电容 C 为无穷大 inf，平波电抗器的电感值是通过仿真实验比较后得到的优化参数。

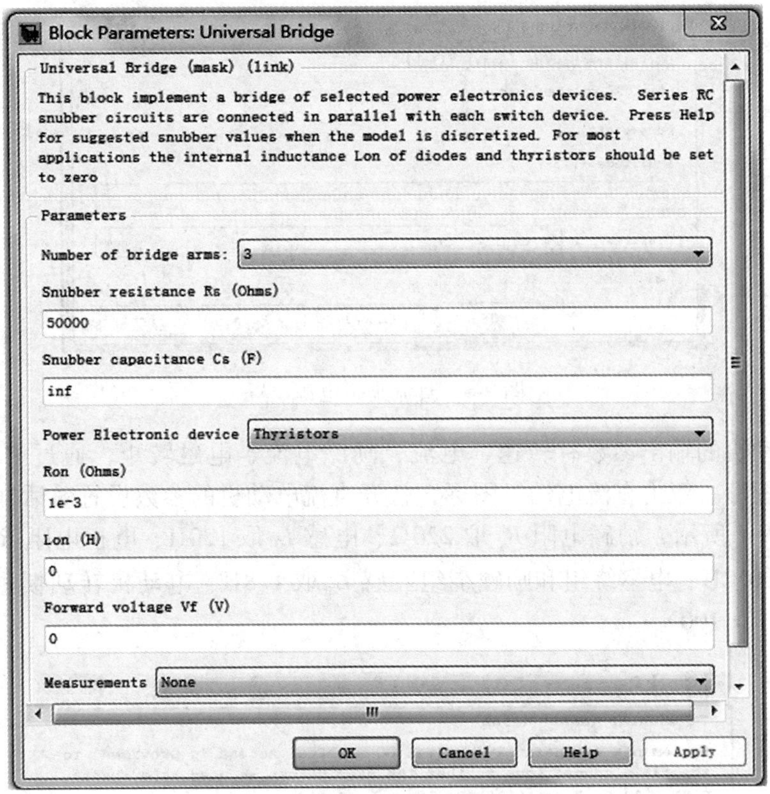

图 9-4　晶闸管整流桥参数设置

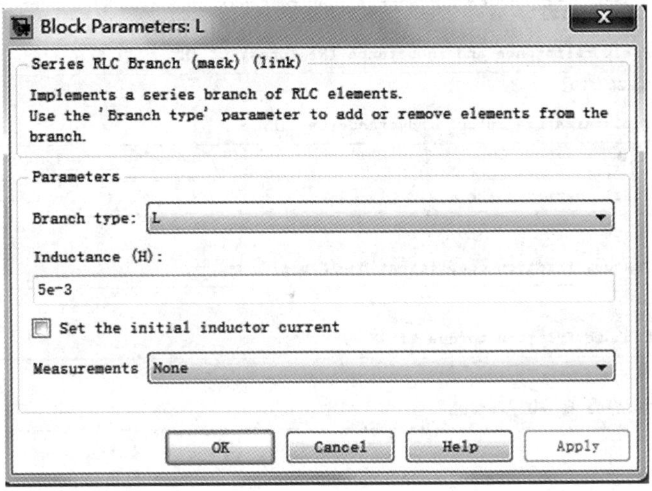

图 9-5　平波电抗器参数设置

4）直流电动机的设置。从电机系统（Machines）模块中选取“DC Machines”，直流电动机的励磁绕组“F + ~F -”接直流恒定励磁电源，励磁电源可从电源模块组中选取直流电压源模块，并将电压参数设置为 220V，“DC Voltage Source”的参数设置如图 9-6 所示。电枢绕组“A + ~A -”经平波电抗器接晶闸管整流桥的输出，电动机经 TL 端口接恒转矩

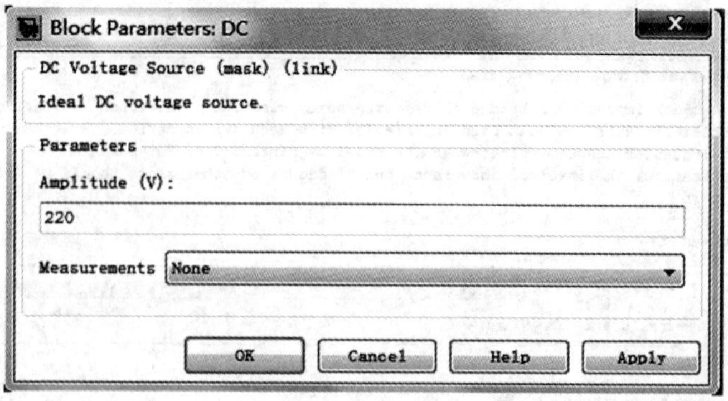

图 9-6　直流励磁电源设置

负载，直流电动机的输出参数有转速、电流、励磁电流、电磁转矩，通过“示波器”模块观察仿真输出图形。双击直流电动机图标，打开直流电动机的参数设置对话框，直流电动机参数设置如图 9-7 所示，励磁电阻 R_f 取 220Ω、电感 L_f 取 120H、电枢电阻 R_a 取 0.6Ω、电枢电感 L_a 取 0.012H、电枢绕组和励磁绕组互感 L_{af} 取 1.8H、电动机转动惯量 J = 1kg · m^2、额定负载转矩 Tl = 100N · m。

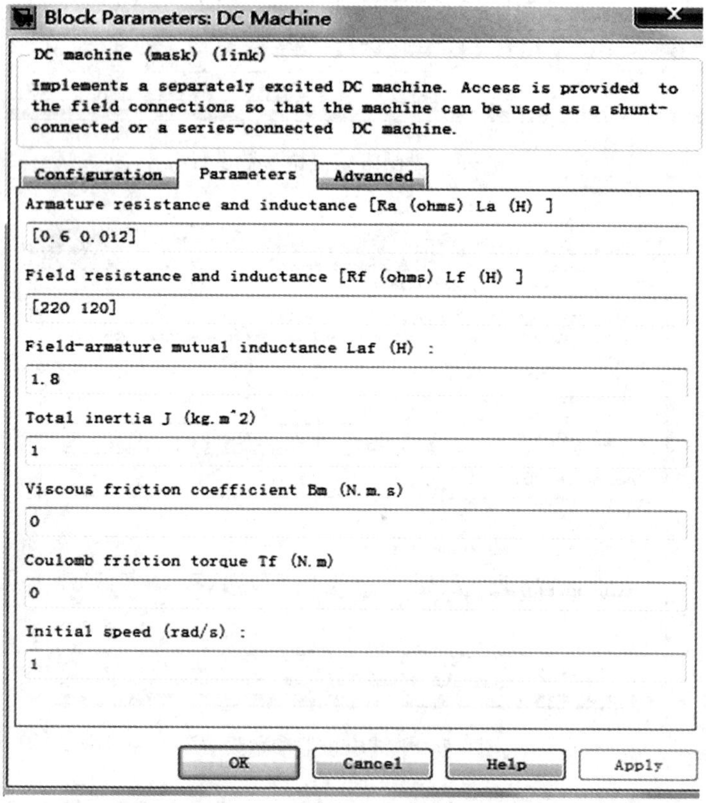

图 9-7　直流电动机参数设置

5）同步脉冲触发器的设置。同步脉冲触发器包括同步电源和 6 脉冲触发器两部分。6 脉冲触发器从“Simpowersystems”中选取“Extra Libray”中的“Control Blocks”获得。6 脉冲触发器需用三相线电压同步，所以同步电源的任务是将三相交流电源的相电压转换成线电压。同步电源与 6 脉冲触发器及封装后的子系统符号如图 9-8a、b 所示。

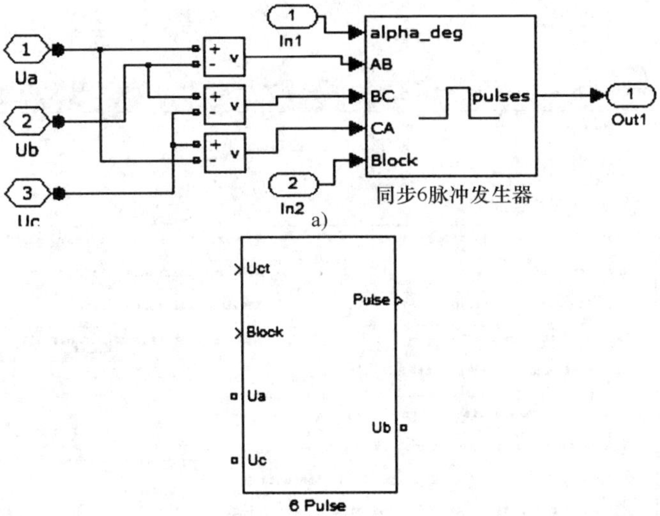

a)

b)

图 9-8　同步脉冲触发脉冲触发器及封装后的子系统模块

至此，根据图 9-1 主电路的连接关系，可建立起主电路的仿真模型，如图 9-2 所示的前半部分，图中触发器开关信号 Block 为 0 时，触发器触发为 1 时，触发器封锁。

双击“Synchronized 6-Pulse Generator”模块，即打开参数设置对话框，对参数进行设置。如图 9-9 所示，频率设置成 50Hz，双窄脉冲，脉冲宽度 10ms。

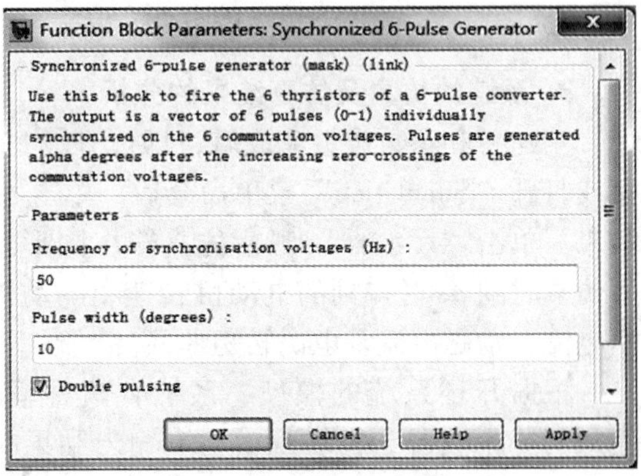

图 9-9　6 脉冲触发器参数设置

(2) 控制电路的模型建立和参数设置。晶闸管直流调速系统的控制电路只有一个给定环节，它可以从 Simulink 中的输入源模块组“Sources”中选取“Constant”模块，然后双击该模块图标，打开参数设置对话框，将参数设置为 50rad/s。实际调速时，给定信号是在一定范围内变化的，可通过仿真实践，确定给定信号允许的变化范围。

将电路元器件模块按晶闸管开环直流调速系统原理图连接起来组成仿真电路，如图 9-2 所示，并用示波器观察三相交流电压源、触发脉冲信号、晶闸管整流桥的输出整流电压以及整流电压的平均值、直流电动机的转速 n、电枢电流 I_a、励磁电流 I_f、电磁转矩 T_e 等参数。

2. 系统的仿真参数设置

在 MATLAB 的模型窗口打开“Simulation”菜单，进行“Simulation Parameters”设置，单击“Configuration Parameters”菜单后，得到仿真参数设置对话框，仿真中选择的变步长算法为 ode23s（stiff/Mod. Rosenbrock），如图 9-10 所示。由于实际系统的多样性，不同的系统需要采用不同的仿真算法，到底采用哪一种算法，可通过仿真实践进行比较选择。仿真参数中，“Start time” 一般设为 0，“Stop time” 根据实际需要而定，在此设定为 10s。

用示波器观察仿真模型时，要将 “Limit data points to last” 值设定大一些，否则输出的图形会不完整。

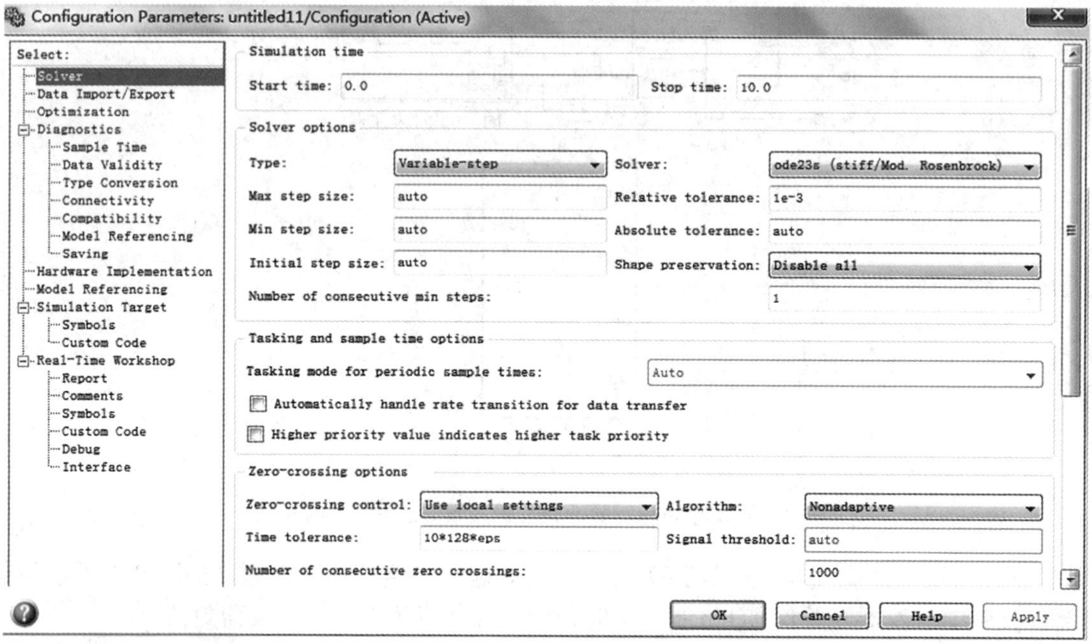

图 9-10　仿真参数设置对话框及参数设置

3. 系统的仿真及仿真结果的分析

当建模和参数设置完成后，即可开始进行仿真，在 MATLAB 模型窗口单击工具栏的按钮或打开 “Simulation” 菜单命令后，单击 “Start”，系统开始仿真，仿真结束后可输出仿真结果。单击 “示波器” 观察仿真输出图形。观察仿真时间 3s 时得到的电动机转速、电动机电枢电流、励磁电流及电磁转矩曲线。

根据开环系统的模型，系统有两种输出。当采用 “示波器” 模块观察仿真输出结果时只要在模型图上双击 “示波器” 图标即可；当采用 “out1” 模块观察仿真输出结果时，可在 MATLAB 的命令窗口里输入绘图命令 plot (tout, yout)，即可得到 “Figure 1” 输出的图形，如图 9-11 所示。

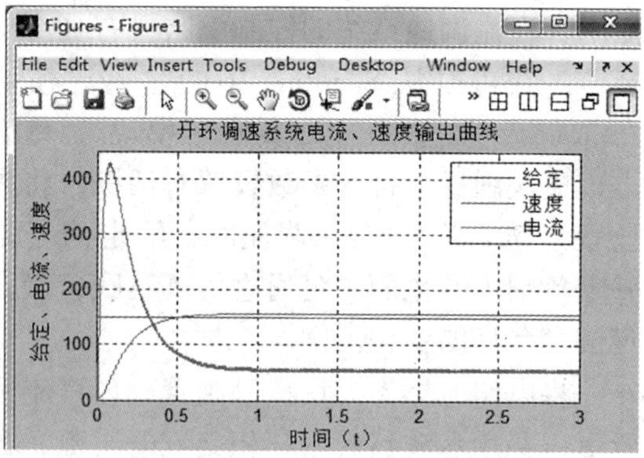

图 9-11　Figure1 输出波形

9.1.3　晶闸管单环直流调速系统仿真

为了提高直流调速系统的性能，通常采用闭环控制系统（单闭环和多闭环）。对于速度调节要求不高的场合，采用单闭环系统，就能符合一般的设计要求。

按反馈的方式不同可分为转速反馈、电压反馈和电流反馈等。这里主要讲述以转速反馈设计的直流调速系统。

1. 单闭环有静差转速负反馈系统的建模与仿真

对于调速系统来说，输出量是转速，通常引入转速负反馈构成闭环调速系统。在电动机轴上安装一台测速发电机 TG，引出与输出量转速成正比的负反馈电压 U_n，与转速给定电压 U_n^* 进行比较，得到偏差电压 ΔU_n，经过放大器 A，产生驱动或触发装置的控制电压 U_{ct}，去控制电动机的转速，为了使负载电流的脉动平稳，通常在电枢回路串联一个平波电抗器，保证整流电路在较大范围内连续，这就组成了反馈控制的闭环调速系统。图 9-12 所示为采用晶闸管相控整流器供电的闭环有静差转速负反馈调速系统电气原理图，因为只有一个转速反馈环，所以称为单闭环调速系统。由图可见，该系统由电压比较环节、放大器、晶闸管整流器与触发装置、直流电动机和测速发电机等部分组成，该系统与开环直流调速系统相比，两者的主电路基本相同，系统的差别主要在控制电路上。

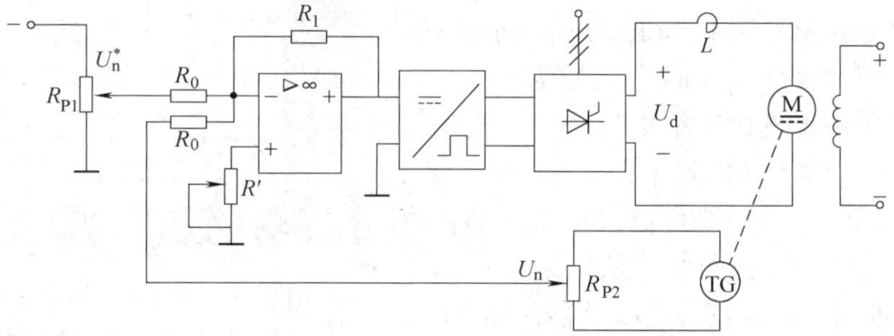

图 9-12　闭环有静差转速负反馈调速系统电气原理图

（1）单闭环有静差转速负反馈系统的建模

1）主电路的建模和参数设置 。图 9-13 为单闭环有静差转速负反馈直流调速系统的仿真模型，主电路与开环调速系统相同，前面已介绍，此处不再重复。

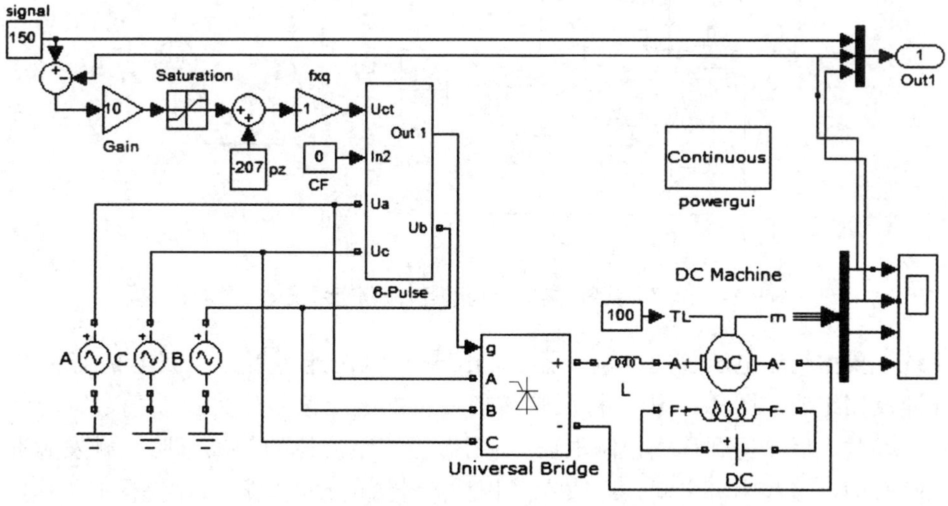

图 9-13　单闭环有静差转速负反馈直流调速系统的仿真模型

2）控制电路的模型建立和参数设置。单闭环有静差转速负反馈直流调速系统的控制电路由给定信号、速度调节器、速度反馈等环节组成。仿真模型中根据需要，另增加了限幅器、偏置和反向器等模块，这些模块的建模与参数设置比较简单，在 Simulink 模块库中找到 Commonly Used Blocks 及 Sources，即可找到相应的模块。比例放大环节传递函数在 Simulink 工具箱中的 Math Operations 的 Gain 模块。

给定信号模块的建模和参数设置方法与开环调速系统相同，设为 150rad/s，它可在 0～170rad/s 范围内连续可调。有静差调速系统的调节器采用比例调节器，此处选为 10。U_{ct}的工作范围是 110～170V，此时同步触发脉冲可以正常工作，限幅器的上、下限值设为［97，0］，用加法器加上偏置后调整为［-110，-270］，再经反向器转换为［110，270］。

将主电路和控制电路的仿真模型按照单闭环转速负反馈直流调速系统电气原理图连接起来即可得到图 9-13 的系统仿真模型。

（2）系统的仿真参数设置。仿真中选择的变步长算法为“ode23t（Mod．stiff/．Trapezoidal）”，“Start time”设为 0，“Stop time”设定为 3s。

（3）系统的仿真及仿真结果的分析。模型建立起来后，经过参数的设置即可进行仿真，图 9-14 为单闭环转速负反馈直流调速系统的仿真结果，即电流曲线和转速曲线，从结果中可以看出，转速仿真曲线与给定信号之间是存在偏差的。

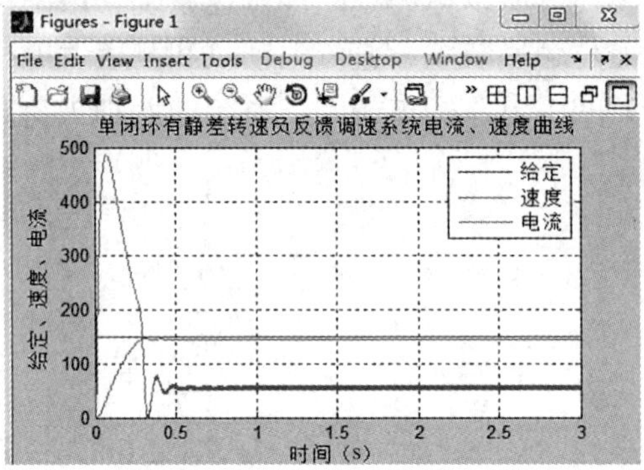

图 9-14　单闭环有静差转速负反馈直流调速系统仿真结果

2. 无静差转速负反馈系统的建模与仿真

（1）单闭环无静差转速负反馈系统的建模

1）主电路的建模和参数设置。单闭环无静差转速负反馈直流调速系统的电气原理图如图 9-15 所示。

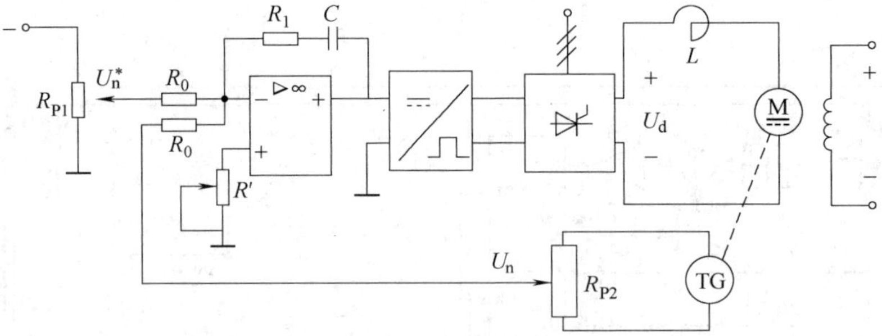

图 9-15　单闭环无静差转速负反馈直流调速系统电气原理图

本系统主要由给定电压、速度调节器、晶闸管整流调速装置、平波电抗器、电动机-发电机和测速反馈组成。图 9-15 中，将反映转速变化的电压信号作为反馈信号，与给定的电压相比较，经放大后，得到移相控制电压 U_{ct}用做控制整流桥的触发电路，触发脉冲经功放后加到晶闸管的门极和阴极之间，以改变三相全控整流的输出电压，这就构成了速度负反馈闭环控制。电动机的转速随给定电压变化，电动机最高转速由速度调节器的输出限幅所决定，速度调节器采用比例（P）调节为有静差调速系统，且 K_p 越大，系统精度越高，但 K_p 过大将降低系统稳定性，使系统动态不稳定。调节器换成比例积分（PI）调节后将会综合比例控制和积分控制两种规律的优点，比例部分能迅速响应控制作用，积分部分则最终消除稳态偏差。这时，当给定电压恒定时，闭环系统起到了抑制作用，当电动机负载或电源电压波动时，电动机的转速稳定在一定的范围之中。

图 9-16 是单闭环无静差转速负反馈直流调速系统的仿真模型。

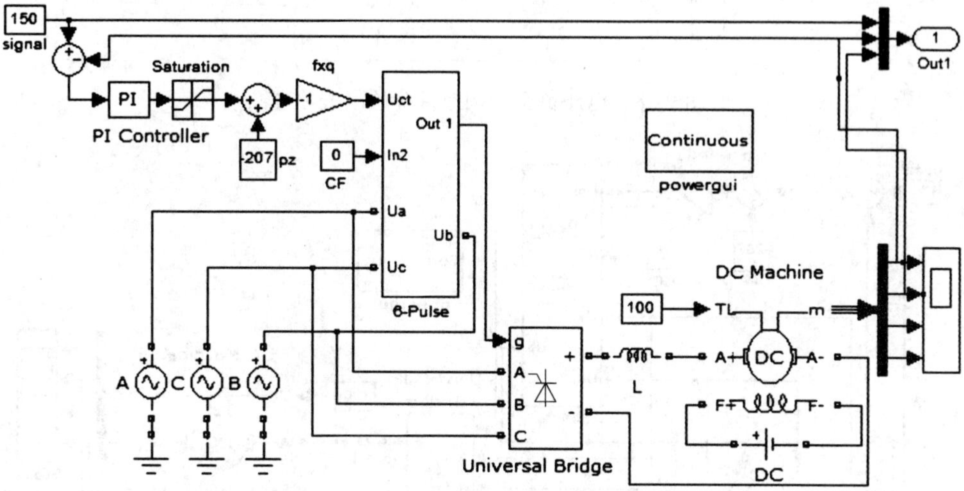

图 9-16　单闭环无静差转速负反馈直流调速系统的仿真模型

2）控制电路的模型建立和参数设置。本系统通过测试参数后得知，在单闭环无静差系统中，U_{ct}的变化范围及限幅器的范围与有静差系统相同，系统的给定信号仍为 150rad/s，$K_P=1$，$K_I=6$，其他参数均与前述相同。

（2）系统的仿真参数设置。仿真中选择的变步长算法为"ode23s（stiff/Mod. Rosenbrock）"，"Start time"设为 0，"Stop time"设定为 3s。

（3）系统的仿真及仿真结果的分析。模型建立起来后，经过参数的设置即可进行仿真，图 9-17 为单闭环转速负反馈直流调速系统的仿真结果，即电流曲线和转速曲线，从结果中可以看出，转速调节器采用 PI 调节器后，转速仿真曲线与给定信号之间是无偏差的。

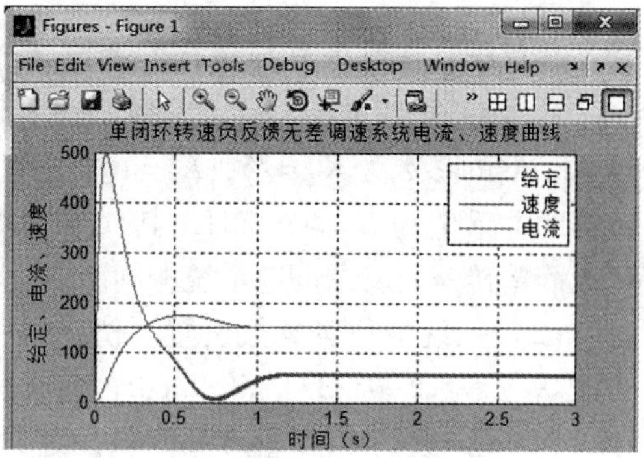

图 9-17　单闭环无静差转速负反馈直流调速系统仿真结果

3. 电压负反馈调速系统的建模与仿真

（1）电压负反馈调速系统的建模。

1）主电路的建模和参数设置。对调速系统来说，转速负反馈是闭环系统的基本反馈形式，但要实现转速负反馈必须要增添转速检测装置，这不仅会增加设备的成本，也会给维护调试带来困难，对于调节器指标要求不高的系统来说，可以采用电动机端电压负反馈的方法来替代转速检测装置，从而使系统简化。

电压负反馈调速系统的电气原理图如图 9-18 所示。该系统由给定电压、电压调节器、同步触发脉冲、晶闸管整流桥、平波电抗器、直流电动机和电压反馈环节等主要部分组成。图 9-19 是电压负反馈调速系统的仿真模型。

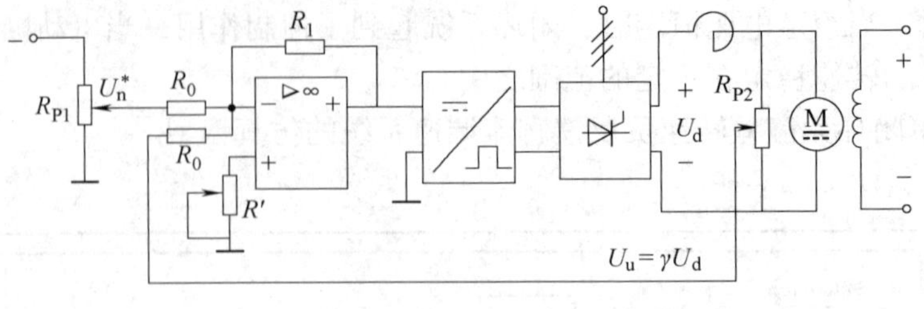

图 9-18　电压负反馈调速系统的电气原理图

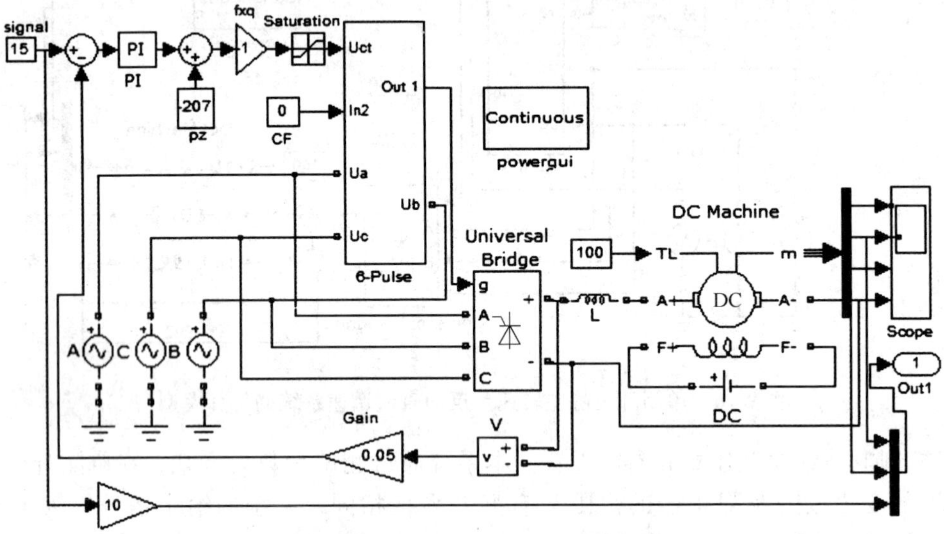

图 9-19　电压负反馈调速系统的仿真模型

与单闭环无静差转速负反馈调速系统相比，两者的差别主要在反馈信号的取法不同。

2）控制电路的模型建立和参数设置。本系统通过测试参数后得知，给定信号为15rad/s，PI 调节器的参数为 $K_P=25$，$K_I=100$，上下限幅值为［97，0］，电压反馈系数为 0.05，平波电抗器的电感值为 $L=6e-2H$，其他参数均与单闭环无静差转速负反馈调速系统相同。

（2）系统的仿真参数设置。仿真中选择的变步长算法为"ode23s（stiff/Mod. Rosenbrock）"，"Start time"设为 0，"Stop time"设定为 3s。

（3）系统的仿真及仿真结果分析。模型建立起来后，经过参数的设置即可进行仿真，图 9-20 为电压负反馈直流调速系统的仿真结果，即电流曲线和转速曲线，从结果中可以看出，采用电压负反馈调速系统后，在电压维持恒定的同时，转速也可保持恒定。

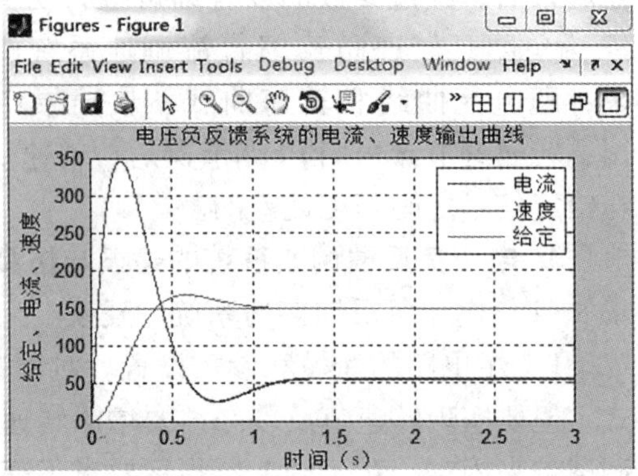

图 9-20　电压负反馈直流调速系统的仿真结果

9.1.4　晶闸管多环直流调速系统仿真

1. 转速电流双闭环调速系统的建模与仿真

（1）转速电流双闭环调速系统的建模。晶闸管多环直流调速系统与开环、单闭环直流调速系统的主电路相同，区别主要在控制电路上，多环直流调速系统的控制电路比前两者复杂。该系统中设置了电流检测环节、电流调节器以及转速检测环节、转速调节器，构成了电流环和转速环，前者通过电流反馈作用稳定电流，后者通过转速反馈作用保持转速稳定，最终消除转速偏差，从而使系统达到调节电流和转速的目的。该系统起动时，转速外环饱和不起作用，电流内环起主要作用，使起动电流保持最大值，使转速线性变化，迅速达到给定值，稳态运行时，转速负反馈外环起主要作用，使转速随转速给定电压的变化而变化，电流内环跟随转速外环调节电机的电枢电流以平衡负载电流。

转速电流双闭环直流调速系统的电气原理结构图如图 9-21 所示。

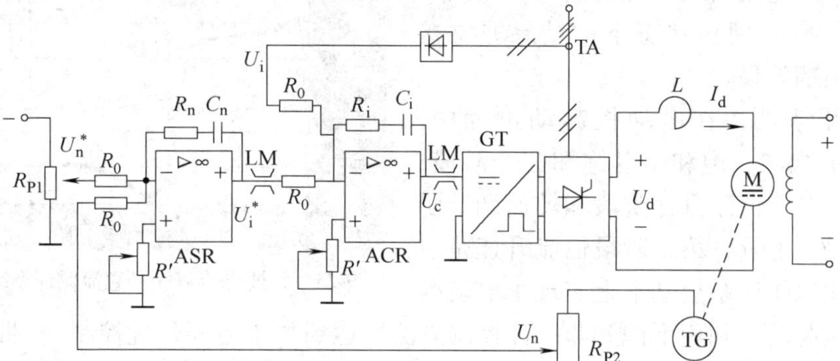

图 9-21　转速电流双闭环直流调速系统的电气原理结构图

1）主电路的建模和参数设置。转速电流双闭环直流调速系统主电路的建模和参数设置与前述的单闭环直流调速系统中的参数大致相同，此处平波电抗器设为 9e-3H。图 9-22 是转速电流双闭环调速系统的仿真模型。

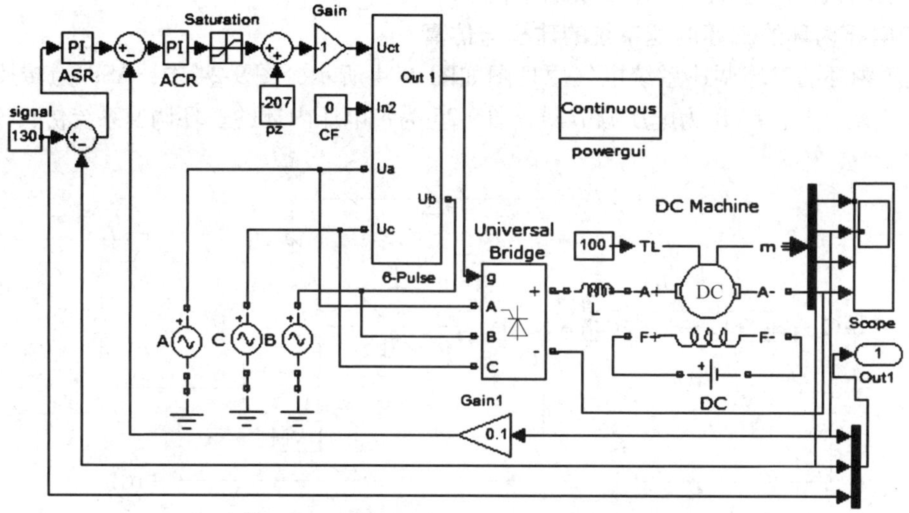

图 9-22　转速电流双闭环直流调速系统的仿真模型

2）控制电路的模型建立和参数设置。给定信号设定为 130rad/s，电流反馈系数 $\beta=0.1$，转速反馈系数 $\alpha=1$。

双闭环调速系统的两个 PI 调节器为 ACR 和 ASR。这两个调节器的参数分别如下：

ACR：$K_{\mathrm{P}i}=3.4$，$K_{\mathrm{I}i}=75$，限幅值为［130，－130］。

ASR：$K_{\mathrm{P}n}=1.2$，$K_{\mathrm{I}n}=8$，限幅值为［25，－25］。

限幅器、偏置电路和反向器的建模在前面已有介绍，这里不再讲述。

（2）系统的仿真参数设置。仿真中选择的变步长算法为“ode23s（stiff/Mod. Rosenbrock）”，“Start time”设为 0，“Stop time”设定为 1.5s。

（3）系统的仿真及仿真结果的分析。模型建立起来后，经过参数的设置即可进行仿真，图 9-23 为转速电流双闭环直流调速系统的仿真结果，即电流曲线和转速曲线，从结果中可以看出，它与理想状态下的结果非常接近，达到了预期效果。

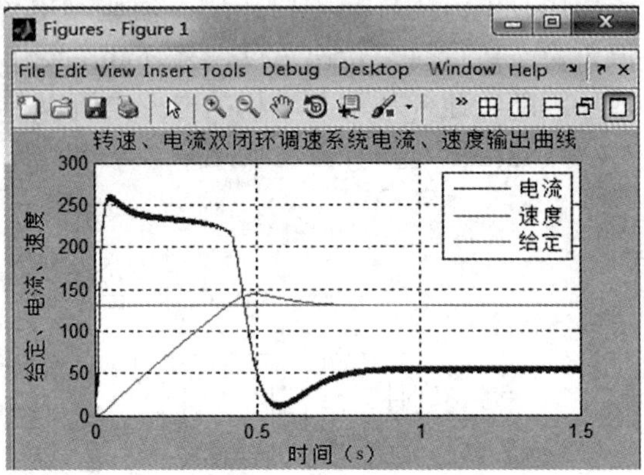

图 9-23　转速电流双闭环直流调速系统的仿真结果

仿真结果表明，在电动机起动过程中，ASR 经历了不饱和、饱和、退饱和三个阶段，即电流上升阶段、恒流升速阶段和转速调节阶段。从起动时间上看，第二阶段恒流升速是主要阶段，因此双闭环系统基本上实现了电流受限制下的快速起动，利用了饱和非线性控制方法，达到“准时间最优控制”。带 PI 调节器的双闭环调速系统还有一个特点，那就是转速必超调。在双闭环调速系统中，ASR 的作用是对转速的抗扰调节并使之稳态为无静差，其输出限幅决定允许的最大电流；ACR 的作用是电流跟随，过电流自动保护和及时抑制电压的波动。起动时，转速外环饱和不起作用，电流内环起主要作用，调节起动电流保持最大，使转速线性变化，迅速达到给定值；稳态运行时，转速负反馈外环起主要作用，使转速随转速给定电压的变化而变化，电流内环跟随电流外环调节电动机的电枢电流以平衡负载电流。

2. 带电压内环的三环调速系统的建模与仿真

带电压内环的三环调速系统电气原理图如图 9-24 所示，图 9-24 中，ASR 为转速调节器，ACR 为电流调节器，AVR 为电压调节器。图 9-25 为带电压内环的三环调速系统仿真模型。

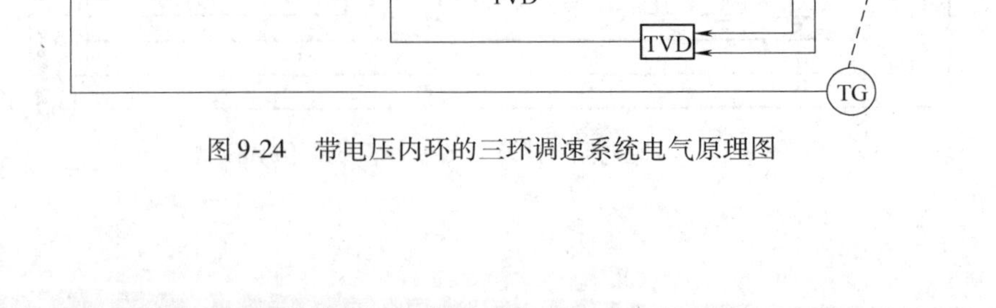

图 9-24　带电压内环的三环调速系统电气原理图

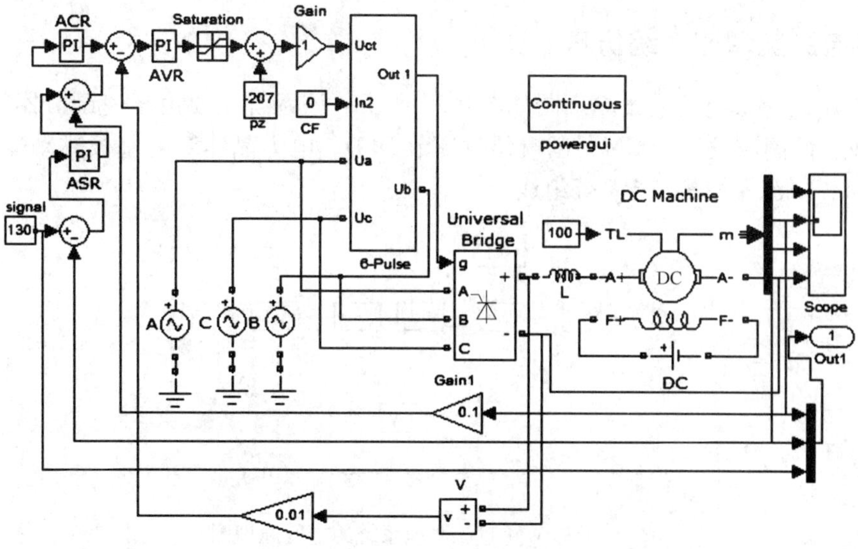

图 9-25　带电压内环的三环调速系统仿真模型

（1）带电压内环的三环调速系统的建模。

1）主电路的建模和参数设置。带电压内环的三环调速系统的主电路主要由三相交流电源、同步触发脉冲、晶闸管整流桥、平波电抗器和直流电动机等组成。平波电抗器的电感值与双闭环调速系统中的设定值相同，设为 9e-3H。

2）控制电路的模型建立和参数设置。带电压内环的三环调速系统的控制电路主要有给定环节、速度调节器（ASR）、电流调节器（ACR）、电压调节器（AVR）、限幅器、反向器、偏置电路、速度反馈环节、电流反馈环节和电压反馈环节等。

给定环节的参数设置为 130rad/s，速度反馈系数设为 0. 01，电流反馈系数设为 0. 1，电压反馈系数设为 1。

三个闭环调节器的参数分别设置如下：

ASR：$K_{Pn}=0.9$，$K_{In}=7$，限幅值设为［25，－25］。

ACR：$K_{Pi}=3$，$K_{Ii}=80$，限幅值设为［130，－130］。

AVR：$K_{Pv}=3$，$K_{Iv}=5$，限幅值设为［130，－130］。

（2）系统的仿真参数设置。仿真中选择的变步长算法为“ode45（Dormand-Prince）”，“Start time”设为 0，“Stoptime”设定为 1. 5s，其他设置与双闭环调速系统相同。

（3）系统的仿真及仿真结果的分析。模型建立起来后，经过参数的设置即可进行仿真，图 9-26 为带电压内环的直流三环调速系统的仿真结果，即电流曲线和转速曲线，从结果中可以看出，它与转速电流双闭环直流调速系统的仿真结果大致相同，电压内环的主要作用是抵抗电网电压扰动。

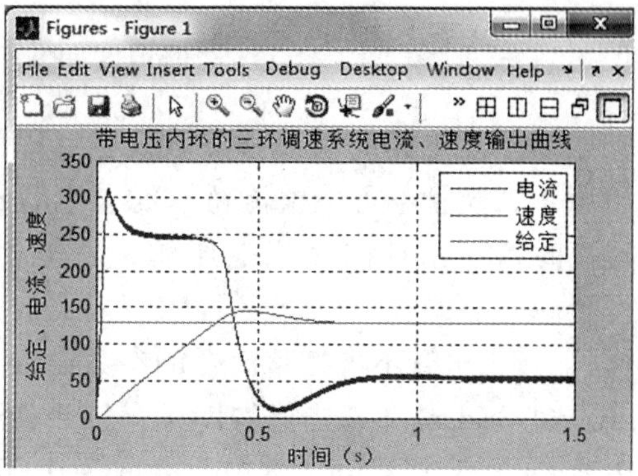

图 9-26　带电压内环的三环调速系统的仿真结果

9.1.5　直流脉宽调速系统仿真

PWM 直流调速系统的电气原理图如图 9-27 所示，该系统主要由转速调节器 ASR、脉宽调制器 UPW、调制波发生器 GM、逻辑延时环节 DLD、电力晶体管的基极驱动器 GD、信号发生器 PWM、限流保护环节 FA 等组成。

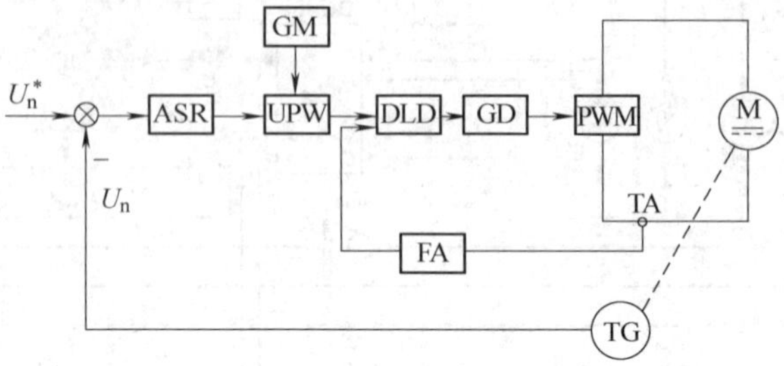

图 9-27　PWM 直流调速系统的电气原理图

1. 直流脉宽调速系统的建模

图 9-28 为 PWM 直流调速系统的仿真模型，下面介绍模型的建立过程。

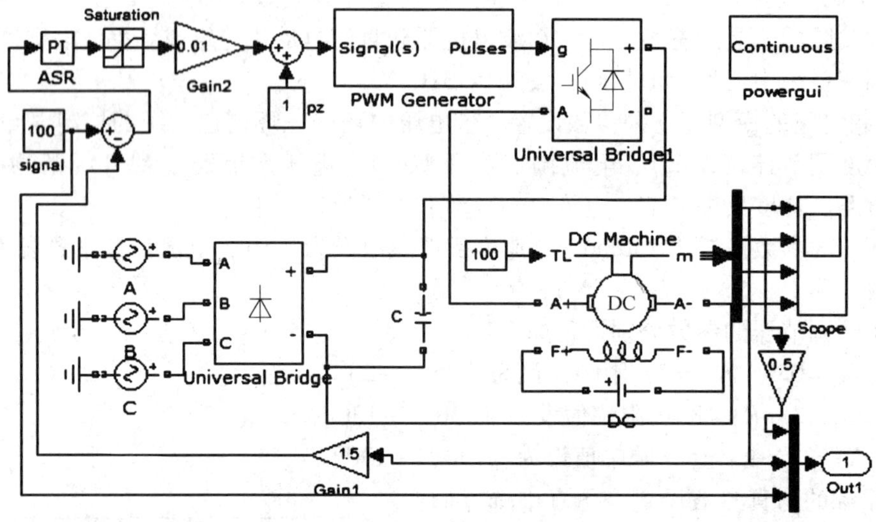

图 9-28　PWM 直流调速系统的仿真模型

（1）主电路的建模和参数设置。PWM 直流调速系统的主电路主要由三相对称交流电压源、二极管不可控整流桥、滤波电容器、IGBT 逆变桥和直流电动机等组成。在主电路建模时，三相对称交流电压源、直流电动机前面已介绍过，下面主要介绍其他部件的设置。

1）二极管不可控整流桥的参数设置。从电力电子模块（Power Electronics）中选取“Universal Bridge”，双击模块图标，打开整流桥参数设置对话框，缓冲电阻 Rs 为 50kΩ、缓冲电容 Cs 为无穷大 inf、内电阻 Ron 为 0.001Ω、内电抗 Lon 为 0，“Power Electronic device” 选择“Diodes”。

2）滤波电容器的参数设置。从 Elements 模块中找到“Series RLC Branch”，将“Branch type”选为“C”，电容 C 选为 10F，仿真实验中可进行参数优化。

3）IGBT 逆变桥的参数设置。IGBT 逆变桥的设置与二极管不可控整流桥的参数设置基本相同，只需将“Power Electronic device”选择“IGBT/ Diodes”。

（2）控制电路的仿真参数设置。PWM 直流调速系统的控制电路主要由速度调节器 ASR、转速反馈环节、限幅器、PWM 信号发生器等主要部分组成。前三项的设置前面已讲过，下面主要讲述 PWM 信号发生器的设置。

从“SimPowerSystems”模块库找到“Extra Library”模块，单击“Control Blocks”，选择“PWM Generator”模块，双击该模块进行参数的设置，将“Generator Mode”选为“1-arm bridge（2 pulses）”，“Carrier frequency”设为 1080Hz。“PWM Generator”的输入范围为［-1，1］，而 ASR 的输出范围为［200，-200］，可在 ASR 之后加一限幅器，范围设为［0，-200］，其后加一放大系数为 0.01 的数，再加上 1 之后就可变为［-1，1］的数了，具体参见 PWM 直流调速系统的仿真模型。

给定信号设为 100rad/s，速度反馈系数设为 1.5，ASR 的参数为：$K_{Pn}=25$，$K_{In}=300$，限幅值设为［200，-200］。

2. 系统的仿真参数设置

仿真中选择的变步长算法为“ode45（Dormand-Prince）”，“Start time”设为 0，“Stop time”设定为 4s。

3. 系统的仿真及仿真结果的分析

模型建立起来后，经过参数的设置即可进行仿真，图 9-29 为 PWM 直流调速系统的仿真结果，即电流曲线和转速曲线。

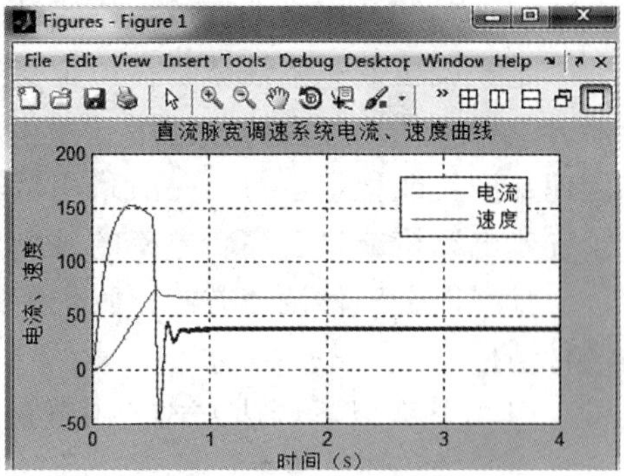

图 9-29　PWM 直流调速系统的仿真结果

9.2　交流变频调速系统仿真

交流电机变频调速技术是当今节电、改善工艺流程以及提高产品质量和改善环境、推动技术进步的一种主要手段。变频调速具有效率高、功率因数高、节电、调速和起、制动性能好，适用范围广泛等诸多优点，被国内外公认为是最有发展前途的调速方式。本节利用 MATLAB 的 Simulink 和 SimPower System 工具箱，搭建了针对交流变频调速电气原理图的仿真模型，并对其进行了分析。

9.2.1　概述

由电机学知，交流异步电动机的转速公式如下：

$$n=\frac{60f(1-s)}{p} \tag{9-2}$$

式中，p 为电动机定子绕组的磁极对数；f 为电动机定子电压供电频率；s 为电动机的转差率。

从式（9-2）中可以看出，调节交流异步电动机的转速有三类方案。

（1）改变电动机的磁极对数。由异步电动机的同步转速 $n_0=60f/p$ 可知，在供电电源频

率 f 不变的条件下，通过改接定子绕组的连接方式来改变异步电动机定子绕组的磁极对数 p，即可改变异步电动机的同步转速 n_0，从而达到调速的目的。这种控制方式比较简单，只要求电动机定子绕组有多个抽头，然后通过触点的通断来改变电动机的磁极对数。采用这种控制方式，电动机转速的变化是有级的，不是连续的，一般最多只有三档，适用于自动化程度不高，且只需有级调速的场合。

（2）变频调速。从式（9-2）中可以看出，当异步电动机的磁极对数 p 一定，转差率 s 一定时，改变定子绕组的供电频率 f 可以达到调速目的，电动机转速 n 基本上与电源的频率 f 成正比，因此，平滑地调节供电电源的频率，就能平滑、无级地调节异步电动机的转速。变频调速的调速范围大，低速特性较硬，基频 $f=50\text{Hz}$ 以下，属于恒转矩调速方式；在基频以上，属于恒功率调速方式，与直流电动机的降压和弱磁调速十分相似。采用变频起动更能显著改善交流电动机的起动性能，大幅度降低电动机的起动电流，增加起动转矩。所以变频调速是交流电动机的理想调速方案。

（3）变转差率调速。改变转差率调速的方法很多，常用的方案有异步电动机定子调压调速、电磁转差离合器调速、绕线转子异步电动机转子回路串电阻调速和串级调速等。

定子调压调速系统就是在恒定交流电源与交流电动机之间接入晶闸管作为交流电压控制器，这种调压调速系统仅适用于一些短时与重复短时作深调速运行的负载。为了能得到好的调速精度且能稳定运行，一般采用带转速负反馈的控制方式。所使用的电动机可以是绕线转子异步电动机或是有高转差率的笼型异步电动机。

针对以上三种调速方法，我们着重讲述异步电动机的变频调速。变频调速主要包含以下两种情形：

（1）基频以下调速方式。由电机学可知，三相异步电动机定子每相电动势的有效值为

$$E_g = 4.44 f_1 N_s K_{Ns} \phi_m \tag{9-3}$$

式中，E_g 为气隙磁通在定子每相绕组中感应电动势的有效值，单位为 V；f_1 为定子频率，单位为 Hz；N_s 为定子每相绕组串联匝数；K_{Ns} 为定子基波绕组系数；ϕ_m 为每级气隙磁通量，单位为 Wb。

由式（9-3）可知，要保持 ϕ_m 不变，当频率 f_1 从额定值向下调节时，必须同时降低 E_g，使 $E_g/f_1=$ 常数，即采用电动势频率比为恒值的控制方式。

然而，绕组中的感应电动势是难以直接控制的，当电动势较高时，可以忽略定子绕组的漏磁阻抗压降，而认为定子相电压 $U_s \approx E_g$，则 $U_s/f_1=$ 常数，这就是恒压频比的控制方式。

（2）基频以上调速方式。在基频以上调速时，频率从额定值向上升高，但定子电压 U_s 不可能超过额定电压 U_{sN}，最多只能保持 $U_s=U_{sN}$，这将迫使磁通与频率成反比的降低，相当于直流电动机弱磁升速的情况。

把基频以下和基频以上两种情况结合起来，可以这么认为：异步电动机在变频调速控制时，基频以下调速，属于恒转矩调速；基频以上调速，属于恒功率调速。

9.2.2 交流异步电动机变频调速系统仿真

这里以 SPWM 变频调速系统为例，来介绍交流异步电动机的变频调速仿真过程。

1. SPWM 变频调速系统的建模

基于交流异步电动机的 SPWM 变频调速系统仿真模型如图 9-30 所示，该系统为转速开

环控制的系统，主要由给定环节、SPWM 变频电源、交流电动机和测量装置等组成。

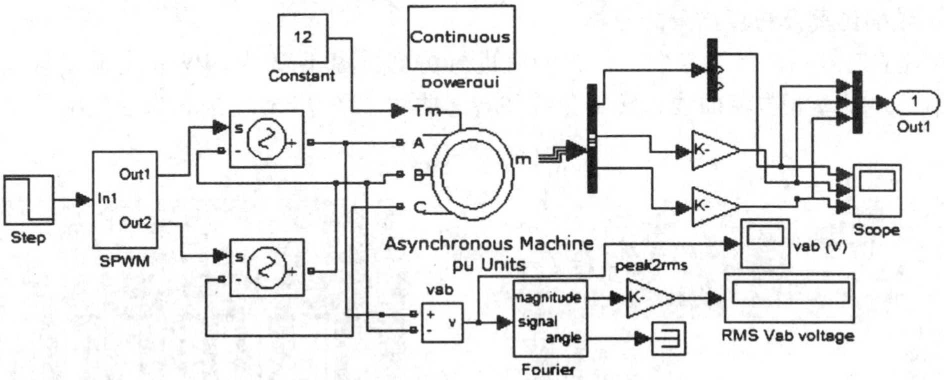

图 9-30　SPWM 交流变频调速系统仿真模型

（1）主电路的建模和参数设置。

1）SPWM 变频信号发生器及电源的设置。SPWM 变频信号发生器的内部仿真模型如图 9-31 所示，它主要由正弦波发生器、三角波发生器和 SPWM 波形发生器等组成。正弦波发生器和三角波发生器从图 9-31 可以看到其构成情况，其中三角波的频率设为 1650Hz，正弦波模块和三角波发生器输出的三角波比较后经 Relay 模块后进行选择，得到系统需要的 SP-WM 波。SPWM 变频信号发生器的输出需经受控电压源模块（Controlled Voltage Source）后获得三相交流电压来控制电动机的运行，受控电压源模块在 SimPowerSystems 模块库的 Electrical Sources 中可找到，参数均选取默认值。

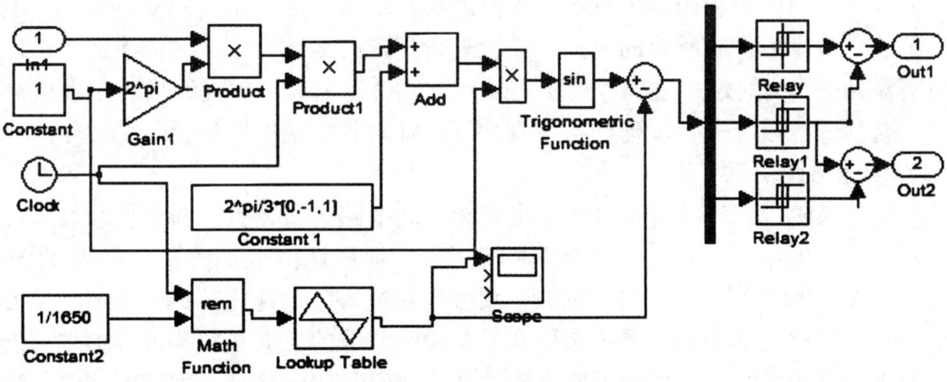

图 9-31　SPWM 变频信号发生器的内部仿真模型

2）电动机这里采用三相笼型异步电动机，参数设置为：$P_e = 2.24\text{kW}$，$U_1 = 220\text{V}$，$f = 50\text{Hz}$，$R_s = 0.435\Omega$，$R_r = 0.816\Omega$，$L_{1s} = 4\text{mH}$，$L_{1r} = 2\text{mH}$，$L_m = 69.31\text{mH}$，$J = 0.089\text{kg}\cdot\text{m}^2$，$p = 2$。

（2）控制电路的仿真参数设置。控制电路由变频给定构成，该变频信号由阶跃输入信号实现，初始值设为 50Hz，在 2s 时变为 30Hz，系统采用异步调制，改变正弦调制波的频率时，三角载波的频率不变。

2. 系统的仿真参数设置

仿真中选择的变步长算法为“ode23t(Mod . stiff/. Trapezoidal)”，“Start time” 设为 0，“Stop time”设定为 3s，Relative tolerance 和 Absolute tolerance 均设为 1e-3，其他均为默认值。

3. 系统的仿真及仿真结果的分析

模型建立起来后，经过参数的设置即可进行仿真，图 9-32 为 SPWM 交流变频调速系统的仿真结果，即 A 相电流曲线、转矩曲线和转速曲线。图 9-33 为 Vab 为受控电压源出口电压波形。

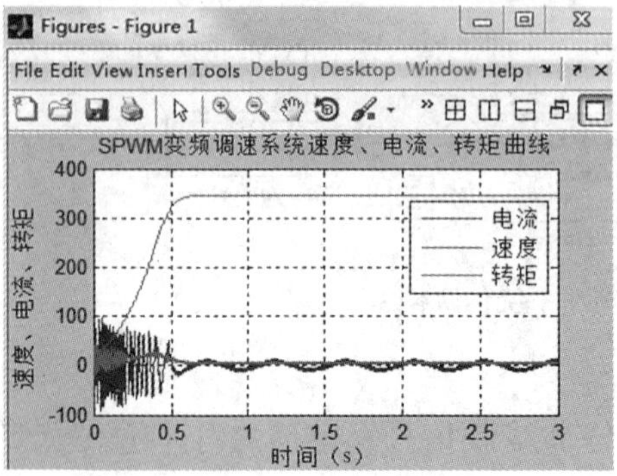

图 9-32　SPWM 交流变频调速系统的仿真结果

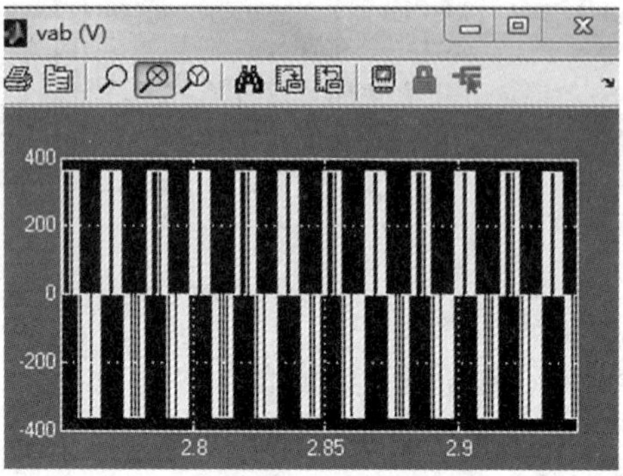

图 9-33　Vab 为受控电压源出口电压波形

9.3　小结

MATLAB 中的 SimPower System 工具箱是根据控制系统的电气原理图进行调速系统建模与仿真的工具之一，用户利用该工具箱，无需编程且不需要推导系统的动态数学模型，只需要从工具箱的元件库中复制所需的电气元件，进行相应的参数设置，并依次连接后即可建立系统的仿真模型，系统的建立过程接近于实际系统的搭建过程，仿真结果可信度较高。本章主要针对交直流调速系统进行了建模与仿真，下面针对各小结内容进行总结。

1. 开环调速系统仿真

开环系统建模时，我们将分别针对主电路和控制电路进行建模。在进行参数设置时，晶闸管整流桥、平波电抗器、直流电动机等装置一般先取默认值进行仿真，若仿真结果理想，即可默认这些设置值，若仿真结果不理想，则可不断进行参数优化，最后确定其参数。

给定信号的变化范围、调节器的参数和反馈检测环节的反馈系数等可调参数的设置，其确定方法为先通过仿真实验，之后不断进行参数优化，具体方法是分别设置这些参数的较大值和较小值，分析它们对系统性能的影响趋势，再逐步进行参数优化。

仿真时间根据实际需要确定，以能够仿真出完整的波形为前提。

由于实际系统的多样性，没有一种仿真算法是万能的，不同的系统需要不同的仿真算法，到底采用哪一种算法更好，这需要仿真实践后，根据仿真能否进行、仿真的速度及仿真的精度等方面比较后进行选择。

系统仿真前应先进行开环系统的调试，找出控制电压的变化范围。

2. 单闭环直流调速系统仿真

单闭环直流调速系统主要以单闭环有静差转速负反馈系统、单闭环无静差转速负反馈系统、电压负反馈调速系统为例讲解了三者的建模与仿真过程。

转速负反馈有静差系统的机械特性较开环系统硬得多，负载扰动引起的稳态速降减小为原开环系统的 $1/(1+K)$，且 K 值越大，稳态速降越小。在对静差率和调速范围要求不高的情况下，可采用开环调速系统，在对静差率和调速范围要求较高，且开环系统满足不了要求时，可采用转速负反馈的闭环调速系统，在调速要求不太高，为省去安装测速发电机的麻烦，还可采用电压负反馈的调速系统。

仿真过程中的参数设置大致和开环调速系统相同，所不同的是加入了转速调节器 ASR，仿真中采用的是 PI 调节器，PI 调节器的参数设置应先进行计算，之后在仿真过程中进行优化。

3. 多环直流调速系统仿真

多环直流调速系统仿真中主要讲述了转速电流双闭环调速系统、带电压内环的三环调速系统建模与仿真。

双闭环直流调速系统的内环为电流环，外环为转速环，它的起动过程分为三个阶段，即电流上升阶段、恒流升速阶段、转速调节阶段。从起动时间上看，第Ⅱ阶段恒流升速阶段为主要阶段，因此双闭环调速系统基本上实现了在限制最大电流下的快速起动，利用了转速调节器饱和非线性控制的方法，达到了“准时间最优控制”。在直流双闭环调速系统中添加电压环，成为三环调速系统，可以提高系统抗电网电压波动的能力，但谐波分量增大。

仿真过程中的参数设置大致和单闭环调速系统相同，所不同的是加入了电流调节器 ACR、电压调节器 AVR，仿真中采用的是 PI 调节器，PI 调节器的参数设置也是应先进行计算，之后在仿真过程中进行优化。

4. 晶闸管直流可逆调速系统仿真

可逆调速系统通常采用反并联或交叉连接的可逆线路，但这种接线方式会在可逆系统中产生环流，凡只在变流器的两组晶闸管之间流通而不流经负载的电流都成为环流。根据对环流的不同控制方式，可逆系统可分为有环流可逆系统和无环流可逆系统，本节主要讲述的是逻辑无环流可逆直流调速系统的建模与仿真。逻辑无环流可逆系统的结构特点是在可逆系统中增设了无环流逻辑控制器（DLC），它的功能是根据系统的运行情况适时地封锁原工作的一组晶闸管的触发脉冲，然后开放原封锁的那组晶闸管的触发脉冲。无论是在稳态还是在切换状态，任何时刻都不允许同时开放两组变流器的触发脉冲，从而切断了环流通路，实现了可逆运行的无环流运行。

无环流逻辑控制器包括电平检测、逻辑判断、延时电路、联锁保护 4 部分。电平检测包括转矩极性判别器（DPT）和零电流检测器（DPZ），它们将电流给定信号和零电流检测信号等模拟信号转变为数字信号；逻辑判断电路对两个逻辑变量进行运算与判断，输出开放与封锁两组触发电路的信号；延时电路对开放与封锁信号分别进行不同的延时处理，确保系统可靠切换，防止切换形成环流短路事故，但同时也给逻辑控制无环流可逆系统带来了电流切换的死区，影响了系统的快速性；逻辑保护电路确保两组触发电路不允许同时开放。该系统消除了环流，取消了均衡电抗器，降低了成本，只是快速性稍差，它是目前工业上最常用的一种可逆系统。

5. 直流脉宽调速系统仿真

本小节针对直流脉宽调速系统做了仿真研究，与开环、单闭环系统及多闭环系统相比，控制电路和主电路有较大区别，重点讲述了 PWM 的建立过程，其他参数的建立过程与前述大致相同。

6. 交流异步电动机变频调速系统

异步电动机的变频调速属于转差功率不变型调速，是异步电动机各种调速方案中性能最好的一种调速方法，本节主要针对 SPWM 交流变频调速系统进行了仿真。在 SPWM 逆变器中，以参考正弦波作为调制波，以等腰三角形作为载波来获得控制主电路 6 个功率器件开关的信号。通过改变调制波的频率与幅值来平滑调节逆变器输出的基波频率与幅值。从载波比 N 有无变化可将 SPWM 调制方式分为同步、异步与分段同步三种。在采用同步调制时，整个变频范围内载波比 N 不变，能够严格保证输出三相波形间相位差为 120°，但低频时由于谐波增加，故使负载电动机产生较大脉动转矩与噪声。采用异步调制时，一般在改变正弦参考信号频率时保持三角载波频率不变，故整个变频范围载波比 N 是变化的。这种调制方式可提高低频时的载波比，有利于改善低频工作特性。但在载波比 N 连续变化过程中将不能保持输出三相波形之间相位差为 120°，影响电动机运行的平稳性。分段同步调制方式则将上述两种调制方式扬长避短地结合起来，虽调制较麻烦，但用 MATLAB 仿真时较易实现。

本节主要讲述的是 SPWM 交流变频调速系统，仿真时系统采用开环系统，主要由给定环节、SPWM 变频电源、交流电动机和测量装置等组成，针对主电路和控制电路的参数设置进行了讲述，并对仿真结果进行了分析。

参 考 文 献

[1] 陈杰. MATLAB 宝典 [M]. 3 版. 北京：电子工业出版社，2011.

[2] 张志涌，徐彦琴. MATLAB 教程 R2012a [M]. 北京：北京航空航天大学出版社，2001.

[3] 吴天明，赵新力，刘建存. MATLAB 电力系统设计与分析 [M]. 3 版. 北京：国防工业出版社，2004.

[4] 张葛祥，李娜. MATLAB 仿真技术与应用 [M]. 北京：清华大学出版社，2003.

[5] 阮沈勇，王永利，桑群芳. MATLAB 程序设计 [M]. 北京：电子工业出版社，2004.

[6] 薛定宇. 控制系统计算机辅助设计：MATLAB 语言及应用 [M]. 北京：清华大学出版社，2006.

[7] 王正林，王胜开，陈国顺，王祺. MATLAB/Simulink 与控制系统仿真 [M]. 3 版. 北京：电子工业出版社，2012.

[8] 吴怀宇，廖家平. 自动控制原理 [M]. 2 版. 武汉：华中科技大学出版社，2012.

[9] 张威. MATLAB 基础与编程入门 [M]. 2 版. 西安：西安电子科技大学出版社，2008.